Springer-Lehrbuch

Jürgen Neukirch

Klassenkörpertheorie

Neu herausgegeben von Alexander Schmidt

 Springer

Jürgen Neukirch †

Editor
Prof. Dr. Alexander Schmidt
Universität Heidelberg
Mathematisches Institut
Im Neuenheimer Feld 288
69120 Heidelberg
Deutschland
schmidt@mathi.uni-heidelberg.de

Die vorliegende Ausgabe beruht auf der 1969 im Bibliographischen Institut Mannheim als Neuauflage von Band 26 der Bonner Mathematischen Schriften erschienenen Auflage

ISSN 0937-7433
ISBN 978-3-642-17324-0   e-ISBN 978-3-642-17325-7
DOI 10.1007/978-3-642-17325-7
Springer Heidelberg Dordrecht London New York

Die Deutsche Nationalbibliothek verzeichnet diese Publikation in der Deutschen Nationalbibliografie; detaillierte bibliografische Daten sind im Internet über http://dnb.d-nb.de abrufbar.

Mathematics Subject Classification (2010): 11R37, 11S31

Einbandentwurf: WMXDesign GmbH, Heidelberg

Gedruckt auf säurefreiem Papier

Springer ist Teil der Fachverlagsgruppe Springer Science+Business Media (www.springer.com)

Geleitwort

Im Jahr 1969 erschien Jürgen Neukirchs Buch *Klassenkörpertheorie* im damaligen Bibliographischen Institut Mannheim. Ziel des Buches war es, einem Leser, der sich mit den Grundlagen der algebraischen Zahlentheorie vertraut gemacht hat, einen raschen und möglichst unmittelbaren Zugang zur Klassenkörpertheorie zu verschaffen. Sein Buch ist bis heute die beliebteste deutschsprachige Einführung in das Gebiet geblieben. Und das, obwohl es seit vielen Jahren vergriffen war; schon ich habe in den 1980er Jahren als Student mit einer Kopie eines schon gut zerlesenen Bibliotheksexemplars gelernt.

So entstand die Idee, den Text wieder verfügbar zu machen: einerseits als gedrucktes Buch zum Arbeiten, und andererseits als frei herunterladbare Datei.

Der Text dieser Ausgabe ist im wesentlichen identisch mit dem des Neukirchschen Originals; es wurden lediglich einige wenige Fehler korrigiert und die Schreibweise behutsam an die heutigen Üblichkeiten angepasst.

Ganz herzlich gedankt sei Frau Rita Neukirch, die die Neuausgabe dieses Werkes ihres verstorbenen Ehemannes so aufgeschlossen und konstruktiv unterstützt hat. Gedankt sei auch Frau Rosina Bonn, die den Originaltext in exzellenter Qualität ins LaTeX-Format brachte.

Heidelberg, im Januar 2011   *Alexander Schmidt*

Vorwort

Die vorliegende Schrift ist eine verbesserte Neuauflage der in den Bonner Mathematischen Schriften, Nr. 26, zuerst erschienenen Arbeit gleichen Titels. Sie hat ihren Ursprung in einer Vortragsreihe, die der Verfasser in den Jahren 1965/66 im Oberseminar von W. KRULL in Bonn gehalten hat. Da es in der Literatur an einer einheitlichen, auf den modernen kohomologischen Methoden beruhenden Abhandlung der Klassenkörpertheorie mangelte, schien eine zusammenfassende Ausarbeitung der Vorträge nützlich zu sein. Dabei kam es vor allem darauf an, dem Leser, der sich mit den Grundlagen der algebraischen Zahlentheorie vertraut gemacht hat, einen raschen und möglichst unmittelbaren Zugang zur Klassenkörpertheorie zu verschaffen.

Die Schrift besteht aus drei Teilen, deren erster die Kohomologie der endlichen Gruppen behandelt. Die Kohomologie hat sich heute weite Bereiche der algebraischen Zahlentheorie erobert. Dennoch wird immer wieder die Frage geäußert, ob nicht die Klassenkörpertheorie von ihr wieder befreit werden könne. Abgesehen von den mit der Kohomologie eng verknüpften algebrentheoretischen Formulierungsmöglichkeiten steht eine solche Theorie bis heute nicht zur Verfügung, wenn auch Erwägungen dieser Art durch die Ergebnisse von J. LUBIN und J. TATE über die explizite Bestimmung des lokalen Normrestsymbols neue Nahrung gefunden haben. Bei allem darf jedoch nicht übersehen werden, dass die Kohomologie – insbesondere für den Lernenden – eine Fülle weitreichender Vorteile bietet. Sie spielt in der Klassenkörpertheorie die Rolle eines Kalküls, der einen klaren, logischen und nach einheitlichen Gesichtspunkten geordneten Aufbau der Theorie ermöglicht. Ihre Bedeutung liegt aber keineswegs allein im Formalen. Vielmehr erlebte die lokale Klassenkörpertheorie, die zunächst über das durch den Frobeniusautomorphismus gegebene Normrestsymbol nur für die unverzweigten Körpererweiterungen entwickelt werden konnte, einen entscheidenden Fortschritt gerade durch die Kohomologie, die auch die verzweigten Erweiterungen der klassenkörpertheoretischen Behandlung zugänglich machte. Diese durch H. HASSE entdeckte Gesetzmäßigkeit, die eine unmittelbare Auswirkung auch auf die globale Theorie hatte, wurde zwar zunächst in algebrentheoretischer Formulierung ausgesprochen, doch blieben die dahinter stehenden kohomologischen Prinzipien nicht lange verborgen. Aber über die Klassenkörpertheorie hinaus ist die Kohomologie auch in die allgemeinere Körpertheorie vorgedrungen und hat durch die Galoiskohomologie zu einer Fülle weitreichender Resultate von gänzlich neuartigem Reiz geführt. Auch aus diesem Grund kann es dem Studierenden gelegen sein, die Wirkungsweise des kohomologischen Kalküls in der Algebra an einem so konkreten Beispiel wie der Klassenkörpertheorie kennenzulernen und sich damit gleichzeitig einen Zugang zu weiteren Bereichen der Mathematik zu eröffnen. Auf der anderen Seite ist jedoch nicht zu verkennen, dass mancher an der Klassenkörpertheorie an sich interessierte Studierende gerade von der Kohomologie abgeschreckt wird, die ihm auf den ersten Blick als ein rätselvoller formaler Mechanismus erscheinen mag, der sich einem unmittelbaren Verständnis nur schwerlich erschließt. Aus diesem Grund werden in der vorliegenden Abhandlung nur die für die körpertheoretischen Anwendungen wesentlichen Begriffsbildungen und Sätze der Kohomologietheorie gebracht, und es wird überall eine möglichst elementare Darstellung angestrebt, während die Verwendung allgemeiner Begriffe der homologischen Algebra vermieden wird.

Der zweite Teil behandelt die lokale Klassenkörpertheorie. An den Anfang wurde die ARTIN-TATEsche Theorie der Klassenformationen gestellt, die den auf der Grundlage des Satzes von TATE beruhenden rein gruppentheoretischen Formalismus der lokalen und globalen Klassenkörpertheorie herausarbeitet. Aus Gründen der formalen Einfachheit wird hier der Begriff der pro-endlichen Gruppe verwandt. Zum Verständnis alles Weiteren jedoch ist er nicht unbedingt erforderlich, da sich die wesentlichen Sätze doch immer nur auf die endlichen Gruppen beziehen, aus denen sich die pro-endlichen aufbauen. Im §7 sind die neueren Ergebnisse von LUBIN und TATE [34] über die explizite Darstellung des Normrestsymbols aufgenommen worden, die später auch im globalen Teil beim Beweis des ARTINschen Reziprozitätsgesetzes Anwendung finden.

Der Teil III schließlich behandelt die Klassenkörpertheorie der endlichen algebraischen Zahlkörper. Um eines möglichst gradlinigen Aufbaus willen wurde die Theorie der Funktionenkörper über endlichen Konstantenkörpern nicht eingearbeitet. Um herauszustellen, inwieweit sich die globalen Sätze aus der lokalen Theorie herleiten lassen, sind die Überlegungen rein lokalen Charakters ausdrücklich von jenen getrennt worden, die spezifisch globale Natur besitzen. Für eine durchsichtige Darstellung erwies es sich als sehr zweckmäßig, gewisse Kohomologiegruppen zu identifizieren, die bei der gleichzeitigen Betrachtung verschiedener Körpererweiterungen auftreten. Beim Aufbau der globalen Theorie wird durchweg mit dem CHEVALLEYschen Idelbegriff gearbeitet, doch wird großer Wert darauf gelegt, die Bedeutung der klassischen Kummerschen Theorie herauszupräparieren. Beim Reziprozitätsgesetz wurde ein klarer Beweisaufbau dadurch erzielt, dass die Behandlung der Idelgruppe von der der Idelklassengruppe scharf getrennt wurde. Im letzten Paragraphen wird die Verbindung zwischen der modernen und der klassischen rein idealtheoretischen Fassung der Klassenkörpertheorie im Sinne des HASSEschen Zahlberichts hergestellt.

Meinem verehrten Lehrer Herrn Professor W. KRULL möchte ich für sein aktives Interesse und seine rege Anteilnahme an der Entstehung dieser Abhandlung recht herzlich danken. Ein besonderes Verdienst hat sich Herr K.-O. STÖHR um die Schrift erworben. Für seine erste Ausarbeitung meiner teilweise nur skizzenhaften Vorträge über die Kohomologie und die lokale Klassenkörpertheorie und für die vielen wesentlichen Verbesserungsvorschläge bin ich ihm zutiefst dankbar.

Bonn, Juli 1969   *Jürgen Neukirch*

Inhaltsverzeichnis

Teil I

Kohomologie der endlichen Gruppen

J. Neukirch, *Klassenkörpertheorie*, Springer-Lehrbuch, DOI 10.1007/978-3-642-17325-7_1,
© Springer-Verlag Berlin Heidelberg 2011

§ 1. *G*-Moduln

Die Kohomologie der endlichen Gruppen befasst sich mit einer allgemeinen Situation, die wir in den verschiedensten konkreten Formen immer wieder antreffen. Ist zum Beispiel $L|K$ eine endliche galoissche Körpererweiterung und G ihre Galoisgruppe, so operiert G auf der multiplikativen Gruppe $L^\times$ des Oberkörpers L. Handelt es sich speziell um eine Erweiterung endlicher algebraischer Zahlkörper, so operiert G auf der Idealgruppe J des Oberkörpers L. Der Gruppenerweiterungstheorie entnehmen wir das folgende Beispiel: Ist G eine abstrakte endliche Gruppe und A ein abelscher Normalteiler, so operiert G auf A durch Konjugiertenbildung. In der Darstellungstheorie haben wir es mit Matrizengruppen G zu tun, die auf einem Vektorraum operieren. Allen diesen Fällen gemeinsam liegt der Begriff des G-Moduls zugrunde. Über ihn haben wir zunächst einige allgemeine Betrachtungen anzustellen, die zum Teil aus der Theorie der Moduln über beliebigen Ringen wohlvertraut sind.

Während unserer gesamten Ausführungen bedeutet G eine endliche multiplikative Gruppe, deren Einselement mit 1 bezeichnet wird.

(1.1) Definition. *Ein **G-Modul** A ist eine abelsche (additive) Gruppe A, auf der die Gruppe G operiert, derart dass für $\sigma, \tau \in G$ und $a, b \in A$ gilt*

1) $1a = a$,
2) $\sigma(a + b) = \sigma a + \sigma b$,
3) $(\sigma\tau)a = \sigma(\tau a)$.

Wiewohl wir es in den Anwendungen meistens mit multiplikativen G-Moduln A zu tun haben, ziehen wir in diesem Teil aus formalen Gründen die additive Schreibweise vor.

Der Begriff des G-Moduls ordnet sich dem üblichen Modulbegriff unter, wenn wir von der Gruppe G zum **Gruppenring** $\mathbb{Z}[G]$ übergehen. Dieser besteht aus allen formalen Summen

$$\sum_{\sigma \in G} n_\sigma \sigma$$

mit ganzzahligen Koeffizienten $n_\sigma \in \mathbb{Z}$. Mit anderen Worten: $\mathbb{Z}[G]$ ist die freie abelsche (additive) Gruppe, die aus den Elementen von G gebildet ist:

$$\mathbb{Z}[G] = \{\sum_{\sigma \in G} n_\sigma \sigma \mid n_\sigma \in \mathbb{Z}\}.$$

Da man die Summen $\sum_{\sigma \in G} n_\sigma \sigma$ miteinander multiplizieren kann, ist $\mathbb{Z}[G]$ ein Ring. Einen G-Modul A können wir hiernach direkt als einen Modul über dem Ring $\mathbb{Z}[G]$ auffassen, indem wir die Operation von $\mathbb{Z}[G]$ auf A durch

$$\left(\sum_{\sigma \in G} n_\sigma \sigma\right) a = \sum_{\sigma \in G} n_\sigma(\sigma a), \quad a \in A,$$

festlegen. Natürlich ist $\mathbb{Z}[G]$ als additive Gruppe selbst ein G-Modul; er wird in unseren Betrachtungen eine ausgezeichnete Rolle spielen.

Im Gruppenring $\mathbb{Z}[G]$ sind zwei Ideale ausgezeichnet:

$$I_G = \{\sum_{\sigma \in G} n_\sigma \sigma \mid \sum_{\sigma \in G} n_\sigma = 0\} \quad \text{und} \quad \mathbb{Z} \cdot N_G = \{n \cdot \sum_{\sigma \in G} \sigma \mid n \in \mathbb{Z}\}.$$

I_G heißt das **Augmentationsideal** von $\mathbb{Z}[G]$. Es ist der Kern des Homomorphismus

$$\varepsilon : \mathbb{Z}[G] \longrightarrow \mathbb{Z} \quad \text{mit} \quad \varepsilon\left(\sum_{\sigma \in G} n_\sigma \sigma\right) = \sum_{\sigma \in G} n_\sigma,$$

der auch als **Augmentation** von $\mathbb{Z}[G]$ bezeichnet wird.

Das Element $N_G = \sum_{\sigma \in G} \sigma \in \mathbb{Z}[G]$ heißt die **Norm** (oder auch **Spur**) von $\mathbb{Z}[G]$. Für jedes $\tau \in G$ gilt $\tau N_G = \sum_{\sigma \in G} \tau\sigma = N_G$, und dies bedeutet, dass $\mathbb{Z} \cdot N_G$ ein Ideal von $\mathbb{Z}[G]$ ist. Die Abbildung

$$\mu : \mathbb{Z} \longrightarrow \mathbb{Z}[G] \quad \text{mit} \quad \mu(n) = n \cdot N_G$$

heißt die **Koaugmentation** von $\mathbb{Z}[G]$. Wir setzen $J_G = \mathbb{Z}[G]/\mathbb{Z} \cdot N_G$. Wir erhalten mit diesen Bezeichnungen die **exakten Sequenzen**[1)]

$$0 \longrightarrow I_G \longrightarrow \mathbb{Z}[G] \xrightarrow{\varepsilon} \mathbb{Z} \longrightarrow 0$$

$$0 \longrightarrow \mathbb{Z} \xrightarrow{\mu} \mathbb{Z}[G] \longrightarrow J_G \longrightarrow 0$$

von Ringen und Ringhomomorphismen. Betrachten wir diese Ringe nur als additive Gruppen, so sehen wir sofort, dass es sich um lauter freie abelsche Gruppen handelt, und dass I_G und J_G als direkte Summanden von $\mathbb{Z}[G]$ auftreten:

(1.2) Satz. *I_G ist die freie durch die Elemente $\sigma - 1$, $\sigma \in G$, $\sigma \neq 1$, erzeugte und J_G die freie durch die Elemente σ mod $\mathbb{Z} \cdot N_G$, $\sigma \neq 1$, erzeugte abelsche Gruppe. Es gilt*

$$\mathbb{Z}[G] = I_G \oplus \mathbb{Z} \cdot 1 \cong I_G \oplus \mathbb{Z},$$

$$\mathbb{Z}[G] = \left(\bigoplus_{\sigma \neq 1} \mathbb{Z}\sigma\right) \oplus \mathbb{Z} \cdot N_G \cong J_G \oplus \mathbb{Z}.$$

[1)] Eine Sequenz $\cdots \to A \xrightarrow{i} B \xrightarrow{j} C \to \cdots$ von Gruppen, Moduln oder Ringen und Homomorphismen i, j, ... heißt exakt, wenn das Bild der vorhergehenden Abbildung gleich dem Kern der nachfolgenden ist. Insbesondere haben wir es häufig mit den kurzen exakten Sequenzen $0 \to A \xrightarrow{i} B \xrightarrow{j} C \to 0$ zu tun. Sie besagen, dass wir einen surjektiven Homomorphismus j von B auf C mit dem Kern $iA \cong A$ vor uns haben.

Beweis. Ist $\sum_{\sigma \in G} n_\sigma \sigma \in I_G$, so ist $\sum_{\sigma \in G} n_\sigma = 0$, also $\sum_{\sigma \in G} n_\sigma \sigma = \sum_{\sigma \in G} n_\sigma(\sigma - 1)$, und wenn $\sum_{\sigma \in G, \, \sigma \neq 1} n_\sigma(\sigma - 1) = 0$, so ist $n_\sigma = 0$ für alle $\sigma \in G$, $\sigma \neq 1$.

Da jedes Element $\sum_{\sigma \in G} n_\sigma \sigma \in \mathbb{Z}[G]$ die Darstellung

$$\sum_{\sigma \in G} n_\sigma \sigma = \sum_{\sigma \in G} n_\sigma(\sigma - 1) + (\sum_{\sigma \in G} n_\sigma) \cdot 1$$

besitzt, haben wir die offenbar direkte Zerlegung $\mathbb{Z}[G] = I_G \oplus \mathbb{Z} \cdot 1$. Ist andererseits $\sum_{\sigma \in G} n_\sigma \sigma \bmod \mathbb{Z} \cdot N_G \in J_G$, so können wir schreiben

$$\sum_{\sigma \in G} n_\sigma \sigma = \sum_{\sigma \neq 1}(n_\sigma - n_1)\sigma + n_1 \cdot \sum_{\sigma \in G} \sigma \equiv \sum_{\sigma \neq 1}(n_\sigma - n_1)\sigma \quad \bmod \mathbb{Z} \cdot N_G,$$

und aus $\sum_{\sigma \neq 1} n_\sigma \sigma \in \mathbb{Z} \cdot N_G$ folgt offenbar $n_\sigma = 0$ für alle $\sigma \neq 1$.

Daher ist J_G die freie durch die Elemente $\sigma \bmod \mathbb{Z} \cdot N_G$, $\sigma \neq 1$, erzeugte abelsche Gruppe. Wegen der eindeutigen Darstellung

$$\sum_{\sigma \in G} n_\sigma \sigma = \sum_{\sigma \neq 1}(n_\sigma - n_1)\sigma + n_1 \cdot N_G$$

haben wir gleichzeitig die direkte Zerlegung $\mathbb{Z}[G] = (\bigoplus_{\sigma \neq 1} \mathbb{Z}\sigma) \oplus \mathbb{Z} \cdot N_G$.

Die Ideale I_G und $\mathbb{Z} \cdot N_G$ von $\mathbb{Z}[G]$ stehen sich in dem folgenden Sinne dual gegenüber.

(1.3) Satz. $I_G = \operatorname{Ann} \mathbb{Z} \cdot N_G$ und $\mathbb{Z} \cdot N_G = \operatorname{Ann} I_G$.

Beweis. Es ist $(\sum_{\sigma \in G} n_\sigma \sigma) \cdot N_G = \sum_{\sigma \in G} n_\sigma(\sigma \cdot N_G) = \sum_{\sigma \in G} n_\sigma N_G = (\sum_{\sigma \in G} n_\sigma) \cdot N_G = 0 \iff \sum_{\sigma \in G} n_\sigma = 0$. Also ist $\operatorname{Ann} \mathbb{Z} \cdot N_G = I_G$. Andererseits wird I_G nach (1.2) durch die Elemente $\sigma - 1$, $\sigma \in G$, erzeugt. Daher ist $\sum_{\tau \in G} n_\tau \tau \in \operatorname{Ann} I_G \iff (\sum_{\tau \in G} n_\tau \tau)(\sigma - 1) = 0$ für alle $\sigma \in G \iff \sum_{\tau \in G} n_\tau \tau \sigma = \sum_{\tau \in G} n_\tau \tau$ für alle $\sigma \in G \iff n_\tau = n_1$ für alle $\tau \in G \iff \sum_{\tau \in G} n_\tau \tau = n_1 \cdot N_G \in \mathbb{Z} \cdot N_G$. Daher ist $\mathbb{Z} \cdot N_G = \operatorname{Ann} I_G$.

Nach diesen Bemerkungen über den Gruppenring wenden wir uns den allgemeinen G-Moduln wieder zu. Ist A ein G-Modul, so sind in ihm unmittelbar vier Untermoduln ausgezeichnet. Es sind dies die Moduln

$A^G = \{a \in A \mid \sigma a = a \text{ für alle } \sigma \in G\}$, die **Fixgruppe** von A,

$N_G A = \{N_G a = \sum_{\sigma \in G} \sigma a \mid a \in A\}$, die **Normengruppe** von A [2],

---

[2] Für die Elemente $\sum_{\sigma \in G} \sigma a$ scheint eher die Bezeichnung **Spur** angebracht zu sein. Im Hinblick auf die späteren Anwendungen, in denen wir es hauptsächlich mit multiplikativen G-Moduln zu tun haben, entscheiden wir uns jedoch schon hier für die Bezeichnung **Norm**.

$$_{N_G}A = \{a \in A \mid N_G a = 0\},$$
$$I_G A = \{\textstyle\sum_{\sigma \in G} n_\sigma(\sigma a_\sigma - a_\sigma) \mid a_\sigma \in A\}.$$

Da I_G der durch die Elemente $\sigma - 1$, $\sigma \in G$, erzeugte Modul ist, ist offenbar $A^G = \{a \in A \mid I_G a = 0\}$. $I_G A$ hingegen ist der durch alle Elemente $\sigma a - a$, $a \in A$, $\sigma \in G$, erzeugte Modul. Dem Satz (1.3) entnehmen wir die Inklusionen

$$N_G A \subseteq A^G \quad \text{und} \quad I_G A \subseteq {}_{N_G}A,$$

und wir können die Faktorgruppen

$$A^G / N_G A \quad \text{und} \quad {}_{N_G}A / I_G A$$

bilden. Sie werden sich später als die Kohomologiegruppen der Dimensionen 0 und -1 des G-Moduls A erweisen.

Ist A ein G-Modul und g eine Untergruppe von G, so ist A natürlich auch ein g-Modul. Ist insbesondere g invariant in G, so ist der Fixmodul A^g offenbar ein G/g-Modul.

Im folgenden haben wir uns mit den wichtigsten funktoriellen Verhaltensweisen der G-Moduln zu beschäftigen.

Sind A und B zwei G-Moduln, so heißt ein Homomorphismus

$$f : A \longrightarrow B$$

ein **G-Homomorphismus**, wenn $f(\sigma a) = \sigma f(a)$ für alle $\sigma \in G$ gilt. Oftmals kommt es vor, dass wir einen G-Modul A einfach nur als abelsche Gruppe betrachten. Wir sprechen dann von **$\mathbb{Z}$-Moduln** und **$\mathbb{Z}$-Homomorphismen** im Unterschied zu den G-Moduln und G-Homomorphismen.

Je zwei G-Moduln A und B ist ein dritter zugeordnet, nämlich der Modul

$$\operatorname{Hom}(A, B)$$

aller $\mathbb{Z}$-Homomorphismen $f : A \to B$, auf dem die Elemente $\sigma \in G$ in der folgenden Weise operieren:

$$\sigma(f) = \sigma \circ f \circ \sigma^{-1}, \quad \text{also} \quad \sigma(f)(a) = \sigma f(\sigma^{-1}a), \ a \in A.$$

Die Gruppe $\operatorname{Hom}_G(A, B)$ aller G-Homomorphismen von A in B ist eine Untergruppe von $\operatorname{Hom}(A, B)$; offenbar ist sie der Fixmodul des G-Moduls $\operatorname{Hom}(A, B)$:

$$\operatorname{Hom}_G(A, B) = \operatorname{Hom}(A, B)^G.$$

Neben $\operatorname{Hom}(A, B)$ haben wir einen weiteren G-Modul in dem **Tensorprodukt**

$$A \otimes_{\mathbb{Z}} B.$$

Dieses besteht grob gesagt aus allen formalen Produktsummen $\sum_i a_i \cdot b_i$, $a_i \in A$, $b_i \in B$. Um genau zu sein, haben wir die folgende Definition einzuführen:

(1.4) Definition. *Sind A, B zwei abelsche Gruppen ($\mathbb{Z}$-Moduln), so sei F die freie, durch alle Paare (a, b), $a \in A$, $b \in B$, erzeugte abelsche Gruppe. In ihr sei R die durch die Elemente der Form*

$$(a + a', b) - (a, b) - (a', b) \text{ und } (a, b + b') - (a, b) - (a, b')$$

erzeugte Untergruppe. Dann ist die Faktorgruppe

$$F/R = A \otimes_{\mathbb{Z}} B$$

das **Tensorprodukt** *von A und B über $\mathbb{Z}$.*

Da wir ausschließlich Tensorprodukte über dem Ring $\mathbb{Z}$ betrachten, schreiben wir kurz $A \otimes B$ statt $A \otimes_{\mathbb{Z}} B$. Mit $a \otimes b$ bezeichnen wir die Klasse

$$a \otimes b = (a, b) + R \in A \otimes B.$$

$A \otimes B$ besteht definitionsgemäß aus allen Elementen

$$\sum_i a_i \otimes b_i, \quad a_i \in A, \ b_i \in B,$$

wird also durch die Elemente $a \otimes b$ erzeugt.

Ist speziell $A = \mathbb{Z}$, so werden wir häufig $\mathbb{Z} \otimes B$ und B als nicht verschieden ansehen, indem wir $n \otimes b$ und $n \cdot b$, $n \in \mathbb{Z}$, $b \in B$, miteinander identifizieren[3].

Sind A, B zwei abelsche Gruppen, so werden wir die Gruppen $A \otimes B$ und $B \otimes A$ durch den Isomorphismus

$$f : A \otimes B \longrightarrow B \otimes A \quad \text{mit} \quad f(a \otimes b) = b \otimes a$$

miteinander identifizieren. Ebenso werden wir, wenn A, B, C drei abelsche Gruppen sind, die Gruppen $(A \otimes B) \otimes C$ und $A \otimes (B \otimes C)$ vermöge des Isomorphismus

$$f : (A \otimes B) \otimes C \longrightarrow A \otimes (B \otimes C) \quad \text{mit} \quad f((a \otimes b) \otimes c) = a \otimes (b \otimes c)$$

als gleich ansehen.

Sind A, B zwei G-Moduln, so wird $A \otimes B$ durch die Festlegung

$$\sigma(a \otimes b) = \sigma a \otimes \sigma b, \quad a \in A, \quad b \in B; \quad \sigma \in G, \text{ [4]}$$

---

[3] Von diesem Fall ausgehend kann man sich die Bildung des allgemeinen Tensorproduktes $A \otimes B$ als eine formale Änderung des natürlichen Multiplikatorenbereiches $\mathbb{Z}$ von B zu A vorstellen. So kann man z.B. jede abelsche Gruppe B zu einem $\mathbb{Q}$-Vektorraum erweitern, indem man von B zu $\mathbb{Q} \otimes B$ übergeht. Dieser Übergang bedeutet gerade die formale Erweiterung des Multiplikatorenbereiches $\mathbb{Z}$ zu $\mathbb{Q}$, und die Multiplikation von $b \in B$ mit einer rationalen Zahl $r \in \mathbb{Q}$ erfolgt einfach durch die Bildung von $r \otimes b \in \mathbb{Q} \otimes B$.

[4] Da die Produkte $a \otimes b$ den Modul $A \otimes B$ erzeugen, erhalten wir hieraus die Operation von σ auf dem ganzen Modul durch lineare Fortsetzung.

zu einem G-Modul. Es ist i.a. falsch, dass $A^G \otimes B^G$ der Fixmodul von $A \otimes B$ ist. Man muss sich sogar davor hüten, $A^G \otimes B^G$ als Untermodul von $A \otimes B$ anzusehen. Wir haben nur den kanonischen (i.a. weder injektiven noch surjektiven) Homomorphismus

$$A^G \otimes B^G \longrightarrow (A \otimes B)^G.$$

Eine mühelos zu verifizierende Tatsache ist die Additivität der Funktoren Hom_G und $\otimes$:

(1.5) Satz. *Ist $\{A_\iota \mid \iota \in I\}$ eine Familie von G-Moduln und X ein weiterer G-Modul, so ist in kanonischer Weise* [5)]

$$X \otimes \left(\bigoplus_\iota A_\iota\right) \cong \bigoplus_\iota (X \otimes A_\iota),$$

$$\mathrm{Hom}_G\left(\bigoplus_\iota A_\iota, X\right) \cong \prod_\iota \mathrm{Hom}_G(A_\iota, X), \ \mathrm{Hom}_G\left(X, \prod_\iota A_\iota\right) \cong \prod_\iota \mathrm{Hom}_G(X, A_\iota).$$

Ist X überdies als abelsche Gruppe endlich erzeugt, so gilt

$$X \otimes \left(\prod_\iota A_\iota\right) \cong \prod_\iota (X \otimes A_\iota), \quad \mathrm{Hom}_G\left(X, \bigoplus_\iota A_\iota\right) \cong \bigoplus_\iota \mathrm{Hom}_G(X, A_\iota).$$

Sei A, B ein Paar von G-Moduln und

$$A \xrightarrow{\ h\ } A'$$

ein G-Homomorphismus. Dieser induziert einen G-Homomorphismus

$$\mathrm{Hom}(A, B) \longleftarrow \mathrm{Hom}(A', B)$$

in umgekehrter Richtung durch die Hintereinanderschaltung $f \mapsto f \circ h$ ($f \in \mathrm{Hom}(A', B)$), und einen G-Homomorphismus

$$A \otimes B \longrightarrow A' \otimes B$$

durch die Zuordnung $a \otimes b \mapsto h(a) \otimes b$. Betrachten wir andererseits einen G-Homomorphismus

$$B \xrightarrow{\ g\ } B',$$

so erhalten wir in analoger Weise G-Homomorphismen

$$\mathrm{Hom}(A, B) \longrightarrow \mathrm{Hom}(A, B')$$

und

$$A \otimes B \longrightarrow A \otimes B'.$$

[5)] Mit dem Zeichen $\bigoplus$ ist die **direkte Summe** gemeint, d.h. die Gruppe der Familien $(\ldots, a_\iota, \ldots)$, bei denen nur endlich viele von 0 verschiedene Komponenten a_ι auftreten. Dagegen bedeutet $\prod$ das **direkte Produkt**, d.h. die Gruppe aller Familien $(\ldots, a_\iota, \ldots)$.

Wegen dieses Verhaltens nennt man Hom auch einen im ersten Argument kontra-, im zweiten Argument kovarianten Funktor und $\otimes$ einen in beiden Argumenten kovarianten Funktor.

Haben wir gleichzeitig zwei *G*-Homomorphismen

$$A' \xrightarrow{h} A \quad \text{und} \quad B \xrightarrow{g} B',$$

so erhalten wir durch die Zuordnung $f \mapsto g \circ f \circ h$ ($f \in \mathrm{Hom}(A, B)$) einen *G*-Homomorphismus

$$(h, g) : \mathrm{Hom}(A, B) \longrightarrow \mathrm{Hom}(A', B'),$$

und für zwei *G*-Homomorphismen

$$A \xrightarrow{h} A' \quad \text{und} \quad B \xrightarrow{g} B'$$

den *G*-Homomorphismus

$$h \otimes g : A \otimes B \longrightarrow A' \otimes B',$$

der durch $h \otimes g(a \otimes b) = h(a) \otimes g(b)$ festgelegt ist.

Eine im folgenden wichtige Rolle spielen die *G*-freien *G*-Moduln. Ein *G*-Modul A heißt **G-frei**, oder auch **$\mathbb{Z}[G]$-frei**, wenn er die direkte Summe von zu $\mathbb{Z}[G]$ isomorphen *G*-Moduln ist. Über die *G*-freien Moduln haben wir den folgenden

(1.6) Satz. *Ist X ein G-freier G-Modul und*

$$0 \longrightarrow A \xrightarrow{h} B \xrightarrow{g} C \longrightarrow 0$$

eine exakte Sequenz von G-Moduln A, B, C und G-Homomorphismen h, g, so ist die hieraus entstehende Sequenz

$$0 \longrightarrow \mathrm{Hom}_G(X, A) \longrightarrow \mathrm{Hom}_G(X, B) \longrightarrow \mathrm{Hom}_G(X, C) \longrightarrow 0$$

exakt.

Zum Beweis sei $X = \bigoplus_\iota \Gamma_\iota$, $\Gamma_\iota \cong \mathbb{Z}[G]$. Nach (1.5) haben wir die Zerlegung

$$\mathrm{Hom}_G(X, A) = \prod_\iota \mathrm{Hom}_G(\Gamma_\iota, A).$$

Setzen wir $A_\iota = \mathrm{Hom}_G(\Gamma_\iota, A) \cong \mathrm{Hom}_G(\mathbb{Z}[G], A) \cong A$ (vermöge $f \in \mathrm{Hom}_G$ $(\mathbb{Z}[G], A) \mapsto f(1) \in A$) und entsprechend B_ι, C_ι, so erhalten wir die exakte Sequenz

$$0 \longrightarrow A_\iota \longrightarrow B_\iota \longrightarrow C_\iota \longrightarrow 0,$$

aus der sich die Behauptung des Satzes ergibt.

Anmerkung. Der Satz (1.6) gilt allgemeiner für die sogenannten **projekti-ven** G-Moduln X. Es sind dies die G-Moduln mit der Eigenschaft, dass sich jedes Diagramm

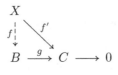

mit G-Moduln B, C und G-Homomorphismen g, f', g surjektiv, kommutativ durch einen G-Homomorphismus $f : X \to B$ ergänzen lässt.

Lässt man in der Sequenz für Hom_G die rechte Abbildung $\to 0$ weg, so gilt die Exaktheit für beliebige G-Moduln. Dies alles ist mit Leichtigkeit nachzu-prüfen.

Ein G-freier G-Modul ist natürlich auch $\mathbb{Z}$-**frei**, also eine freie abelsche Grup-pe, da $\mathbb{Z}[G]$ die freie abelsche durch die Elemente aus G erzeugte Gruppe ist. Bei den meisten Exaktheitsfragen kommt es lediglich auf Betrachtungen über $\mathbb{Z}$-Moduln und $\mathbb{Z}$-Homomorphismen an. Im Hinblick auf spätere Anwendun-gen geben wir die folgenden drei Lemmata an.

(1.7) Lemma. *Ist*

$$\cdots \longleftarrow X_{q-1} \xleftarrow{d_q} X_q \xleftarrow{d_{q+1}} X_{q+1} \longleftarrow \cdots$$

eine exakte Sequenz von $\mathbb{Z}$-freien Moduln und D ein beliebiger $\mathbb{Z}$-Modul, so ist die hieraus entstehende Sequenz

$$\cdots \longrightarrow \operatorname{Hom}(X_{q-1}, D) \longrightarrow \operatorname{Hom}(X_q, D) \longrightarrow \operatorname{Hom}(X_{q+1}, D) \longrightarrow \cdots$$

ebenfalls exakt.

Beweis. Sei $C_q = \operatorname{Kern} d_q = \operatorname{Bild} d_{q+1}$. Da C_{q-1} als Untergruppe von X_{q-1} frei ist, gibt es für die exakte Sequenz $0 \leftarrow C_{q-1} \leftarrow X_q \leftarrow C_q \leftarrow 0$ einen Homomorphismus $\varepsilon : C_{q-1} \to X_q$ mit $d_q \circ \varepsilon = \operatorname{Id}$, d.h. C_q ist direkter Sum-mand von $X_q : X_q = C_q \oplus X'_q$ für alle q. Liegt nun das Element f im Kern der Abbildung $\operatorname{Hom}(X_q, D) \to \operatorname{Hom}(X_{q+1}, D)$, so verschwindet f auf C_q und induziert einen Homomorphismus $g' : C_{q-1} \to D$ mit $f = g' \circ d_q$. Da C_{q-1} direkter Summand von X_{q-1} ist, können wir g' zu einem Homo-morphismus $g \in \operatorname{Hom}(X_{q-1}, D)$ fortsetzen, und es wird f das Bild von g unter dem Homomorphismus $\operatorname{Hom}(X_{q-1}, D) \to \operatorname{Hom}(X_q, D)$. Liegt anderer-seits $f \in \operatorname{Hom}(X_q, D)$ im Bild von $\operatorname{Hom}(X_{q-1}, D) \to \operatorname{Hom}(X_q, D)$, ist also $f = f' \circ d_q$, $f' \in \operatorname{Hom}(X_{q-1}, D)$, so ist $f \circ d_{q+1} = f' \circ d_q \circ d_{q+1} = 0$, d.h. f liegt im Kern von $\operatorname{Hom}(X_q, D) \to \operatorname{Hom}(X_{q+1}, D)$.

(1.8) Lemma. *Ist* $0 \to X \to Y \to Z \to 0$ *eine exakte Sequenz freier* $\mathbb{Z}$-*Moduln, und ist* A *ein beliebiger* $\mathbb{Z}$-*Modul, so ist auch die Sequenz*

$$0 \longrightarrow X \otimes A \longrightarrow Y \otimes A \longrightarrow Z \otimes A \longrightarrow 0$$

exakt.

Beweis. Die Exaktheit der Sequenz $X \otimes A \to Y \otimes A \to Z \otimes A \to 0$ ist völlig trivial und gilt sogar ohne die Freiheitsvoraussetzungen. Es kommt also nur auf den Nachweis der Injektivität von $X \otimes A \to Y \otimes Z$ an. Da Z frei ist, gibt es einen Homomorphismus $Z \to Y$, der durch Nachschaltung der Abbildung $Y \to Z$ die Identität von Z liefert. Das bedeutet, dass das Bild X' von X in Y ein direkter Summand ist: $Y = X' \oplus X''$. Wir erhalten daher $Y \otimes A = (X' \otimes A) \oplus (X'' \otimes A)$, und dies beinhaltet gerade die besagte Injektivität.

(1.9) Lemma. *Ist* $0 \to A \to B \to C \to 0$ *eine exakte Sequenz von* $\mathbb{Z}$-*Moduln und* X *ein* $\mathbb{Z}$-*freier* $\mathbb{Z}$-*Modul, so ist die Sequenz*

$$0 \longrightarrow X \otimes A \longrightarrow X \otimes B \longrightarrow X \otimes C \longrightarrow 0$$

ebenfalls exakt.

Beweis. Es ist $X = \bigoplus_{\iota} Z_{\iota}$, $Z_{\iota} \cong \mathbb{Z}$. Wegen der Additivität des Funktors $\otimes$ haben wir die kanonische Isomorphie

$$X \otimes A \cong \bigoplus_{\iota} (Z_{\iota} \otimes A) \cong \bigoplus_{\iota} A_{\iota} \quad \text{mit} \quad A_{\iota} = Z_{\iota} \otimes A \cong A$$

und entsprechend für B, C. Aus der Exaktheit der Sequenz

$$0 \longrightarrow A_{\iota} \longrightarrow B_{\iota} \longrightarrow C_{\iota} \longrightarrow 0$$

folgt dann unmittelbar die Exaktheit von

$$0 \longrightarrow X \otimes A \longrightarrow X \otimes B \longrightarrow X \otimes C \longrightarrow 0.$$

§ 2. Die Definition der Kohomologiegruppen

Es ist bezeichnend für die Kohomologietheorie, dass zur Herleitung selbst einfacher Definitionen und Sätze ein ausgedehnter Formalismus von Homomorphismen, Funktoren und Sequenzen herangezogen werden muss, der auf den ersten Blick wohl den Eindruck hervorzurufen vermag, es handele sich hier um eine besonders schwierige und hohe mathematische Disziplin. Hat man sich jedoch mit den Methoden etwas vertraut gemacht, so wird man erkennen, dass die hier angewandten Schlüsse und Überlegungen von besonderer Einfachheit sind, dass sie im einzelnen sogar etwas blutleer erscheinen mögen, jedoch durch ihre häufige Wiederholung zu jenen Begriffen und Sätzen führen, die sich einem elementaren Vorgehen nur schwerlich erschließen würden. Bei der Einführung der Kohomologiegruppen beginnen wir daher von vornherein mit solchen formalen Überlegungen, obgleich ihre Definition auch in direkter, elementarer Weise gegeben werden kann[6].

Sei G eine endliche Gruppe. Unter einer **vollständigen freien Auflösung** der Gruppe G, oder auch des G-Moduls $\mathbb{Z}$ [7] verstehen wir einen Komplex

$$\cdots \xleftarrow{d_{-2}} X_{-2} \xleftarrow{d_{-1}} X_{-1} \xleftarrow{d_0} X_0 \xleftarrow{d_1} X_1 \xleftarrow{d_2} X_2 \xleftarrow{d_3} \cdots$$

mit den folgenden Eigenschaften:

(1) Die X_q sind freie G-Moduln,
(2) ε, μ, d_q sind G-Homomorphismen,
(3) $d_0 = \mu \circ \varepsilon$,
(4) an jeder Stelle herrscht Exaktheit.

Bei einer vollständigen freien Auflösung handelt es sich also um zwei zusammengesetzte exakte Sequenzen

$$0 \longleftarrow \mathbb{Z} \xleftarrow{\varepsilon} X_0 \xleftarrow{d_1} X_1 \xleftarrow{d_2} \cdots$$

und

$$0 \longrightarrow \mathbb{Z} \xrightarrow{\mu} X_{-1} \xrightarrow{d_{-1}} X_{-2} \xrightarrow{d_{-2}} \cdots$$

von freien G-Moduln. Ursprünglich wurden von der ersten die Kohomologie-, von der zweiten die Homologiegruppen abgeleitet. In der Zusammensetzung dieser beiden Sequenzen liegt jedoch ein entscheidender Schritt, denn sie führt zu einer einheitlichen und im Hinblick auf das funktorielle Verhalten harmonischen Verschmelzung der Homologie und der Kohomologie.

Bei der Herleitung der Kohomologiegruppen eines G-Moduls könnten wir an sich von einer beliebigen vollständigen Auflösung ausgehen, ja sogar von einer solchen, in der die X_q nur projektive G-Moduln zu sein brauchen. Es käme dann darauf an, im Anschluss an die Definition ihre Unabhängigkeit von der an den Anfang gestellten Auflösung zu zeigen. Um uns dieser, nur der theoretischen Abrundung dienenden Mühe zu entheben, gehen wir von einer ganz speziellen vollständigen Auflösung von G aus, der sogenannten **Standardauflösung**, die ihr Vorbild in der algebraischen Topologie hat und in der folgenden Weise entsteht.

---

[6] Vgl. [16], 15.7, S. 236.
[7] Wir fassen $\mathbb{Z}$ stets als einen G-Modul auf, auf dem die Gruppe G in trivialer Weise (d.h. identisch) operiert.

Für jedes $q \geq 1$ bilden wir alle q-Tupel $(\sigma_1, \ldots, \sigma_q)$, wobei die σ_i die Gruppe G durchlaufen; wir bezeichnen sie als **q-Zellen** (mit den „Ecken" $\sigma_1, \ldots, \sigma_q$). Diese q-Zellen benutzen wir als freie Erzeugende unserer G-Moduln, d.h. wir setzen

$$X_q = X_{-q-1} = \bigoplus \mathbb{Z}[G](\sigma_1, \ldots, \sigma_q).$$

Für $q = 0$ setzen wir

$$X_0 = X_{-1} = \mathbb{Z}[G],$$

indem wir als erzeugende „Nullzelle" das Einselement $1 \in \mathbb{Z}[G]$ wählen. Die Moduln

$$\ldots, X_{-2}, X_{-1}, X_0, X_1, X_2, \ldots$$

sind dann freie G-Moduln.

Die G-Homomorphismen $\varepsilon : X_0 \to \mathbb{Z}$ und $\mu : \mathbb{Z} \to X_{-1}$ werden durch

$$\varepsilon(\textstyle\sum_{\sigma \in G} n_\sigma \sigma) = \sum_{\sigma \in G} n_\sigma \qquad \text{(Augmentation)}$$

$$\mu(n) = n \cdot N_G \qquad \text{(Koaugmentation)}$$

definiert (vgl. §1, S. 4).

Zur Festlegung der G-Homomorphismen d_q haben wir natürlich nur deren Werte auf den freien Erzeugenden $(\sigma_1, \ldots, \sigma_q)$ anzugeben. Wir setzen

$$d_0 1 = N_G \qquad \qquad \text{für } q = 0,$$

$$d_1(\sigma) = \sigma - 1 \qquad \qquad \text{für } q = 1,$$

$$d_q(\sigma_1, \ldots, \sigma_q) = \sigma_1(\sigma_2, \ldots, \sigma_q)$$
$$+ \textstyle\sum_{i=1}^{q-1}(-1)^i(\sigma_1, \ldots, \sigma_{i-1}, \sigma_i\sigma_{i+1}, \sigma_{i+2}, \ldots, \sigma_q)$$
$$+ (-1)^q(\sigma_1, \ldots, \sigma_{q-1}) \qquad \qquad \text{für } q > 1,$$

$$d_{-1} 1 = \textstyle\sum_{\sigma \in G}[\sigma^{-1}(\sigma) - (\sigma)] \qquad \qquad \text{für } q = -1,$$

$$d_{-q-1}(\sigma_1, \ldots, \sigma_q) = \textstyle\sum_{\sigma \in G} \sigma^{-1}(\sigma, \sigma_1, \ldots, \sigma_q)$$
$$+ \textstyle\sum_{\sigma \in G} \sum_{i=1}^{q}(-1)^i(\sigma_1, \ldots, \sigma_{i-1}, \sigma_i\sigma, \sigma^{-1}, \sigma_{i+1}, \ldots, \sigma_q)$$
$$+ \textstyle\sum_{\sigma \in G}(-1)^{q+1}(\sigma_1, \ldots, \sigma_q, \sigma) \qquad \text{für } -q-1 < -1.$$

Mit diesen Definitionen erhalten wir einen Komplex

$$\cdots \xleftarrow{d_{-2}} X_{-2} \xleftarrow{d_{-1}} X_{-1} \xleftarrow{d_0} X_0 \xleftarrow{d_1} X_1 \xleftarrow{d_2} X_2 \xleftarrow{d_3} \cdots$$
$$\mu \nwarrow \quad \nearrow \varepsilon$$
$$\mathbb{Z}$$
$$\nearrow \quad \nwarrow$$
$$0 \qquad \qquad 0,$$

den wir den **Standardkomplex** der Gruppe G nennen. Wir werden sogleich sehen, dass es sich bei diesem Komplex um eine vollständige freie Auflösung von G handelt. Die Bedingungen (1)–(3) sind trivialerweise erfüllt: Nach Konstruktion sind die X_q freie G-Moduln, die ε, μ, d_q G-Homomorphismen, und wegen $\mu \circ \varepsilon(1) = \mu(1) = N_G = d_0 1$ ist $d_0 = \mu \circ \varepsilon$. Es kommt daher nur noch darauf an zu zeigen, dass an jeder Stelle Exaktheit herrscht. Zum Beweis dieser Tatsache ziehen wir Rechnungen heran, die sich an entsprechende Überlegungen in der algebraischen Topologie anlehnen. Wir zeigen zunächst die Exaktheit der Sequenz

$$(*) \qquad 0 \longleftarrow \mathbb{Z} \xleftarrow{\varepsilon} X_0 \xleftarrow{d_1} X_1 \xleftarrow{d_2} X_2 \xleftarrow{d_3} \cdots .$$

Hierzu definieren wir die folgenden $\mathbb{Z}$-Homomorphismen:

$$E : \mathbb{Z} \longrightarrow X_0 \qquad \text{mit } E(1) = 1,$$
$$D_0 : X_0 \longrightarrow X_1 \qquad \text{mit } D_0(\sigma) = (\sigma),$$
$$D_q : X_q \longrightarrow X_{q+1} \quad \text{mit } D_q(\sigma_0(\sigma_1, \ldots, \sigma_q)) = (\sigma_0, \ldots, \sigma_q) \text{ für } q \geq 1.$$

Eine elementare Rechnung zeigt nun, dass

$$E \circ \varepsilon + d_1 \circ D_0 = \text{Id} \quad \text{und} \quad D_{q-1} \circ d_q + d_{q+1} \circ D_q = \text{Id}.$$

Aus diesen Formeln ergibt sich einmal

$$\text{Kern } \varepsilon \subseteq \text{Bild } d_1 \quad \text{und} \quad \text{Kern } d_q \subseteq \text{Bild } d_{q+1} \qquad \text{für } q \geq 1;$$

ist nämlich $x \in \text{Kern } \varepsilon$ bzw. $x \in \text{Kern } d_q$, so ist $x = d_1 D_0 x \in \text{Bild } d_1$ bzw. $x = d_{q+1} D_q x \in \text{Bild } d_{q+1}$.

Andererseits rechnet man unmittelbar nach, dass $\varepsilon \circ d_1 = 0$ ist, dass also Kern $\varepsilon \supseteq$ Bild d_1. Mit vollständiger Induktion beweisen wir nun $d_q \circ d_{q+1} = 0$ und setzen dazu $d_{q-1} \circ d_q = 0$ voraus. (Für $q = 1$ ersetzen wir in diesen Überlegungen d_0 durch ε und D_{-1} durch E.) Wir haben einerseits

$$d_q = (D_{q-2} \circ d_{q-1} + d_q \circ D_{q-1}) \circ d_q = d_q \circ D_{q-1} \circ d_q,$$

und andererseits

$$d_q = d_q \circ (D_{q-1} \circ d_q + d_{q+1} \circ D_q) = d_q \circ D_{q-1} \circ d_q + d_q \circ d_{q+1} \circ D_q.$$

Durch Subtraktion dieser Gleichungen erhalten wir

$$d_q \circ d_{q+1} \circ D_q = 0.$$

Da aber jede Zelle von X_{q+1} im Bild von D_q liegt, hat dies

$$d_q \circ d_{q+1} = 0,$$

also Kern $d_q \supseteq$ Bild d_{q+1} für $q \geq 1$ zur Folge. Damit ist die Exaktheit der Sequenz $(*)$ bewiesen.

Die Sequenz

$$(**) \qquad 0 \longrightarrow \mathbb{Z} \xrightarrow{\mu} X_{-1} \xrightarrow{d_{-1}} X_{-2} \xrightarrow{d_{-2}} X_{-3} \xrightarrow{d_{-3}} \cdots$$

ist nun gerade so angelegt, dass sie durch Dualisierung aus $(*)$ entsteht. Aus $(*)$ erhalten wir nämlich zunächst die Sequenz

$$(***) \qquad 0 \longrightarrow \mathrm{Hom}(\mathbb{Z}, \mathbb{Z}) \longrightarrow \mathrm{Hom}(X_0, \mathbb{Z}) \longrightarrow \mathrm{Hom}(X_1, \mathbb{Z}) \longrightarrow \cdots,$$

welche nach (1.7) exakt ist.

Sei $\{x_i\}$ das aus allen q-Zellen bestehende $\mathbb{Z}[G]$-freie Erzeugendensystem von X_q. Wir erhalten dann ein $\mathbb{Z}[G]$-freies Erzeugendensystem von $\mathrm{Hom}(X_q, \mathbb{Z})$ durch die zu $\{x_i\}$ „duale Basis" $\{x_i^*\}$, welche durch

$$x_i^*(\sigma x_k) = \begin{cases} 1 & \text{für } \sigma = 1 \text{ und } i = k \\ 0 & \text{sonst} \end{cases}$$

definiert ist. Die G-Moduln $\mathrm{Hom}(X_q, \mathbb{Z})$ und X_q sind also kanonisch isomorph. Identifizieren wir x_i mit x_i^*, so können wir schreiben

$$X_{-q-1} = \mathrm{Hom}(X_q, \mathbb{Z}) \quad (q \geq 0) \quad \text{und} \quad \mathbb{Z} = \mathrm{Hom}(\mathbb{Z}, \mathbb{Z}).$$

Eine elementare Rechnung zeigt nun, dass in der Tat nach dieser Identifizierung die Sequenz $(***)$ in die Sequenz $(**)$ übergeht, die sich daher als exakt erweist.

Schließlich folgt aus der Injektivität von μ, der Surjektivität von ε und aus $d_0 = \mu \circ \varepsilon$, dass $\mathrm{Kern}\, d_0 = \mathrm{Kern}\, \varepsilon$, $\mathrm{Bild}\, d_0 = \mathrm{Bild}\, \mu$, und also

$$\mathrm{Kern}\, d_0 = \mathrm{Bild}\, d_1 \quad \text{und} \quad \mathrm{Bild}\, d_0 = \mathrm{Kern}\, d_{-1}.$$

Damit ist die Exaktheit des Standardkomplexes an allen Stellen erwiesen.

Vom Standardkomplex leiten wir nun unsere Kohomologiegruppen ab. Ist A ein G-Modul, so setzen wir

$$A_q = \mathrm{Hom}_G(X_q, A).$$

Die Elemente aus A_q, also die G-Homomorphismen $x : X_q \to A$ nennen wir die **q-Koketten** von A. Aus der exakten Sequenz

$$\cdots \xleftarrow{d_{-2}} X_{-2} \xleftarrow{d_{-1}} X_{-1} \xleftarrow{d_0} X_0 \xleftarrow{d_1} X_1 \xleftarrow{d_2} X_2 \xleftarrow{d_3} \cdots$$

erhalten wir die Sequenz

$$\cdots \xrightarrow{\partial_{-2}} A_{-2} \xrightarrow{\partial_{-1}} A_{-1} \xrightarrow{\partial_0} A_0 \xrightarrow{\partial_1} A_1 \xrightarrow{\partial_2} A_2 \xrightarrow{\partial_3} \cdots,$$

in welcher wegen $d_q \circ d_{q+1} = 0$ trivialerweise $\partial_{q+1} \circ \partial_q = 0$ ist, also

$$\mathrm{Bild}\, \partial_q \subseteq \mathrm{Kern}\, \partial_{q+1}.$$

Im Gegensatz zur ersten Sequenz ist die zweite i.a. nicht exakt, und die Kohomologiegruppen „messen" gewissermaßen die Abweichung von der Exaktheit. Wir setzen

$$Z_q = \mathrm{Kern}\, \partial_{q+1}, \quad R_q = \mathrm{Bild}\, \partial_q,$$

nennen die Elemente aus Z_q bzw. R_q die **q-Kozykeln** bzw. **q-Koränder** und kommen zu der folgenden

(2.1) Definition. *Die Faktorgruppe*

$$H^q(G, A) = Z_q/R_q$$

heißt die **Kohomologiegruppe der Dimension** q ($q \in \mathbb{Z}$) *des G-Moduls A. Wir sagen auch kurz, $H^q(G, A)$ ist die q-te Kohomologiegruppe mit Koeffizienten in A.*

Es sei erwähnt, dass die Kohomologiegruppen $H^{-q-1}(G, A)$ nichts anderes sind als die üblicherweise als **Homologiegruppen** bezeichneten Gruppen $H_q(G, A)$ ($q \geq 1$). Ursprünglich erhielt man in der algebraischen Topologie die Kohomologiegruppen (mit Koeffizienten in $\mathbb{Z}$) als die Charaktergruppen der Homologiegruppen. Dieser Ursprung findet seinen Niederschlag in der Tatsache, dass man die linke Seite des Standardkomplexes aus der rechten durch Dualisierung gewinnt. Wir weisen noch einmal darauf hin, dass in der Zusammenfügung beider Seiten zu einer vollständigen Auflösung, die die Deutung der Homologiegruppen als Kohomologiegruppen negativer Dimensionen ermöglicht, ein entscheidender Schritt liegt, der nicht nur eine formale Vereinheitlichung bringt[8].

Wir wenden uns nun der Aufgabe zu, die konkrete Bedeutung der Kohomologiegruppen zu analysieren. Die Kokettengruppe

$$A_q = A_{-q-1} = \operatorname{Hom}_G(X_q, A), \quad q \geq 1,$$

besteht aus allen G-Homomorphismen $x : X_q \to A$. Da die X_q die q-Zellen $(\sigma_1, \ldots, \sigma_q)$ als freie Erzeugende haben, ist der G-Homomorphismus $x : X_q \to A$ durch seine Werte auf den q-Tupeln $(\sigma_1, \ldots, \sigma_q)$ eindeutig bestimmt. Dies besagt, dass wir jede Kokette einfach als eine Funktion mit Argumenten aus G und Werten in A, also die Abbildung

$$x : \underbrace{G \times \cdots \times G}_{q-\text{mal}} \longrightarrow A$$

auffassen können. Schließen wir uns dieser Auffassung an, so kommen wir zu der Identifizierung

$$A_q = A_{-q-1} = \{x : \underbrace{G \times \cdots \times G}_{q-\text{mal}} \longrightarrow A\}, \qquad q \geq 1,$$

und in evidenter Weise

$$A_0 = A_{-1} = \operatorname{Hom}_G(\mathbb{Z}[G], A) = A.$$

Aus der Definition der Homomorphismen d_q des Standardkomplexes ergeben sich für die Abbildungen ∂_q der Sequenz

---

[8] Diese Verschmelzung der Homologie und der Kohomologie geht auf J. TATE zurück.

$$\cdots \xrightarrow{\partial_{-2}} A_{-2} \xrightarrow{\partial_{-1}} A_{-1} \xrightarrow{\partial_0} A_0 \xrightarrow{\partial_1} A_1 \xrightarrow{\partial_2} A_2 \xrightarrow{\partial_3} \cdots$$

die Formeln

$$\partial_0 x = N_G x \qquad\qquad\qquad\qquad\qquad \text{für } x \in A_{-1} = A,$$

$$(\partial_1 x)(\sigma) = \sigma x - x \qquad\qquad\qquad\qquad \text{für } x \in A_0 = A,$$

$$(\partial_q x)(\sigma_1, \ldots, \sigma_q) = \sigma_1 x(\sigma_2, \ldots, \sigma_q)$$
$$+ \sum_{i=1}^{q-1} (-1)^i x(\sigma_1, \ldots, \sigma_i \sigma_{i+1}, \ldots, \sigma_q)$$
$$+ (-1)^q x(\sigma_1, \ldots, \sigma_{q-1}) \qquad\qquad \text{für } x \in A_{q-1},\ q \geq 1,$$

$$\partial_{-1} x = \sum_{\sigma \in G} (\sigma^{-1} x(\sigma) - x(\sigma)) \qquad\qquad \text{für } x \in A_{-2},$$

$$(\partial_{-q-1} x)(\sigma_1, \ldots, \sigma_q) = \sum_{\sigma \in G} \big[\sigma^{-1} x(\sigma, \sigma_1, \ldots, \sigma_q)$$
$$+ \sum_{i=1}^{q} (-1)^i (\sigma_1, \ldots, \sigma_{i-1}, \sigma_i \sigma, \sigma^{-1}, \sigma_{i+1}, \ldots, \sigma_q)$$
$$+ (-1)^{q+1} x(\sigma_1, \ldots, \sigma_q, \sigma) \big] \ \ \text{für } x \in A_{-q-2}, q \geq 0.$$

q-Kozykeln sind also alle Abbildungen

$$x : G \times \cdots \times G \longrightarrow A$$

mit $\partial_{q+1} x = 0$, q-Koränder solche unter diesen, für die es ein $y \in A_{q-1}$ mit $x = \partial_q y$ gibt.

Es ist ein bemerkenswerter Umstand, dass in den algebraischen Anwendungen nur die Kohomologiegruppen in den niedrigen Dimensionen auftreten. Dies liegt daran, dass man nur für sie eine konkrete algebraische Interpretation kennt. Der kohomologische Kalkül würde an Bedeutung zweifellos erheblich gewinnen, wenn man auch für die Kohomologiegruppen der höheren Dimensionen greifbare Deutungen hätte. In den kleinen Dimensionen sehen die Kohomologiegruppen folgendermaßen aus:

Die Gruppe $H^{-1}(G, A)$. Es ist

$$Z_{-1} = \text{Kern}\,\partial_0\ = {}_{N_G} A \qquad ((-1)\text{-Kozykeln}),$$
$$R_{-1} = \text{Bild}\,\partial_{-1} = I_G A \qquad ((-1)\text{-Koränder}).$$

Wir erhalten also
$$H^{-1}(G, A) = {}_{N_G} A / I_G A$$
(vgl. hierzu §1, S. 6).

Die Gruppe $H^0(G, A)$. Es ist

$$Z_0 = \text{Kern}\,\partial_1 = A^G \qquad (0\text{-Kozykeln}),$$
$$R_0 = \text{Bild}\,\partial_0\ = N_G A \qquad (0\text{-Koränder}).$$

Wir erhalten
$$H^0(G, A) = A^G / N_G A,$$

die **Normrestgruppe** des G-Moduls A; sie steht in der Klassenkörpertheorie im Vordergrund des Interesses.

Die Gruppe $H^1(G, A)$. Die **1-Kozykeln** sind die Funktionen $x : G \to A$ mit $\partial_2 x = 0$, also mit der Eigenschaft

$$x(\sigma\tau) = \sigma x(\tau) + x(\sigma) \quad \text{für } \sigma, \tau \in G.$$

Aufgrund dieser der Homomorphieeigenschaft ähnelnden Relation werden die 1-Kozykeln oft auch als **gekreuzte Homomorphismen** bezeichnet.

Die **1-Koränder** sind offenbar die Funktionen

$$x(\sigma) = \sigma a - a, \quad \sigma \in G,$$

mit festem $a \in A = A_0$ (d.h. $x = \partial_1 a$).

Operiert die Gruppe G trivial (d.h. identisch) auf A, so wird offensichtlich $Z_1 = \mathrm{Hom}(G, A)$ und $R_1 = 0$, also

$$H^1(G, A) = \mathrm{Hom}(G, A).$$

Insbesondere erhalten wir für den Fall $A = \mathbb{Q}/\mathbb{Z}$ die **Charaktergruppe** von G:
$$H^1(G, \mathbb{Q}/\mathbb{Z}) = \mathrm{Hom}(G, \mathbb{Q}/\mathbb{Z}) = \chi(G).$$

Auf die Kohomologiegruppe $H^1(G, A)$ wird man bei der Betrachtung der G-Moduln in der folgenden unmittelbaren Weise geführt.

Geht man von einer exakten Sequenz

$$0 \longrightarrow A \stackrel{i}{\longrightarrow} B \stackrel{j}{\longrightarrow} C \longrightarrow 0$$

von G-Moduln A, B, C zu der mit den Fixmoduln A^G, B^G, C^G gebildeten Sequenz über, so geht die Exaktheit i.a. verloren. Lediglich die Sequenz

$$0 \longrightarrow A^G \stackrel{i}{\longrightarrow} B^G \stackrel{j}{\longrightarrow} C^G$$

ist immer exakt, der Homomorphismus j i.a. jedoch nicht mehr surjektiv. Die Frage, woran das liegt, führt unmittelbar zu einem kanonischen Homomorphismus $C^G \stackrel{\delta}{\to} H^1(G, A)$.

Sei nämlich $c \in C^G$. Da der Homomorphismus $B \stackrel{j}{\to} C$ surjektiv ist, gibt es jedenfalls ein $b \in B$ mit $jb = c$, es ist jedoch nicht sicher, ob dieses Element b aus B^G gewählt werden kann, d.h. so, dass $\sigma b - b$ für alle $\sigma \in G$ gleich 0 ist. Man kann nur sagen, dass $\sigma b - b$ wegen

$$j(\sigma b - b) = \sigma(jb) - jb = \sigma c - c = 0$$

im Kern von $B \stackrel{j}{\to} C$ also im Bild von $A \stackrel{i}{\to} B$ liegt, so dass

$$ia_\sigma = \sigma b - b, \quad a_\sigma \in A.$$

Durch a_σ erhält man nun, was mühelos nachzurechnen ist, einen 1-Kozykel mit Koeffizienten in A. Die einzige Willkür bei der Zuordnung $c \mapsto a_\sigma$ lag in der Wahl von b mit $jb = c$. Wählt man ein anderes Element b', so gelangt man zu einem 1-Kozykel a'_σ, der sich von a_σ lediglich um einen 1-Korand unterscheidet. Jedem $c \in C^G$ ist also in eindeutiger Weise eine Kohomologieklasse $\overline{a}_\sigma \in H^1(G, A)$ zugeordnet, und man rechnet sofort nach, dass c genau dann im Bild von $B^G \to C^G$ liegt, wenn $\overline{a}_\sigma = 0$ ist. Mit anderen Worten: Wir haben einen kanonischen Homomorphismus $C^G \xrightarrow{\delta} H^1(G, A)$ und die Sequenz

$$0 \longrightarrow A^G \xrightarrow{i} B^G \xrightarrow{j} C^G \xrightarrow{\delta} H^1(G, A)$$

ist exakt. Diese Überlegungen werden wir im nächsten Paragraphen in einem größeren Rahmen wiederbegegnen.

Die Gruppe $H^2(G, A)$. Wir erhalten als **2-Kozykeln** alle Funktionen $x : G \times G \to A$, die die Gleichung $\partial_3 x = 0$, also die Gleichung

$$x(\sigma\tau, \rho) + x(\sigma, \tau) = \sigma x(\tau, \rho) + x(\sigma, \tau\rho), \quad \sigma, \tau, \rho \in G,$$

erfüllen. Unter diesen finden wir die **2-Koränder** als die Funktionen

$$x(\sigma, \tau) = \sigma y(\tau) - y(\sigma\tau) + y(\sigma)$$

mit beliebiger 1-Kokette $y : G \to A$.

Die 2-Kozykeln waren in der Gruppen- und Algebrentheorie längst vor der Entwicklung der Kohomologietheorie als sogenannte **Faktorensysteme** bekannt, und man kann wohl sagen, dass sie historisch den Ausgangspunkt kohomologischer Betrachtungen in der Algebra darstellten. Wir wollen daher in kurzen Zügen erläutern, wie diese Faktorensysteme in der Theorie der **Gruppenerweiterungen** auftreten. Es handelt sich dort um die folgende Problemstellung.

Vorgegeben seien eine abelsche multiplikative Gruppe A und eine beliebige Gruppe G. Gesucht sind alle Obergruppen $\hat{G}$ von A (genauer: alle Gruppen $\hat{G}$ mit zu A isomorpher Untergruppe), derart dass A invariant in $\hat{G}$ ist und eine zu G isomorphe Faktorgruppe $\hat{G}/A \cong G$ besitzt. Wir fragen, wodurch die verschiedenen möglichen Lösungen dieses Problems (außer durch A und durch G) bestimmt sind.

Nehmen wir zunächst an, wir hätten eine Lösung $\hat{G}$, so dass also $A \lhd \hat{G}$ und $\hat{G}/A \cong G$. Wählen wir ein Rechtsrepräsentantensystem für die Faktorgruppe $\hat{G}/A \cong G$, d.h. wählen wir zu jedem $\sigma \in G$ ein Urbild $u_\sigma \in \hat{G}$, so lässt sich jedes Element aus $\hat{G}$ in eindeutiger Weise in der Form

(1) $$a \cdot u_\sigma, \quad a \in A, \ \sigma \in G,$$

schreiben. Um die vollständige Multiplikationstafel für die Gruppe $\hat{G}$ zu erhalten, genügt es offensichtlich zu wissen, wie sich die Produkte $u_\sigma \cdot a$ ($\sigma \in G$, $a \in A$) und $u_\sigma \cdot u_\tau$ ($\sigma, \tau \in G$) in der Form (1) darstellen.

Nun liegt $u_\sigma \cdot a$ wegen der Invarianz von A in $\hat{G}$ in der gleichen Rechtsnebenklasse wie u_σ, d.h. es ist

$$(2) \qquad\qquad u_\sigma \cdot a = a^\sigma \cdot u_\sigma$$

mit einem $a^\sigma \in A$. Hierdurch wird die abelsche Gruppe A in natürlicher Weise zu einem G-Modul, denn die Elemente $\sigma \in G$ operieren auf A (unabhängig von der Auswahl der u_σ) durch die Zuordnung $a \mapsto a^\sigma = u_\sigma \cdot a \cdot u_\sigma^{-1}$.

Das Produkt $u_\sigma \cdot u_\tau$ liegt in der gleichen Nebenklasse wie $u_{\sigma\tau}$, d.h. es ist

$$(3) \qquad\qquad u_\sigma \cdot u_\tau = x(\sigma, \tau) \cdot u_{\sigma\tau} \quad \text{mit } x(\sigma, \tau) \in A.$$

In dieser Gleichung tritt nun das Faktorensystem $x(\sigma, \tau)$ auf, das sich sofort als ein 2-Kozykel des G-Moduls A erweist. Aus dem Assoziativgesetz

$$(u_\sigma \cdot u_\tau) \cdot u_\rho = u_\sigma \cdot (u_\tau \cdot u_\rho)$$

in der Gruppe $\hat{G}$ erhalten wir nämlich die Gleichung

$$(u_\sigma \cdot u_\tau) \cdot u_\rho = x(\sigma, \tau) \cdot u_{\sigma\tau} \cdot u_\rho = x(\sigma, \tau) \cdot x(\sigma\tau, \rho) \cdot u_{\sigma\tau\rho} =$$
$$u_\sigma \cdot (u_\tau \cdot u_\rho) = u_\sigma \cdot x(\tau, \rho) \cdot u_{\tau\rho} = x^\sigma(\tau, \rho) \cdot u_\sigma \cdot u_{\tau\rho} = x^\sigma(\tau, \rho) \cdot x(\sigma, \tau\rho) \cdot u_{\sigma\tau\rho},$$

und hieraus ergibt sich

$$x(\sigma, \tau) \cdot x(\sigma\tau, \rho) = x^\sigma(\tau, \rho) \cdot x(\sigma, \tau\rho).$$

Dies ist aber gerade die Kozykeleigenschaft.

Bei der obigen Analyse liegt in der Wahl des Repräsentantensystems u_σ noch eine Willkürlichkeit. Gehen wir von einem anderen Repräsentantensystem u'_σ aus, so erhalten wir durch die Gleichung

$$u'_\sigma \cdot u'_\tau = x'(\sigma, \tau) \cdot u'_{\sigma\tau}$$

auch ein anderes Faktorensystem $x'(\sigma, \tau)$. Dieses unterscheidet sich jedoch von $x(\sigma, \tau)$, wie man mühelos nachrechnet, nur durch einen 2-Korand, nämlich durch den 2-Korand $\partial_2(u'_\sigma \cdot u_\sigma^{-1})$. Da die Gruppe $\hat{G}$ durch die Relationen (2) und (3) (und durch die Relationen der Gruppen A und G) vollständig bestimmt ist, können wir hiernach sagen:

Die Lösung $\hat{G}$ des Gruppenerweiterungsproblems ist eindeutig bestimmt durch die Art und Weise, wie die Gruppe G auf A operiert, und durch eine Klasse äquivalenter Faktorensysteme $x(\sigma, \tau)$, also durch eine Kohomologieklasse aus $H^2(G, A)$.

Haben wir umgekehrt die Gruppe A in irgendeiner Weise zu einem G-Modul gemacht[9], und geben wir eine Klasse $c \in H^2(G, A)$ vor, so erhalten wir stets eine Lösung des Erweiterungsproblems, wenn wir den $\sigma \in G$ erzeugende Elemente u_σ zuordnen und die durch die Elemente aus A und durch die u_σ

---

[9] Man kann dies noch etwas straffer formulieren. Bedenkt man nämlich, dass bei einem G-Modul A jedes $\sigma \in G$ einen Automorphismus der Gruppe A liefert, so sieht man, dass ein G-Modul A nichts anderes ist als ein Paar von Gruppen A und G zusammen mit einem Homomorphismus $h : G \to \mathrm{Aut}(A)$. Die Operation von $\sigma \in G$ auf A erhält man durch $\sigma a = h(\sigma)a$. Die Gruppe A zu einem G-Modul zu machen bedeutet also nichts anderes, als einen Homomorphismus von G in die Automorphismengruppe $\mathrm{Aut}(A)$ zu wählen.

erzeugte Gruppe $\hat{G}$ mit den Relationen

$$a^\sigma = u_\sigma \cdot a u_\sigma^{-1} \text{ und } u_\sigma \cdot u_\tau = x(\sigma, \tau) \cdot u_{\sigma\tau} \quad (x(\sigma, \tau) \text{ 2-Kozykel aus c})$$

bilden. Dies kann in einfachster Weise verifiziert werden.

Neben den Gruppen $H^q(G, A)$ der Dimensionen $q = -1, 0, 1, 2$ spielt noch die Kohomologiegruppe $H^{-2}(G, \mathbb{Z})$ mit Koeffizienten in $\mathbb{Z}$ eine besondere Rolle. Wir werden nämlich später zeigen, dass sie in kanonischer Weise zur **Faktor-kommutatorgruppe** $G^{\mathrm{ab}} = G/G'$ (G' Kommutatorgruppe) von G isomorph ist. Dieses Faktum ist für die Klassenkörpertheorie von großer Bedeutung. Der Hauptsatz dieser Theorie betrifft nämlich eine Isomorphie zwischen der Fak-torkommutatorgruppe G^{ab} und der Normrestgruppe $A^G/N_G A$ eines gewissen G-Moduls A. Er kann also rein kohomologisch durch $H^{-2}(G, \mathbb{Z}) = H^0(G, A)$ formuliert und unter gewissen Voraussetzungen auch abstrakt bewiesen wer-den (vgl. (7.3)).

§ 3. Die exakte Kohomologiesequenz

Nach der Einführung der Kohomologiegruppen $H^q(G, A)$ kommt es nun darauf an, ihr Verhalten beim Wechsel des Moduls A einerseits und beim Wechsel der Gruppe G andererseits zu untersuchen. In diesem Paragraphen werden wir den ersten Fall behandeln.

Sind A und B zwei G-Moduln, und ist

$$f : A \longrightarrow B$$

ein G-Homomorphismus, so induziert dieser in kanonischer Weise einen Ho-momorphismus

$$\bar{f}_q : H^q(G, A) \longrightarrow H^q(G, B).$$

Er entsteht folgendermaßen. Durch die Zuordnung

$$x(\sigma_1, \ldots, \sigma_q) \longmapsto f x(\sigma_1, \ldots, \sigma_q)$$

erhalten wir einen Homomorphismus

$$f_q : A_q \longrightarrow B_q$$

der Kokettengruppe A_q von A in die Kokettengruppe B_q von B, und man sieht mit einem Blick, dass

$$\partial_{q+1} \circ f_q = f_{q+1} \circ \partial_{q+1},$$

dass also das unendliche Diagramm

$$
\begin{array}{ccccccc}
\cdots & \longrightarrow & A_q & \xrightarrow{\partial_{q+1}} & A_{q+1} & \longrightarrow & \cdots \\
& & \downarrow{f_q} & & \downarrow{f_{q+1}} & & \\
\cdots & \longrightarrow & B_q & \xrightarrow{\partial_{q+1}} & B_{q+1} & \longrightarrow & \cdots
\end{array}
$$

kommutativ ist. Dies bedeutet also gerade, dass bei der Zuordnung

$$x(\sigma_1, \ldots, \sigma_q) \longmapsto fx(\sigma_1, \ldots, \sigma_q)$$

Kozykeln in Kozykeln und Koränder in Koränder übergehen. Daher induziert der Homomorphismus $f_q : A_q \to B_q$ einen Homomorphismus

$$\bar{f}_q : H^q(G, A) \longrightarrow H^q(G, B).$$

Ist $c \in H^q(G, A)$, so erhält man das Bild $\bar{f}_q c$, indem man aus der Klasse c einen Kozykel x herausnimmt, den Kozykel fx des Moduls B bildet und anschließend wieder zur Kohomologieklasse übergeht.

Für den Homomorphismus $\bar{f}_q$ haben wir also eine höchst einfache explizite Beschreibung. Dies ist ein Vorzug, dem man in der Kohomologietheorie nicht allzu häufig begegnet. Von vielen kohomologischen Abbildungen kennt man nur ihre Existenz, d.h. ihre kanonische Gegebenheit, und ihr funktorielles Verhalten, hat aber kaum eine Möglichkeit sie explizit zu beschreiben. Es ist jedoch ebenso bezeichnend, dass in der ganzen Theorie fast ausschließlich nur dieses funktorielle Verhalten der betreffenden Abbildungen ins Spiel gebracht wird, und dass eine explizite Kenntnis derselben nur in wenigen Fällen erforderlich ist.

Ein erstes Beispiel dieses für die Kohomologie typischen Sachverhalts liefert der die gesamte Theorie beherrschende **Verbindungshomomorphismus** δ. Dieser wird zwar noch in expliziter Weise angegeben, jedoch hinterlässt seine Definition nicht gerade den Eindruck großer Übersichtlichkeit und Unmittelbarkeit.

(3.1) Satz. *Ist*

$$0 \longrightarrow A \overset{i}{\longrightarrow} B \overset{j}{\longrightarrow} C \longrightarrow 0$$

eine exakte Sequenz von G-Moduln und G-Homomorphismen, so gibt es einen kanonischen Homomorphismus

$$\delta_q : H^q(G, C) \longrightarrow H^{q+1}(G, A).$$

δ_q *heißt der* **Verbindungshomomorphismus** *oder auch* **δ-Homomorphismus**.

Zur Konstruktion von δ_q orientieren wir uns an dem folgenden kommutativen Diagramm

$$
\begin{array}{ccccccccc}
0 & \longrightarrow & A_{q-1} & \xrightarrow{\ i\ } & B_{q-1} & \xrightarrow{\ j\ } & C_{q-1} & \longrightarrow & 0 \\
 & & \downarrow{\scriptstyle \partial} & & \downarrow{\scriptstyle \partial} & & \downarrow{\scriptstyle \partial} & & \\
0 & \longrightarrow & A_{q} & \xrightarrow{\ i\ } & B_{q} & \xrightarrow{\ j\ } & C_{q} & \longrightarrow & 0 \\
 & & \downarrow{\scriptstyle \partial} & & \downarrow{\scriptstyle \partial} & & \downarrow{\scriptstyle \partial} & & \\
0 & \longrightarrow & A_{q+1} & \xrightarrow{\ i\ } & B_{q+1} & \xrightarrow{\ j\ } & C_{q+1} & \longrightarrow & 0.
\end{array}
$$

(Der Einfachheit halber haben wir die Indizes an den Abbildungen i, j, ∂ fortgelassen). Das Diagramm hat exakte Zeilen; diese entstehen nämlich aus der exakten Sequenz $0 \to A \to B \to C \to 0$ durch Anwendung des Funktors $\mathrm{Hom}_G(X_i, \ )$ $(i = q-1, q, q+1)$ mit den G-freien Moduln X_i (vgl. (1.6)).

Mit a_q, b_q, c_q bezeichnen wir die Elemente der Kokettengruppen A_q, B_q, C_q und mit $\bar{a}_q, \bar{b}_q, \bar{c}_q$ ihre Bilder in den Kohomologiegruppen $H^q(G, A)$, $H^q(G, B)$, $H^q(G, C)$.

Sei nunmehr $\bar{c}_q \in H^q(G, C)$, so dass $\partial c_q = 0$. Wir wählen ein b_q mit

$$c_q = jb_q.$$

Es ist $j\partial b_q = \partial j b_q = \partial c_q = 0$ und damit $\partial b_q \in \mathrm{Kern}\, j_{q+1}$. Es gibt daher ein a_{q+1} mit $\partial b_q = i a_{q+1}$. Wegen $i\partial a_{q+1} = \partial i a_{q+1} = \partial\partial b_q = 0$, d.h. $\partial a_{q+1} = 0$, ist a_{q+1} ein $(q+1)$-Kozykel von A. Wir setzen nun

$$\delta_q \bar{c}_q = \bar{a}_{q+1}.$$

Bei diesem Vorgehen liegt natürlich in der Wahl des Repräsentanten c_q von $\bar{c}_q$ und dessen Urbild b_q noch eine Willkür. Führen wir jedoch den gleichen Prozess mit einem c'_q und einem Urbild b'_q von c'_q $(jb'_q = c'_q)$, so gelangen wir zu einer Klasse $\overline{a'}_{q+1}$, und es gilt

$\bar{c}_q = \overline{c'}_q \Rightarrow c_q - c'_q = \partial c_{q-1}$ für ein $c_{q-1} \Rightarrow c_q - c'_q = \partial j b_{q-1}$ für ein b_{q-1}
$\Rightarrow jb_q - jb'_q = j\partial b_{q-1} \Rightarrow b_q - b'_q - \partial b_{q-1} \in \mathrm{Kern}\, j_q = \mathrm{Bild}\, i_q \Rightarrow i a_q =$
$b_q - b'_q - \partial b_{q-1}$ für ein $a_q \Rightarrow \partial i a_q = \partial b_q - \partial b'_q \Rightarrow i\partial a_q = i a_{q+1} - i a'_{q+1} \Rightarrow$
$\partial a_q = a_{q+1} - a'_{q+1} \Rightarrow \bar{a}_{q+1} = \overline{a'}_{q+1}$.

Daher ist δ_q wohldefiniert. Die Homomorphieeigenschaft ist unmittelbar klar.

Wie schon erwähnt ist es keineswegs nötig, sich diesen Prozess bei jedem Auftreten von δ in Erinnerung zurückzurufen. Haben wir erst einmal die Haupteigenschaften der δ-Abbildung bewiesen, so wird ihre explizite Definition nur noch gelegentlich benötigt. Die wichtigste Eigenschaft des Verbindungshomomorphismus kommt in dem folgenden Satz zum Ausdruck, den man wohl als den Hauptsatz der Kohomologietheorie ansehen kann.

(3.2) Satz. *Ist*

$$0 \longrightarrow A \stackrel{i}{\longrightarrow} B \stackrel{j}{\longrightarrow} C \longrightarrow 0$$

eine exakte Sequenz von G-Moduln und G-Homomorphismen, so ist die hieraus entstehende unendliche Sequenz

$$\cdots \longrightarrow H^q(G,A) \stackrel{\bar{i}_q}{\longrightarrow} H^q(G,B) \stackrel{\bar{j}_q}{\longrightarrow} H^q(G,C) \stackrel{\delta_q}{\longrightarrow} H^{q+1}(G,A) \longrightarrow \cdots$$

exakt. Sie heißt die **exakte Kohomologiesequenz.**

Beweis. Die Homomorphismen $\bar{i}_q$, $\bar{j}_q$ und δ_q werden durch die folgenden Zuordnungen induziert:

$$a_q \mapsto ia_q, \quad b_q \mapsto jb_q \quad \text{bzw.} \quad c_q \mapsto a_{q+1},$$

mit $c_q = jb_q$ und $\partial b_q = ia_{q+1}$. Es gilt

$$\bar{j}_q \circ \bar{i}_q = 0, \text{wegen } a_q \mapsto ia_q \mapsto jia_q = 0,$$

$$\delta_q \circ \bar{j}_q = 0, \text{wegen } b_q \mapsto jb_q \mapsto a_{q+1} = 0 \text{ (es ist } ia_{q+1} = \partial b_q = 0),$$

$$\bar{i}_{q+1} \circ \delta_q = 0, \text{wegen } c_q \mapsto a_{q+1} \mapsto ia_{q+1} = \partial b_q \in \partial B_q.$$

Hieraus erhalten wir die Inklusionen

$$\text{Bild}\,\bar{i}_q \subseteq \text{Kern}\,\bar{j}_q, \; \text{Bild}\,\bar{j}_q \subseteq \text{Kern}\,\delta_q, \; \text{Bild}\,\delta_q \subseteq \text{Kern}\,\bar{i}_{q+1}.$$

Sei $\bar{b}_q \in \text{Kern}\,\bar{j}_q$, so dass $jb_q = \partial c_{q-1}$ für ein c_{q-1}. Wählt man ein b_{q-1} mit $jb_{q-1} = c_{q-1}$, so wird $j(b_q - \partial b_{q-1}) = 0$. Wir können daher von vornherein annehmen, dass der Repräsentant b_q von $\bar{b}_q$ die Eigenschaft $jb_q = 0$ hat. Es existiert dann ein a_q mit $b_q = ia_q$. Dieses a_q ist wegen $i\partial a_q = \partial b_q = 0$ ein Kozykel. Wir erhalten also $\bar{b}_q = \bar{i}_q \bar{a}_q \in \text{Bild}\,\bar{i}_q$. Daher ist $\text{Bild}\,\bar{i}_q \supseteq \text{Kern}\,\bar{j}_q$.

Sei $\bar{c}_q \in \text{Kern}\,\delta_q$. Auf Grund der Definition von δ_q gibt es dann ein a_{q+1} und ein b_q, derart dass $\delta_q \bar{c}_q = \bar{a}_{q+1} = 0$, $ia_{q+1} = \partial b_q$ und $c_q = jb_q$. Wegen $\bar{a}_{q+1} = 0$ ist $a_{q+1} = \partial a_q$, und es gilt $\partial(b_q - ia_q) = 0$ und $c_q = j(b_q - ia_q)$. Wir erhalten somit $\bar{c}_q = \bar{j}(\overline{b_q - ia_q})$. Dies zeigt $\text{Bild}\,\bar{j}_q \supseteq \text{Kern}\,\delta_q$.

Sei $\bar{a}_{q+1} \in \text{Kern}\,\bar{i}_{q+1}$, so dass $ia_{q+1} = \partial b_q$ für ein b_q. Setzen wir $c_q = jb_q$, so ist c_q wegen $\partial c_q = \partial jb_q = j\partial b_q = jia_{q+1} = 0$ ein Kozykel und $\bar{a}_{q+1} = \delta_q \bar{c}_q \in \text{Bild}\,\delta_q$. Es ist also $\text{Bild}\,\delta_q \supseteq \text{Kern}\,\bar{i}_{q+1}$. Damit ist die Exaktheit der Kohomologiesequenz bewiesen.

Wir haben schon bei der Einführung der Kohomologiegruppen hervorgehoben, dass die Bildung einer vollständigen freien Auflösung von G zu einer Zusammenfassung der Homologie- und der Kohomologiegruppen führt. Der wesentliche Aspekt dieser Tatsache liegt nicht so sehr in der Vereinheitlichung der Bezeichnungsweise, als vielmehr in der sich von $-\infty$ bis $+\infty$ erstreckenden die Homologie- sowie die Kohomologiegruppen umfassenden exakten Kohomologiesequenz.

Der Satz (3.2) findet in der folgenden Form seine häufigste Anwendung: Verschwindet in der Kohomologiesequenz

$$\cdots \longrightarrow H^q(G,A) \longrightarrow H^q(G,B) \longrightarrow H^q(G,C) \longrightarrow H^{q+1}(G,A) \longrightarrow \cdots$$

an irgendeiner Stelle eine Kohomologiegruppe, so kann man wegen der Exaktheit automatisch auf die Surjektivität der vorangegangenen und auf die Injektivität der nachfolgenden Abbildung schließen. Insbesondere erhalten wir auf diese Weise oftmals wichtige Isomorphieaussagen. Dies wollen wir in dem folgenden Korollar festhalten.

(3.3) Korollar. *Ist*

$$0 \longrightarrow A \overset{i}{\longrightarrow} B \overset{j}{\longrightarrow} C \longrightarrow 0$$

eine exakte Sequenz von G-Moduln, und ist

$$H^q(G,A) = 0 \quad bzw. \quad H^q(G,B) = 0 \quad bzw. \quad H^q(G,C) = 0$$

für alle q, so ist die Abbildung

$$\bar{j}_q : H^q(G,B) \longrightarrow H^q(G,C) \quad bzw.$$
$$\delta_q : H^q(G,C) \longrightarrow H^{q+1}(G,A) \ bzw.$$
$$\bar{i}_q : H^q(G,A) \longrightarrow H^q(G,B)$$

ein Isomorphismus.

Auf Grund dieser Tatsache leuchtet ein, dass diejenigen G-Moduln, die lauter triviale Kohomologiegruppen besitzen, eine ausgezeichnete Rolle spielen werden.

Anknüpfend an unsere Überlegungen auf S. 18 wollen wir eine aus der Kohomologiesequenz (3.2) entstehende Sequenz erwähnen, die nach links hin abbricht.

(3.4) Satz. *Ist*

$$0 \longrightarrow A \overset{i}{\longrightarrow} B \overset{j}{\longrightarrow} C \longrightarrow 0$$

eine exakte Sequenz von G-Moduln, so haben wir die exakte Sequenz

$$0 \longrightarrow A^G \overset{i}{\longrightarrow} B^G \overset{j}{\longrightarrow} C^G \overset{\delta}{\longrightarrow} H^1(G,A) \overset{\bar{i}_1}{\longrightarrow} H^1(G,B) \overset{\bar{j}_1}{\longrightarrow} \cdots .$$

Beweis. Der Homomorphismus $C^G \overset{\delta}{\to} H^1(G,A)$ entsteht durch die Hintereinanderschaltung der Homomorphismen

$$C^G \longrightarrow C^G/N_G C = H^0(G,C) \overset{\delta_0}{\longrightarrow} H^1(G,A).$$

Die Exaktheit der obigen Sequenz ist offenbar nur an der Stelle C^G noch nachzuweisen.

Sei dazu $c \in \text{Bild } j \subseteq C^G$, also $c = jb$ mit $b \in B^G$. Dann gilt

$$\delta c = \delta_0(c + N_G C) = \delta_0(jb + N_G C) = \delta_0 \bar{j}_0(b + N_G B) = 0,$$

also $\text{Bild } j \subseteq \text{Kern } \delta$.

Sei andererseits $c \in \text{Kern } \delta$, also $c \in C^G$ und $\delta c = \delta_0(c + N_G C) = 0$. Dann gilt wegen (3.2)

$$c + N_G C = \bar{j}_0(b + N_G B) = jb + N_G C,$$

also $c = jb + N_G c'$. Wählen wir ein $b' \in B$ mit $jb' = c'$, so wird $c = jb + N_G(jb') = jb + jN_G b' \in jB^G$. Daher ist $\text{Bild } j = \text{Kern } \delta$.

Angesichts der exakten Kohomologiesequenz (3.4) werden die Fixmoduln A^G, B^G, C^G oftmals auch als nullte Kohomologiegruppen definiert, insbesondere dann, wenn man es lediglich mit den Kohomologiegruppen positiver Dimensionen zu tun hat.

Im folgenden haben wir uns mit einigen Vertauschbarkeitseigenschaften des Verbindungshomomorphismus δ zu beschäftigen.

(3.5) Satz. *Ist*

$$
\begin{array}{ccccccccc}
0 & \longrightarrow & A & \overset{i}{\longrightarrow} & B & \overset{j}{\longrightarrow} & C & \longrightarrow & 0 \\
 & & \downarrow{\scriptstyle f} & & \downarrow{\scriptstyle g} & & \downarrow{\scriptstyle h} & & \\
0 & \longrightarrow & A' & \overset{i'}{\longrightarrow} & B' & \overset{j'}{\longrightarrow} & C' & \longrightarrow & 0
\end{array}
$$

ein kommutatives Diagramm von G-Moduln und G-Homomorphismen mit exakten Zeilen, so gilt

$$\bar{f}_{q+1} \circ \delta_q = \delta_q \circ \bar{h}_q \, ;$$

mit anderen Worten, das Diagramm

$$
\begin{array}{ccc}
H^q(G,C) & \overset{\delta_q}{\longrightarrow} & H^{q+1}(G,A) \\
\downarrow{\scriptstyle \bar{h}_q} & & \downarrow{\scriptstyle \bar{f}_{q+1}} \\
H^q(G,C') & \overset{\delta_q}{\longrightarrow} & H^{q+1}(G,A')
\end{array}
$$

ist kommutativ.

Der Beweis folgt fast unmittelbar aus der Definition von δ_q. Sei $\bar{c}_q \in H^q(G,C)$. Wählen wir ein b_q und ein a_{q+1}, derart dass $c_q = jb_q$ und $ia_{q+1} = \partial b_q$, so ist $\delta_q \bar{c}_q = \bar{a}_{q+1}$, und es gilt $(\bar{f}_{q+1} \circ \delta_q)\bar{c}_q = \bar{f}_{q+1}(\bar{a}_{q+1}) = \overline{fa}_{q+1}$. Setzen wir $c'_q = hc_q$, $b'_q = gb_q$ und $a'_{q+1} = fa_{q+1}$, so gilt $c'_q = j'b'_q$ und $\partial b'_q = i'a'_{q+1}$, und wir erhalten $(\delta_q \circ \bar{h}_q)\bar{c}_q = \delta_q \bar{c}'_q = \bar{a}'_{q+1} = \overline{fa}_{q+1}$. Folglich gilt $\bar{f}_{q+1}\circ\delta_q = \delta_q\circ\bar{h}_q$.

Eine merkwürdige Eigenschaft der δ-Abbildung ist ihre „Antikommutativität":

(3.6) Satz. *Gegeben sei das kommutative Diagramm*

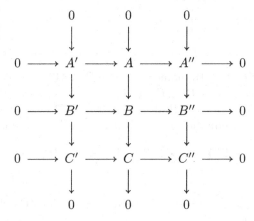

von G-Moduln und G-Homomorphismen mit exakten Zeilen und Spalten.
Dann ist das Diagramm

$$H^{q-1}(G,C'') \xrightarrow{\ \delta\ } H^q(G,C')$$
$$\downarrow{\scriptstyle\delta} \qquad\qquad \downarrow{\scriptstyle-\delta}$$
$$H^q(G,A'') \xrightarrow{\ \delta\ } H^{q+1}(G,A')$$

kommutativ.

Beweis. Sei D der Kern der zusammengesetzten Abbildung $B \to C''$, so dass also die Sequenz
$$0 \longrightarrow D \longrightarrow B \longrightarrow C'' \longrightarrow 0$$
exakt ist. Wir definieren nun die G-Homomorphismen

$i : A' \to A \oplus B'$ durch $ia' = (a, b')$, wobei a bzw. b' das Bild von a' in A bzw. von a' in B' ist,

$j : A \oplus B' \to D$ durch $j(a, b') = d_1 - d_2$, wobei d_1 bzw. d_2 das Bild von a bzw. von b' in $D \subseteq B$ ist.

Man überzeugt sich mühelos von der Exaktheit der Sequenz
$$0 \longrightarrow A' \xrightarrow{\ i\ } A \oplus B' \xrightarrow{\ j\ } D \longrightarrow 0$$
und von der Kommutativität des Diagramms

$$
\begin{array}{ccccccccc}
A' & \longrightarrow & A & \longrightarrow & A'' & \longrightarrow & B'' & \longrightarrow & C'' \\
\Big\| \text{Id} & & \Big\uparrow (\text{Id},0) & & \uparrow & & \uparrow & & \Big\| \text{Id} \\
A' & \xrightarrow{\ i\ } & A \oplus B' & \xrightarrow{\ j\ } & D & \longrightarrow & B & \longrightarrow & C'' \\
\Big\| {-}\text{Id} & & \Big\downarrow (0,-\text{Id}) & & & & \Big\downarrow & & \Big\| \text{Id} \\
A' & \longrightarrow & B' & \longrightarrow & C' & \longrightarrow & C & \longrightarrow & C''.
\end{array}
$$

Dieses lässt sich durch G-Homomorphismen $D \to A''$ bzw. $D \to C'$ kommutativ ergänzen, denn es ist Bild$(D \to B'') \subseteq$ Bild$(A'' \to B'')$ und $A'' \to B''$ injektiv bzw. Bild$(D \to C) \subseteq$ Bild$(C' \to C)$ und $C' \to C$ injektiv. Mit dem Satz (3.5) ergibt sich nun die Kommutativität des Diagramms

$$
\begin{array}{ccccc}
H^{q-1}(G,C'') & \xrightarrow{\ \delta\ } & H^{q}(G,A'') & \xrightarrow{\ \delta\ } & H^{q+1}(G,A') \\
\Big\| \text{Id} & & \uparrow & & \Big\| \text{Id} \\
H^{q-1}(G,C'') & \xrightarrow{\ \delta\ } & H^{q}(G,D) & \xrightarrow{\ \delta\ } & H^{q+1}(G,A') \\
\Big\| \text{Id} & & \downarrow & & \Big\| {-}\text{Id} \\
H^{q-1}(G,C'') & \xrightarrow{\ \delta\ } & H^{q}(G,C') & \xrightarrow{\ \delta\ } & H^{q+1}(G,A'),
\end{array}
$$

und aus diesem unmittelbar die Behauptung des Satzes.

(3.7) Satz. *Ist* $\{A_\iota \mid \iota \in I\}$ *eine Familie von* G-*Moduln, so ist*

$$
H^q\Big(G, \bigoplus_\iota A_\iota\Big) \cong \bigoplus_\iota H^q(G, A_\iota).
$$

Beweis. Setzen wir $A = \bigoplus_\iota A_\iota$, so ist mit (1.5)

$$
A_q = \operatorname{Hom}_G(X_q, A) \cong \bigoplus_\iota \operatorname{Hom}_G(X_q, A_\iota) = \bigoplus_\iota (A_\iota)_q,
$$

und wir erhalten das unendliche kommutative Diagramm

$$
\begin{array}{ccccc}
\cdots \longrightarrow & A_{q-1} & \xrightarrow{\ \partial\ } & A_q & \longrightarrow \cdots \\
& \downarrow\wr & & \downarrow\wr & \\
\cdots \longrightarrow & \bigoplus_\iota (A_\iota)_{q-1} & \xrightarrow{\ \partial\ } & \bigoplus_\iota (A_\iota)_q & \longrightarrow \cdots .
\end{array}
$$

Dieses besagt aber gerade die behauptete Isomorphie.

Die gleiche Überlegung trifft auch für das direkte Produkt $\prod_\iota A_\iota$ anstelle der direkten Summe $\bigoplus_\iota A_\iota$ zu; offenbar ist nämlich

$$(\prod_\iota A_\iota)_q = \mathrm{Hom}_G(X_q, \prod_\iota A_\iota) \cong \prod_\iota \mathrm{Hom}_G(X_q, A_\iota) = \prod_\iota (A_\iota)_q.$$

Wir erhalten daher den

(3.8) Satz. $H^q(G, \prod_\iota A_\iota) \cong \prod_\iota H^q(G, A_\iota)$ (direkt).

Die G-induzierten Moduln. Wir haben schon in (3.3) die Tatsache formuliert, dass die exakte Kohomologiesequenz Isomorphiesätze liefert, wenn in ihr ein G-Modul mit lauter trivialen Kohomologiegruppen auftritt. Eine besondere Klasse solcher G-Moduln sind die **G-induzierten** Moduln, die wir im folgenden zu vielen Beweisen und Definitionen heranziehen werden.

(3.9) Definition. *Ein G-Modul A heißt **G-induziert**, wenn er sich als direkte Summe*

$$A = \bigoplus_{\sigma \in G} \sigma D$$

mit einer Untergruppe $D \subseteq A$ darstellen lässt.

Insbesondere ist der G-Modul $\mathbb{Z}[G] = \bigoplus_{\sigma \in G} \sigma(\mathbb{Z}\cdot 1)$ G-induziert, und es ist sofort klar, dass sich die G-induzierten Moduln einfach als die Tensorprodukte

$$\mathbb{Z}[G] \otimes D$$

mit beliebigen abelschen Gruppen D darstellen. Fassen wir nämlich D als trivialen G-Modul auf, so erhalten wir den G-Isomorphismus

$$\mathbb{Z}[G] \otimes D = (\bigoplus_{\sigma \in G} \mathbb{Z}\sigma) \otimes D = \bigoplus_{\sigma \in G} \mathbb{Z}(\sigma \otimes D) = \bigoplus_{\sigma \in G} \sigma(\mathbb{Z} \otimes D).$$

Allgemeiner gilt der

(3.10) Satz. *Ist X ein G-induzierter Modul, so ist für jeden G-Modul auch $X \otimes A$ ein G-induzierter Modul.*

Ist nämlich $X = \bigoplus_{\sigma \in G} \sigma D$, so wird

$$X \otimes A = (\bigoplus_{\sigma \in G} \sigma D) \otimes A \cong \bigoplus_{\sigma \in G} (\sigma D) \otimes (\sigma A) \cong \bigoplus_{\sigma \in G} \sigma(D \otimes A).$$

(3.11) Satz. *Sei A ein G-induzierter Modul, und g eine Untergruppe von G. Dann gilt:*

A ist ein g-induzierter g-Modul,

und

A^g ist ein G/g-induzierter G/g-Modul, wenn g invariant in G ist.

Beweis. Ist $A = \bigoplus_{\sigma \in G} \sigma D$, so können wir schreiben

$$A = \bigoplus_{\sigma \in g} \bigoplus_{\tau} \sigma \tau D = \bigoplus_{\sigma \in g} \sigma \left(\bigoplus_{\tau} \tau D \right),$$

wobei τ ein Rechtsrepräsentantensystem von G nach g durchläuft. Damit ist A g-induziert.

Wir zeigen weiter, dass im Falle der Invarianz von g in G der G/g-Modul A^g die Darstellung

$$A^g = \bigoplus_{\tau \in G/g} \tau N_g D$$

besitzt. Die Summe auf der rechten Seite ist wegen der Direktheit der Zerlegung von $A = \bigoplus_{\sigma \in G} \sigma D$ offensichtlich ebenfalls direkt. Sie ist in A^g enthalten, da $N_g D \subseteq A^g$. Sei umgekehrt $a \in A^g$. a besitzt die eindeutige Darstellung $a = \sum_{\tau \in G} \tau d_\tau$, $d_\tau \in D$. Ist $\sigma \in g$, so erhalten wir

$$a = \sigma a = \sum_{\tau \in G} \sigma \tau d_\tau = \sum_{\tau \in G} \sigma \tau d_{\sigma \tau},$$

und wegen der Eindeutigkeit ist $d_\tau = d_{\sigma \tau}$. Hieraus ergibt sich die Darstellung

$$a = \sum_\tau \sum_{\sigma \in g} \tau \sigma d_{\tau \sigma} = \sum_\tau \tau \left(\sum_{\sigma \in g} \sigma d_\tau \right) = \sum_\tau \tau N_g (d_\tau),$$

wobei τ ein Linksrepräsentantensystem von G/g durchläuft. A^g ist also in der Tat G/g-induziert.

(3.12) Definition. *Wir sagen, ein G-Modul A hat **triviale Kohomologie**, wenn*

$$H^q(g, A) = 0$$

für alle q und alle Untergruppen $g \subseteq G$ ist.

Entscheidend ist nun der

(3.13) Satz. *Jeder G-induzierte Modul A hat triviale Kohomologie.*

Beweis. Wegen (3.11) genügt der Nachweis von $H^q(G, A) = 0$, also der Nachweis, dass die Sequenz

$$\cdots \longrightarrow \mathrm{Hom}_G(X_q, A) \overset{\partial}{\longrightarrow} \mathrm{Hom}_G(X_{q+1}, A) \longrightarrow \cdots$$

exakt ist. Ist nun $A = \bigoplus_{\sigma \in G} \sigma D$ und $\pi : A \to D$ die natürliche Projektion von A auf D, so vermittelt die Zuordnung $f \mapsto \pi \circ f$ einen offensichtlich bijektiven Homomorphismus

$$\mathrm{Hom}_G(X_q, A) \longrightarrow \mathrm{Hom}(X_q, D).$$

Identifizieren wir $\mathrm{Hom}_G(X_q, A)$ mit $\mathrm{Hom}(X_q, D)$, so gelangen wir zu der Sequenz

$$\cdots \longrightarrow \mathrm{Hom}(X_q, D) \longrightarrow \mathrm{Hom}(X_{q+1}, D) \longrightarrow \cdots,$$

welche nach (1.7) exakt ist.

Wegen der kohomologischen Trivialität erhalten wir mit (3.3) eine höchst bedeutsame Anwendungsmöglichkeit der G-induzierten Moduln, die auf der Tatsache beruht, dass jeder G-Modul A sowohl als Untermodul als auch als Faktormodul eines G-induzierten Moduls aufgefasst werden kann.

Bezeichnen wir wieder mit I_G das Augmentationsideal von $\mathbb{Z}[G]$ und mit J_G den Faktormodul $J_G = \mathbb{Z}[G]/\mathbb{Z} \cdot N_G$, so erhalten wir die exakten Sequenzen

$$0 \longrightarrow I_G \longrightarrow \mathbb{Z}[G] \overset{\varepsilon}{\longrightarrow} \mathbb{Z} \longrightarrow 0\,,$$

$$0 \longrightarrow \mathbb{Z} \overset{\mu}{\longrightarrow} \mathbb{Z}[G] \longrightarrow J_G \longrightarrow 0\,.$$

Sie bestehen nach (1.2) aus lauter $\mathbb{Z}$-freien Moduln. Mit (1.8) ergibt sich daher der

(3.14) Satz. *Für jeden G-Modul A haben wir die exakten Sequenzen*

$$0 \longrightarrow I_G \otimes A \longrightarrow \mathbb{Z}[G] \otimes A \longrightarrow A \longrightarrow 0\,,$$

$$0 \longrightarrow A \longrightarrow \mathbb{Z}[G] \otimes A \longrightarrow J_G \otimes A \longrightarrow 0\,.$$

Da der G-Modul $\mathbb{Z}[G] \otimes A$ nach (3.10) G-induziert ist, können wir also in der Tat A sowohl als Untermodul als auch als Faktormodul eines G-induzierten Moduls auffassen.

Wenden wir auf die Sequenzen des Satzes (3.14) die exakte Kohomologiesequenz an, so erhalten wir wegen der kohomologischen Trivialität von $\mathbb{Z}[G] \otimes A$ nach (3.3) die **Isomorphismen**

$$\delta : \; H^{q-1}(g, A^1) \longrightarrow H^q(g, A) \qquad \text{mit } A^1 = J_G \otimes A,$$

$$\delta^{-1} : H^{q+1}(g, A^{-1}) \longrightarrow H^q(g, A) \qquad \text{mit } A^{-1} = I_G \otimes A$$

für jedes q und jede Untergruppe $g \subseteq G$. Dieses Vorgehen wollen wir iterieren:

Für jede ganze Zahl $m \in \mathbb{Z}$ setzen wir

$$A^m = \underbrace{J_G \otimes \cdots \otimes J_G}_{m-\mathrm{mal}} \otimes A, \quad \text{wenn } m \geq 0,$$

$$A^m = \underbrace{I_G \otimes \cdots \otimes I_G}_{|m|-\mathrm{mal}} \otimes A, \quad \text{wenn } m \leq 0.$$

Durch Hintereinanderschaltung

$$H^{q-m}(g, A^m) \longrightarrow H^{q-(m-1)}(g, A^{m-1}) \longrightarrow \cdots \longrightarrow H^q(g, A)$$

der Abbildung δ bzw. δ^{-1}, erhalten wir die Isomorphismen

$$\delta^m : H^{q-m}(g, A^m) \longrightarrow H^q(g, A) \qquad (m \in \mathbb{Z}).$$

Wir können also sagen:

(3.15) Satz. *Jedem G-Modul A sind die G-Moduln*

$$A^m = J_G \otimes \cdots \otimes J_G \otimes A \qquad (m \geq 0) \text{ bzw.}$$
$$A^m = I_G \otimes \cdots \otimes I_G \otimes A \qquad (m \leq 0)$$

zugeordnet, und die m-malige Hintereinanderschaltung des Verbindungshomomorphismus δ liefert einen Isomorphismus

$$\delta^m : H^{q-m}(g, A^m) \longrightarrow H^q(g, A) \qquad (m \in \mathbb{Z})$$

für jedes q und jede Untergruppe $g \subseteq G$.

Auf Grund der Isomorphie $H^q(g, A) \cong H^{q-m}(g, A^m)$ werden wir im folgenden häufig von Aussagen über Kohomologiegruppen einer Dimension q auf analoge Aussagen für eine höhere oder niedrigere Dimension schließen können. Insbesondere werden wir nach dieser Methode in den Stand gesetzt, viele Definitionen und Beweise auf den Fall der nulldimensionalen Kohomologiegruppen zurückzuführen, die wir im Gegensatz zu den höherdimensionalen vollständig in der Hand haben. Man nennt diese Vorgehensweise die **Methode der Dimensionsverschiebung**[10]. Der folgende Satz stellt ein erstes Beispiel für die Nützlichkeit dieser Methode dar:

---

[10] Man kann dieses Prinzip auch direkt zur Grundlage der ganzen Kohomologietheorie machen. Nach (3.15) ist nämlich

$$H^q(G, A) \cong H^0(G, A^q),$$

wobei A^q in kanonischer Weise durch A gegeben ist: $A^q = J_G \otimes \cdots \otimes J_G \otimes A$ für $q \geq 0$ bzw. $A^q = I_G \otimes \cdots \otimes I_G \otimes A$ für $q \leq 0$. Die Kohomologiegruppen des G-Moduls A können daher von vornherein durch

$$H^q(G, A) = (A^q)^G / N_G A^q$$

definiert werden. Eine auf diesem Konzept beruhende Kohomologietheorie findet man bei C. CHEVALLEY [12].

(3.16) Satz. *Die Gruppen $H^q(G, A)$ sind Torsionsgruppen, und zwar sind die Ordnungen der Elemente von $H^q(G, A)$ sämtlich Teiler der Ordnung n von G:*

$$n \cdot H^q(G, A) = 0.$$

Beweis. Es gilt $n \cdot H^0(G, A) = 0$, denn es ist $H^0(G, A) = A^G/N_G A$ und $na = N_G a$ für alle $a \in A^G$. Da dies für jeden G-Modul zutrifft, folgt der allgemeine Fall aus $H^q(G, A) \cong H^0(G, A^q)$.

(3.17) Korollar. *Ein G-Modul A mit eindeutiger und uneingeschränkter Division[11] hat triviale Kohomologie.*

In diesem Fall ist nämlich die Abbildung $n \cdot \mathrm{Id} : A \to A$ für jede natürliche Zahl n bijektiv und induziert also die Isomorphismen

$$n \cdot \mathrm{Id} : H^q(g, A) \longrightarrow H^q(g, A) \qquad (g \subseteq G).$$

Ist $n = |G|$, so wird daher $H^q(g, A) = n \cdot H^q(g, A) = 0$.

Insbesondere hat hiernach der G-Modul $\mathbb{Q}$ (auf dem die Gruppe G stets identisch operiert) triviale Kohomologie. Die zur Sequenz

$$0 \longrightarrow \mathbb{Z} \longrightarrow \mathbb{Q} \longrightarrow \mathbb{Q}/\mathbb{Z} \longrightarrow 0$$

gehörige exakte Kohomologiesequenz liefert daher das

(3.18) Korollar. $H^2(G, \mathbb{Z}) \cong H^1(G, \mathbb{Q}/\mathbb{Z}) = \mathrm{Hom}(G, \mathbb{Q}/\mathbb{Z}) = \chi(G)$ *(kanonisch).*

Die Gruppe $\chi(G) = \mathrm{Hom}(G, \mathbb{Q}/\mathbb{Z})$ heißt die **Charaktergruppe** von G.

Wir beschließen diesen Paragraphen mit der Berechnung der Gruppe $H^{-2}(G, \mathbb{Z})$; sie spielt in der Klassenkörpertheorie eine bedeutsame Rolle. Wir bezeichnen mit G' die Kommutatorgruppe und mit $G^{\mathrm{ab}} = G/G'$ die Faktorkommutatorgruppe von G.

(3.19) Satz. $H^{-2}(G, \mathbb{Z}) \cong G^{\mathrm{ab}}$ *(kanonisch).*

---

[11] Eine abelsche Gruppe A ist mit eindeutiger und uneingeschränkter Division ausgestattet, wenn die Gleichung $nx = a$ für jede natürliche Zahl n und jedes $a \in A$ eine eindeutige Lösung $x \in A$ besitzt.

Beweis. Da $\mathbb{Z}[G]$ als G-induzierter Modul triviale Kohomologie besitzt, erhalten wir aus der zur Sequenz

$$0 \longrightarrow I_G \longrightarrow \mathbb{Z}[G] \overset{\varepsilon}{\longrightarrow} \mathbb{Z} \longrightarrow 0$$

gebildeten exakten Kohomologiesequenz den Isomorphismus

$$\delta : H^{-2}(G, \mathbb{Z}) \longrightarrow H^{-1}(G, I_G).$$

Nun ist aber $H^{-1}(G, I_G) = I_G/I_G^2$. Es kommt also darauf an, einen Isomorphismus $G/G' \cong I_G/I_G^2$ anzugeben. (Man beachte, dass G multiplikativ, I_G aber additiv ist.) Dazu betrachten wir die Abbildung

$$G \longrightarrow I_G/I_G^2 \quad \text{definiert durch} \quad \sigma \longmapsto (\sigma - 1) + I_G^2.$$

Wegen $\sigma \cdot \tau - 1 = (\sigma - 1) + (\tau - 1) + (\sigma - 1) \cdot (\tau - 1)$ handelt es sich hierbei um einen Homomorphismus, dessen Kern wegen der Kommutativität von I_G/I_G^2 den Kommutator G' enthält. Wir kommen daher zu einem Homomorphismus

$$\log : G/G' \longrightarrow I_G/I_G^2.$$

Um die Bijektivität von log zu zeigen, beachten wir, dass I_G die freien Erzeugenden $\sigma - 1$, $\sigma \in G$, besitzt, so dass durch die Zuordnung

$$\sigma - 1 \longmapsto \sigma \cdot G'$$

ein Homomorphismus von I_G auf G/G' festgelegt wird. Wegen

$$(\sigma - 1) \cdot (\tau - 1) = (\sigma\tau - 1) - (\sigma - 1) - (\tau - 1) \longmapsto \sigma\tau\sigma^{-1}\tau^{-1}G' = \bar{1}$$

liegen die Elemente aus I_G^2 im Kern, so dass wir einen Homomorphismus

$$\exp : I_G/I_G^2 \longrightarrow G/G' \quad \text{mit} \quad (\sigma - 1) + I_G^2 \longmapsto \sigma G'$$

erhalten, für welchen $\log \circ \exp = \text{Id}$ und $\exp \circ \log = \text{Id}$ gilt. Daher ist $\log : G/G' \to I_G/I_G^2$ ein Isomorphismus.

Offenbar ist $H^{-1}(G, \mathbb{Z}) =_{N_G} \mathbb{Z}/I_G\mathbb{Z} = 0$, $H^0(G, \mathbb{Z}) = \mathbb{Z}/n\mathbb{Z}$ und $H^1(G, \mathbb{Z}) = \text{Hom}(G, \mathbb{Z}) = 0$. Damit haben wir die Kohomologiegruppen $H^q(G, \mathbb{Z})$ für die Dimensionen $q = -2, -1, 0, 1, 2$ berechnet:

$$H^{-2}(G, \mathbb{Z}) \cong G^{\text{ab}}, \ H^{-1}(G, \mathbb{Z}) = 0, \ H^0(G, \mathbb{Z}) = \mathbb{Z}/n\mathbb{Z},$$

$$H^1(G, \mathbb{Z}) = 0, \ H^2(G, \mathbb{Z}) = \chi(G).$$

Ohne Beweis sei erwähnt, dass in kanonischer Weise

$$H^{-q}(G, \mathbb{Z}) \cong \chi(H^q(G, \mathbb{Z})) \quad \text{für alle } q > 0$$

gilt (Dualitätssatz).

§ 4. Die Inflation, Restriktion und Korestriktion

Haben wir im vorigen Paragraphen die Abhängigkeit der Kohomologiegruppen $H^q(G, A)$ vom Modul A studiert, so wollen wir uns jetzt dem Verhalten derselben bei Änderung der Gruppe G zuwenden. Es handelt sich dabei in der Hauptsache um die folgende Fragestellung:

Sei A ein G-Modul und g eine Untergruppe von G. Dann ist A auch ein g-Modul, und wenn g invariant in G ist, so ist A^g ein G/g-Modul. Welche Beziehungen bestehen zwischen den Kohomologiegruppen

$$H^q(G/g, A^g), \ H^q(G, A) \text{ und } H^q(g, A) \ ?$$

Wir schränken unsere diesbezüglichen Betrachtungen zunächst auf den Fall positiver Dimensionen $q \geq 1$ ein.

Ist g invariant in G, so ordnen wir jeder q-Kokette

$$x : G/g \times \cdots \times G/g \longrightarrow A^g$$

durch $y(\sigma_1, \ldots, \sigma_q) = x(\sigma_1 \cdot g, \ldots, \sigma_q \cdot g)$ eine q-Kokette

$$y : G \times \cdots \times G \longrightarrow A$$

zu. Diese nennen wir die **Inflation** von x und bezeichnen sie mit

$$y = \text{Inf} \, x.$$

Man sieht auf einen Blick, dass die Zuordnung $x \mapsto \text{Inf} \, x$ mit dem Korandoperator ∂ verträglich ist, d.h. es ist $\partial_{q+1} \circ \text{Inf} = \text{Inf} \circ \partial_{q+1}$. Es gehen daher Kozykeln in Kozykeln und Koränder in Koränder über, und wir erhalten die

(4.1) Definition. *Sei A ein G-Modul, g ein Normalteiler von G. Der durch den kanonischen Homomorphismus der q-ten Kokettengruppe des G/g-Moduls A^g in die q-te Kokettengruppe des G-Moduls A induzierte Homomorphismus*

$$\text{Inf}_q : H^q(G/g, A^g) \longrightarrow H^q(G, A), \quad q \geq 1,$$

heißt die **Inflation**.

Neben der Inflation erhalten wir eine weitere kohomologische Abbildung, wenn wir jeder q-Kokette

$$x : G \times \cdots \times G \longrightarrow A$$

ihre Einschränkung

$$y : g \times \cdots \times g \longrightarrow A$$

von $G \times \cdots \times G$ auf $g \times \cdots \times g$ zuordnen. Diese q-Kokette y nennen wir die **Restriktion** von x und bezeichnen sie mit

$$y = \text{Res} \, x.$$

Entscheidend ist dabei wieder, dass der Kokettenhomomorphismus Res mit dem Operator ∂ vertauschbar ist, $\partial_{q+1} \circ \text{Res} = \text{Res} \circ \partial_{q+1}$, dass also bei der Zuordnung $x \mapsto \mathrm{Res}\, x$ Kozykeln in Kozykeln und Koränder in Koränder übergehen. Wir erhalten daher die

(4.2) Definition. *Sei A ein G-Modul, g eine Untergruppe von G. Der durch die Einschränkung der Koketten des G-Moduls A auf die Gruppe g induzierte Homomorphismus*

$$\mathrm{Res}_q : H^q(G, A) \longrightarrow H^q(g, A), \quad q \geq 1,$$

heißt die **Restriktion.**

Man hat bei jeder neu eingeführten kohomologischen Abbildung zu prüfen, ob sie mit den schon vorhandenen kanonischen Homomorphismen verträglich ist, denn nur in diesem Fall handelt es sich um eine brauchbare, zur Theorie gehörige Begriffsbildung. Für die Inflation und Restriktion haben wir daher die folgenden Sätze zu konstatieren.

(4.3) Satz. *Seien A und B zwei G-Moduln, g ein Normalteiler von G und*

$$f : A \longrightarrow B$$

ein G-Homomorphismus. Dann sind die Diagramme

$$
\begin{array}{ccc}
H^q(G/g, A^g) & \xrightarrow{\;\bar{f}\;} & H^q(G/g, B^g) \\
\big\downarrow{\scriptstyle \mathrm{Inf}_q} & & \big\downarrow{\scriptstyle \mathrm{Inf}_q} \\
H^q(G, A) & \xrightarrow{\;\bar{f}\;} & H^q(G, B),
\end{array}
\qquad
\begin{array}{ccc}
H^q(G, A) & \xrightarrow{\;\bar{f}\;} & H^q(G, B) \\
\big\downarrow{\scriptstyle \mathrm{Res}_q} & & \big\downarrow{\scriptstyle \mathrm{Res}_q} \\
H^q(g, A) & \xrightarrow{\;\bar{f}\;} & H^q(g, B)
\end{array}
$$

kommutativ. Im zweiten Diagramm braucht die Normalität von g in G nicht vorausgesetzt zu werden.

Man beachte hierbei, dass der G-Homomorphismus $f : A \to B$ einen G/g-Homomorphismus $f : A^g \to B^g$ und einen g-Homomorphismus $f : A \to B$ induziert.

(4.4) Satz. *Sei*

$$0 \longrightarrow A \longrightarrow B \longrightarrow C \longrightarrow 0$$

eine exakte Sequenz von G-Moduln und G-Homomorphismen und g ein Normalteiler von G. Ist dann auch die Sequenz

$$0 \longrightarrow A^g \longrightarrow B^g \longrightarrow C^g \longrightarrow 0$$

exakt, so ist das Diagramm

$$H^q(G/g, C^g) \xrightarrow{\ \delta\ } H^{q+1}(G/g, A^g)$$

$$\downarrow{\mathrm{Inf}_q} \qquad\qquad\qquad \downarrow{\mathrm{Inf}_{q+1}}$$

$$H^q(G, C) \xrightarrow{\ \delta\ } H^{q+1}(G, A)$$

kommutativ.

(4.5) Satz. *Sei*

$$0 \longrightarrow A \longrightarrow B \longrightarrow C \longrightarrow 0$$

eine exakte Sequenz von G-Moduln und G-Homomorphismen, g eine Untergruppe von G. Dann ist das Diagramm

$$H^q(G, C) \xrightarrow{\ \delta\ } H^{q+1}(G, A)$$

$$\downarrow{\mathrm{Res}_q} \qquad\qquad\qquad \downarrow{\mathrm{Res}_{q+1}}$$

$$H^q(g, C) \xrightarrow{\ \delta\ } H^{q+1}(g, A)$$

kommutativ.

Die Sätze (4.3), (4.4) und (4.5) sind mühelos zu verifizieren. Der Beweis der letzten beiden beruht im wesentlichen auf der Vertauschbarkeit der Kokettenabbildungen mit dem Operator ∂ und folgt unter Beachtung dieser Tatsache unmittelbar aus der Definition der Abbildung δ. Wir überlassen die Einzelheiten dem Leser.

Fügen wir die Inflation und die Restriktion zusammen, so erhalten wir zunächst die folgende Beziehung:

(4.6) Satz. *Ist A ein G-Modul und g ein Normalteiler von G, so ist die Sequenz*

$$0 \longrightarrow H^1(G/g, A^g) \xrightarrow{\ \mathrm{Inf}\ } H^1(G, A) \xrightarrow{\ \mathrm{Res}\ } H^1(g, A)$$

exakt.

Beweis. Die Injektivität der Inflation erkennt man folgendermaßen: Sei x : $G/g \to A^g$ ein 1-Kozykel, dessen Inflation $\mathrm{Inf}\, x$ ein 1-Korand des G-Moduls A ist. Es ist dann

$$\mathrm{Inf}\, x(\sigma) = x(\sigma \cdot g) = \sigma a - a, \quad a \in A.$$

Wir haben daher für alle $\tau \in g$ die Gleichung $\sigma a - a = \sigma \tau a - a$, d.h. $a = \tau a$, so dass $a \in A^g$. Daher ist $x(\sigma g) = \sigma \cdot ga - a$ ein 1-Korand.

Zum Beweis der Exaktheit an der Stelle $H^1(G, A)$ sei $x : G/g \to A^g$ ein 1-Kozykel von A^g. Dann ist für $\sigma \in g$

$$\mathrm{Res} \circ \mathrm{Inf}\, x(\sigma) = \mathrm{Inf}\, x(\sigma) = x(\sigma g) = x(g) = x(\overline{1}).$$

Nun ist aber $x(\overline{1}) = x(\overline{1} \cdot \overline{1}) = x(\overline{1}) + x(\overline{1}) = 0$. Daher ist

$$\text{Bild Inf} \subseteq \text{Kern Res.}$$

Sei umgekehrt $x : G \to A$ ein 1-Kozykel des G-Moduls A, dessen Restriktion auf g ein 1-Korand des g-Moduls A wird:

$$x(\tau) = \tau a - a, \ a \in A, \ \text{für alle } \tau \in g.$$

Subtrahieren wir von x den 1-Korand $\rho : G \to A$, $\rho(\sigma) = \sigma a - a$, $\sigma \in G$, so erhalten wir einen 1-Kozykel $x'(\sigma) = x(\sigma) - \rho(\sigma)$ der gleichen Kohomologieklasse mit $x'(\tau) = 0$ für alle $\tau \in g$. Es ist dann

$$x'(\sigma - \tau) = x'(\sigma) + \sigma x'(\tau) = x'(\sigma) \quad \text{für alle } \tau \in g,$$

und andererseits

$$x'(\tau \cdot \sigma) = x'(\tau) + \tau x'(\sigma) = \tau x'(\sigma) \quad \text{für alle } \tau \in g.$$

Definieren wir nun $y : G/g \to A$ durch $y(\sigma \cdot g) = x'(\sigma)$, so ist $y(\sigma \cdot g) \in A^g$ wegen $y(\sigma \cdot g) = y(\tau\sigma \cdot g)$ für alle $\tau \in g$, und wir erhalten in y einen 1-Kozykel mit $\text{Inf } y = x'$. Daher ist $\text{Kern Res} \subseteq \text{Bild Inf}$.

Der Satz (4.6) lässt sich auf beliebige positive Dimensionen nur unter einer gewissen Voraussetzung ausdehnen:

(4.7) Satz. *Sei A ein G-Modul, g ein Normalteiler von G. Ist dann $H^i(g, A)$ $= 0$ für $i = 1, \ldots, q-1$ und $q \geq 1$, so ist die Sequenz*

$$0 \longrightarrow H^q(G/g, A^g) \xrightarrow{\ \text{Inf}\ } H^q(G, A) \xrightarrow{\ \text{Res}\ } H^q(g, A)$$

exakt.

Den Beweis führen wir mit vollständiger Induktion nach der Dimension q, indem wir die Methode der Dimensionsverschiebung heranziehen (vgl. §3). Als Induktionsanfang dient der Satz (4.6). Setzen wir $B = \mathbb{Z}[G] \otimes A$ und $C = J_G \otimes A$, so erhalten wir nach (3.14) die exakte Sequenz

$$0 \longrightarrow A \longrightarrow B \longrightarrow C \longrightarrow 0.$$

Wegen $H^1(g, A) = 0$ ergibt sich aus (3.4) auch die Exaktheit der Sequenz

$$0 \longrightarrow A^g \longrightarrow B^g \longrightarrow C^g \longrightarrow 0.$$

Wir erhalten daher das kommutative Diagramm

$$
\begin{array}{ccccccc}
0 & \longrightarrow & H^{q-1}(G/g, C^g) & \xrightarrow{\ \text{Inf}\ } & H^{q-1}(G, C) & \xrightarrow{\ \text{Res}\ } & H^{q-1}(g, C) \\
 & & \downarrow{\scriptstyle\delta} & & \downarrow{\scriptstyle\delta} & & \downarrow{\scriptstyle\delta} \\
0 & \longrightarrow & H^q(G/g, A^g) & \xrightarrow{\ \text{Inf}\ } & H^q(G, A) & \xrightarrow{\ \text{Res}\ } & H^q(g, A).
\end{array}
$$

Da B G-induziert und g-induziert und B^g G/g-induziert ist (vgl. (3.10) und (3.11)), handelt es sich bei den Abbildungen δ um Isomorphismen (vgl. (3.3)), und es gilt überdies

$$H^i(g, C) \cong H^{i+1}(g, A) = 0 \quad \text{für } i = 1, \ldots, q - 2.$$

Nehmen wir hiernach die Exaktheit der oberen Sequenz als Induktionsvoraussetzung an, so überträgt sich diese automatisch auf die untere Sequenz.

Man wird sich natürlich fragen, warum wir uns bei der Einführung der Abbildungen Inf und Res auf die positiven Dimensionen $q \geq 1$ beschränkt, und nicht in analoger Weise von den Koketten ausgehend auch für die negativen Dimensionen Inflation und Restriktion definiert haben. Ein solches Vorgehen ist jedoch nicht möglich. Die entscheidende Eigenschaft der Inflations- bzw. Restriktionsabbildungen liegt nämlich darin, dass sie gemäß (4.4) bzw. (4.5) bei einer Dimensionsverschiebung durch den Operator δ ineinander übergehen, und diese Eigenschaft müsste natürlich bei einer entsprechenden Definition für alle Dimensionen erhalten bleiben. Was nun die Inflation angeht, so legt uns eine solche Forderung die Beschränkung auf den Fall $q \geq 1$ zwangsläufig auf; dies liegt im wesentlichen daran, dass aus einer exakten Sequenz $0 \to A \to B \to C \to 0$ von G-Moduln i.a. nicht die Exaktheit der Sequenz $0 \to A^g \to B^g \to C^g \to 0$ $(g \subseteq G)$ folgt, so dass wir zwar aus der ersten, nicht aber aus der zweiten einen δ-Homomorphismus für die Kohomologiegruppen gewinnen.

Anders steht es jedoch mit der Restriktion. Diese lässt sich tatsächlich unter den geschilderten Bedingungen auf die Dimension $q \leq 0$ ausdehnen. Für $q = 0$ erhält man z.B. durch die Zuordnung

$$a + N_G A \longmapsto a + N_g A, \quad a \in A^G \subseteq A^g,$$

einen Homomorphismus

$$\operatorname{Res}_0 : H^0(G, A) = A^G/N_G A \longrightarrow H^0(g, A) = A^g/N_g A,$$

derart dass der Satz (4.5) unter Einbeziehung der Dimension $q = 0$ erhalten bleibt. Dies halten wir in dem folgenden Lemma fest:

(4.8) Lemma. *Ist* $0 \to A \xrightarrow{i} B \xrightarrow{j} C \to 0$ *eine exakte Sequenz von G-Moduln und g eine Untergruppe von G, so ist das Diagramm*

$$
\begin{array}{ccc}
H^0(G, C) & \xrightarrow{\ \delta\ } & H^1(G, A) \\
\downarrow{\scriptstyle \operatorname{Res}_0} & & \downarrow{\scriptstyle \operatorname{Res}_1} \\
H^0(g, C) & \xrightarrow{\ \delta\ } & H^1(g, A)
\end{array}
$$

kommutativ.

Beweis. Sei $c \in C^G$ ein 0-Kozykel des G-Moduls C, $\bar{c} = c + N_G C$ seine Kohomologieklasse. Dann ist $\mathrm{Res}_0 \, \bar{c} = c + N_g C$, d.h. c ist gleichzeitig ein 0-Kozykel für den g-Modul C. Wählen wir ein $b \in B$ mit $jb = c$, so gibt es wegen $j\partial b = \partial c = 0$ einen 1-Kozykel $a_1 : G \to A$, derart dass $ia_1 = \partial b$. Nach der Definition von δ ist nun $\delta \bar{c} = \bar{a}_1$ und $\delta \mathrm{Res}_0 \, \bar{c} = \overline{\mathrm{Res}_1 a_1} = \mathrm{Res}_1 \bar{a}_1 = \mathrm{Res}_1 \delta \bar{c}$.

Eine ähnlich elementare Definition der Abbildungen Res_q für die Dimensionen $q < 0$ lässt sich leider nicht angeben. Wir werden jedoch sehen, dass die Forderung (4.5) die Restriktionsabbildungen in eindeutiger Weise festlegt, wenn diese nur für eine Dimension, etwa $q = 0$, gegeben sind. Diese Erkenntnis versetzt uns in die Lage, die Restriktion in der folgenden Weise axiomatisch einzuführen.

(4.9) Definition. *Sei G eine endliche Gruppe, g eine Untergruppe von G. Unter der* **Restriktion** *verstehen wir die eindeutig bestimmte Familie von Homomorphismen*

$$\mathrm{Res}_q : H^q(G, A) \longrightarrow H^q(g, A), \qquad q \in \mathbb{Z},$$

mit den Eigenschaften:

(i)
$$\mathrm{Res}_0 : H^0(G, A) \longrightarrow H^0(g, A)$$

ist durch die Zuordnung $a + N_G A \mapsto a + N_g A$ $(a \in A^G)$ gegeben.

(ii) *Für jede exakte Sequenz $0 \to A \to B \to C \to 0$ von G-Moduln und G-Homomorphismen ist das Diagramm*

$$
\begin{array}{ccc}
H^q(G, C) & \xrightarrow{\ \delta\ } & H^{q+1}(G, A) \\
\Big\downarrow{\scriptstyle\mathrm{Res}_q} & & \Big\downarrow{\scriptstyle\mathrm{Res}_{q+1}} \\
H^q(g, C) & \xrightarrow{\ \delta\ } & H^{q+1}(g, A)
\end{array}
\qquad \text{kommutativ.}
$$

Die Homomorphismen Res_q entstehen aus Res_0 in der folgenden Weise durch Dimensionsverschiebung:

Nach (3.15) haben wir die Isomorphismen

$$\delta^q : H^0(G, A^q) \longrightarrow H^q(G, A), \quad \delta^q : H^0(g, A^q) \longrightarrow H^q(g, A),$$

die wir durch q-maliges Hintereinanderschalten des Verbindungshomomorphismus δ erhalten. Die Bedingung (ii) bedeutet nun, dass wir Res_q durch das kommutative Diagramm

$$
\begin{array}{ccc}
H^0(G, A^q) & \xrightarrow{\ \delta^q\ } & H^q(G, A) \\
\Big\downarrow{\scriptstyle\mathrm{Res}_0} & & \Big\downarrow{\scriptstyle\mathrm{Res}_q} \\
H^0(g, A^q) & \xrightarrow{\ \delta^q\ } & H^q(g, A)
\end{array}
$$

zu definieren haben. Damit ist gleichzeitig die Eindeutigkeit der Restriktionsabbildung bewiesen. Insbesondere erhalten wir das Resultat, dass die so definierte Abbildung Res_q für $q \geq 0$ mit der schon früher eingeführten übereinstimmt.

Wir haben nur noch zu zeigen, dass die Homomorphismen Res_q allgemein die Bedingung (ii) erfüllen. Zu diesem Zweck betrachten wir das folgende Diagramm

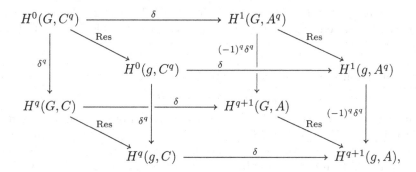

wobei zu beachten ist, dass aus der Sequenz $0 \to A \to B \to C \to 0$ die Sequenz
$$0 \longrightarrow A^q \longrightarrow B^q \longrightarrow C^q \longrightarrow 0$$
entsteht, deren Exaktheit unter Beachtung von (1.2) mit vollständiger Induktion dem Lemma (1.9) zu entnehmen ist. In diesem Diagramm ist das obere Quadrat nach (4.8) kommutativ. Die Kommutativität der beiden Seitendiagramme folgt unmittelbar aus der Definition der Restriktionsabbildungen durch die Dimensionsverschiebung. Das hintere und das vordere Diagramm entstehen durch Untereinandersetzen von q Quadraten des Typs (3.6). Sie sind also nach (3.6) gleichfalls kommutativ. Daher überträgt sich die Kommutativität des oberen Quadrates auf das untere Quadrat, und es ist alles bewiesen.

Was die explizite Bedeutung der Homomorphismen Res_q für $q < 0$ angeht, was also die Frage betrifft, wie sich die einzelnen Kozykeln unter der Abbildung Res_q verhalten, so kommt man hier nur über umfängliche Rechnungen zu Resultaten, die wegen ihrer Unübersichtlichkeit gar nicht zu gebrauchen sind. Jedoch gilt in diesem Zusammenhang das auf S. 22 Gesagte. Im wesentlichen tritt nur immer das funktorielle Verhalten der Restriktion in Erscheinung; lediglich für kleine Dimensionen, also für die Dimensionen, für die wir eine konkrete Interpretation der Kohomologiegruppen besitzen, haben wir hin und wieder auch die Restriktion in expliziter Weise zu interpretieren. Einen für die Klassenkörpertheorie bedeutsamen Spezialfall legt der Satz (3.19) nahe:

(4.10) Definition. *Der durch die Abbildung*

$$\mathrm{Res}_{-2} : H^{-2}(G, \mathbb{Z}) \longrightarrow H^{-2}(g, \mathbb{Z})$$

induzierte Homomorphismus

$$\mathrm{Ver} : G^{\mathrm{ab}} \longrightarrow g^{\mathrm{ab}}$$

heißt die **Verlagerung** *von G nach g.*

Dieser kanonische Homomorphismus lässt sich auch, wenngleich mit einigem Formelaufwand, rein gruppentheoretisch, also ohne kohomologische Mittel angeben. Vgl. [16], 14.2.

Der Restriktion steht eine weitere Abbildung

$$\mathrm{Kor}_q : H^q(g, A) \longrightarrow H^q(G, A)$$

im umgekehrter Richtung zur Seite, die **Korestriktion**. Ebenso wie die Restriktion ist auch die Korestriktion schon durch ihre Festlegung auf einer Dimension vollständig bestimmt. Wir geben sie jedoch, bevor wir zur allgemeinen Definition kommen, für die beiden Dimensionen $q = -1$ und $q = 0$ an:

Durch die Zuordnung

$$a + I_g A \longmapsto a + I_G A \qquad (a \in {}_{N_g}A \subseteq {}_{N_G}A)$$

wird ein Homomorphismus

$$\mathrm{Kor}_{-1} : H^{-1}(g, A) \longrightarrow H^{-1}(G, A)$$

definiert. Ferner erhalten wir durch die Zuordnung

$$a + N_g A \longmapsto N_{G/g}a + N_G A \qquad (a \in A^g)$$

einen Homomorphismus

$$\mathrm{Kor}_0 : H^0(g, A) \longrightarrow H^0(G, A).$$

Dabei sei $N_{G/g}a = \sum_{\sigma \in G/g} \sigma a \in A^G$ für $a \in A^g$; $\sigma \in G/g$ bedeutet, dass σ ein Linksrepräsentantensystem für die Nebenscharen von g in G durchläuft. In Analogie zu (4.8) beweisen wir das

(4.11) Lemma. *Ist $0 \to A \xrightarrow{i} B \xrightarrow{j} C \to 0$ eine exakte Sequenz von G-Moduln, so ist das Diagramm*

$$
\begin{array}{ccc}
H^{-1}(g, C) & \xrightarrow{\;\delta\;} & H^0(g, A) \\
\downarrow{\scriptstyle \mathrm{Kor}_{-1}} & & \downarrow{\scriptstyle \mathrm{Kor}_0} \\
H^{-1}(G, C) & \xrightarrow{\;\delta\;} & H^0(G, A)
\end{array}
$$

kommutativ.

Beweis. Sei $c \in {}_{N_g}C$ ein (-1)-Kozykel für die Klasse $\overline{c} = c + I_G C \in H^{-1}(g, C)$. Dann ist $c \in {}_{N_G}C$ auch ein (-1)-Kozykel für die Klasse $\mathrm{Kor}_{-1}\overline{c} = c + I_G C \in H^{-1}(G, C)$. Wählen wir ein $b \in B$ mit $jb = c$, so gibt es wegen $j\partial b = \partial c = N_g c = 0$ einen 0-Kozykel $a \in A^g$ mit $ia = \partial b = N_g b$. Definitionsgemäß wird dann $\delta \overline{c} = \overline{a} = a + N_g A$, also $\mathrm{Kor}_0 \delta \overline{c} = N_{G/g} a + N_G A \in H^0(G, A)$. Andererseits ist $\delta \mathrm{Kor}_{-1}\overline{c} = \delta(c + I_G A)$. Wählen wir das gleiche $b \in B$ mit $jb = c$ wie oben, so ist $\partial b = N_G b = N_{G/g} N_g b = N_{G/g}(ia) = i(N_{G/g}a)$ und es wird $\delta(c + I_G A) = N_{G/g} a + N_G A$, also

$$\mathrm{Kor}_0 \delta \overline{c} = N_{G/g} a + N_G A = \delta \, \mathrm{Kor}_{-1}\overline{c} \,.$$

Die allgemeine Korestriktionsdefinition erhalten wir nun genau wie die Restriktion axiomatisch.

(4.12) Definition. *Sei G eine endliche Gruppe, g eine Untergruppe von G. Unter der **Korestriktion** verstehen wir die eindeutig bestimmte Familie von Homomorphismen*

$$\mathrm{Kor}_q : H^q(g, A) \longrightarrow H^q(G, A), \quad q \in \mathbb{Z},$$

mit den Eigenschaften:

(i)
$$\mathrm{Kor}_0 : H^0(g, A) \longrightarrow H^0(G, A)$$

ist durch die Zuordnung $a + N_g A \mapsto N_{G/g} a + N_G A$ $(a \in A^g)$ gegeben.

(ii) *Für jede exakte Sequenz*

$$0 \to A \to B \to C \to 0$$

von G-Moduln und G-Homomorphismen ist das Diagramm

$$
\begin{array}{ccc}
H^q(g, C) & \xrightarrow{\ \delta\ } & H^{q+1}(g, A) \\
\downarrow{\scriptstyle \mathrm{Kor}_q} & & \downarrow{\scriptstyle \mathrm{Kor}_{q+1}} \\
H^q(G, C) & \xrightarrow{\ \delta\ } & H^{q+1}(G, A)
\end{array}
\qquad kommutativ.
$$

Die Homomorphismen Kor_q entstehen aus Kor_0 genau wie bei der Restriktion durch Dimensionsverschiebung:

Nach (3.15) haben wir die Isomorphismen

$$\delta^q : H^0(G, A^q) \longrightarrow H^q(G, A), \quad \delta^q : H^0(g, A^q) \longrightarrow H^q(g, A).$$

Damit wird Kor_q aufgrund von (ii) in eindeutiger Weise durch das kommutative Diagramm

$$
\begin{array}{ccc}
H^0(g, A^q) & \xrightarrow{\ \delta^q\ } & H^q(g, A) \\
\downarrow{\scriptstyle \mathrm{Kor}_0} & & \downarrow{\scriptstyle \mathrm{Kor}_q} \\
H^0(G, A^q) & \xrightarrow{\ \delta^q\ } & H^q(G, A)
\end{array}
$$

festgelegt. Insbesondere erhalten wir hierdurch den auf S. 42 eingeführten Homomorphismus Kor_{-1} wegen der Eindeutigkeit und wegen (4.11) zurück. Die allgemeine Gültigkeit von (ii) folgern wir in der gleichen Weise wie bei der Restriktion unter Beachtung von (4.11) und (3.6) aus dem Diagramm

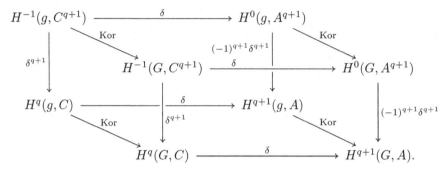

Es sei erwähnt, dass man die Korestriktion für die negativen Dimensionen sehr einfach auch durch kanonische Kokettenzuordnungen erhält, ähnlich wie die Restriktion auf den positiven Dimensionen. Hierauf brauchen wir jedoch nicht näher einzugehen. Im Hinblick auf (4.10) wollen wir nun den folgenden Satz angeben:

(4.13) Satz. *Die durch*
$$\mathrm{Kor}_{-2} : H^{-2}(g, \mathbb{Z}) \longrightarrow H^{-2}(G, \mathbb{Z})$$
induzierte Abbildung
$$\kappa : g^{\mathrm{ab}} \longrightarrow G^{\mathrm{ab}}$$
ist der kanonische Homomorphismus, den man durch $\sigma g' \mapsto \sigma G'$ erhält.

Dies folgt unter Berücksichtigung des Beweises zu (3.19) aus dem kommutativen Diagramm

$$
\begin{array}{ccccc}
H^{-2}(g, \mathbb{Z}) & \xrightarrow{\ \delta\ } & H^{-1}(g, I_g) = I_g/I_g^2 & \xleftarrow[\sim]{\ \log\ } & g^{\mathrm{ab}} \\
\Big\downarrow{\scriptstyle \mathrm{Kor}_{-2}} & & \Big\downarrow{\scriptstyle \mathrm{Kor}_{-1}} & & \Big\downarrow{\scriptstyle \kappa} \\
H^{-2}(G, \mathbb{Z}) & \xrightarrow{\ \delta\ } & H^{-1}(G, I_G) = I_G/I_G^2 & \xleftarrow[\sim]{\ \log\ } & G^{\mathrm{ab}}.
\end{array}
$$

Wichtig ist die folgende Beziehung zwischen der Restriktion und der Korestriktion:

(4.14) Satz. *Die Hintereinanderschaltung der Homomorphismen*

$$H^q(G, A) \xrightarrow{\text{Res}} H^q(g, A) \xrightarrow{\text{Kor}} H^q(G, A)$$

ergibt den Endomorphismus

$$\text{Kor} \circ \text{Res} = (G : g) \cdot \text{Id}.$$

Beweis. Sei $\overline{a} = a + N_G A \in H^0(G, A)$, $a \in A^G$. Dann ist $\text{Kor}_0 \circ \text{Res}_0(\overline{a}) = \text{Kor}_0(a + N_g A) = N_{G/g} a + N_G A = (G : g) \cdot a + N_G A = (G : g) \cdot \overline{a}$.

Der allgemeine Fall folgt hieraus durch Dimensionsverschiebung. Das Diagramm

$$
\begin{array}{ccc}
H^0(G, A^q) & \xrightarrow{\text{Kor}_0 \circ \text{Res}_0} & H^0(G, A^q) \\
{\scriptstyle \delta^q} \downarrow & & \downarrow {\scriptstyle \delta^q} \\
H^q(G, A) & \xrightarrow{\text{Kor}_q \circ \text{Res}_q} & H^q(G, A)
\end{array}
$$

ist nämlich kommutativ, und da es sich oben um die Abbildung $(G : g) \cdot \text{Id}$ handelt, gilt auch unten $\text{Kor}_q \circ \text{Res}_q = (G : g) \cdot \text{Id}$.

Aus der Vertauschbarkeit der Abbildungen Res und Kor mit dem Verbindungshomomorphismus δ folgt ihre Vertauschbarkeit mit den durch die G-Homomorphismen induzierten Abbildungen automatisch:

(4.15) Satz. *Ist $f : A \to B$ ein G-Homomorphismus der G-Moduln A, B und g eine Untergruppe von G, so sind die Diagramme*

$$
\begin{array}{ccc}
H^q(G, A) & \xrightarrow{\overline{f}} & H^q(G, B) \\
{\scriptstyle \text{Res}} \updownarrow {\scriptstyle \text{Kor}} & & {\scriptstyle \text{Res}} \updownarrow {\scriptstyle \text{Kor}} \\
H^q(g, A) & \xrightarrow{\overline{f}} & H^q(g, B)
\end{array}
$$

kommutativ.

Dies ist für die Dimension $q = 0$ unmittelbar klar. Der allgemeine Fall folgt in einfacher Weise durch Dimensionsverschiebung. Durch $A \xrightarrow{f} B$ wird nämlich ein Homomorphismus $A^q \xrightarrow{f} B^q$ induziert, und in dem Diagramm

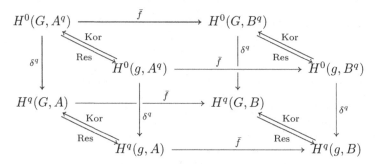

sind alle vertikalen Quadrate kommutativ, so dass sich die Kommutativität des oberen Diagramms auf das untere überträgt.

Die Kohomologiegruppen $H^q(G, A)$ sind als abelsche Torsionsgruppen die direkte Summe ihrer **p-Sylowgruppen**, d.h. der Gruppen $H^q(G, A)_p$ aller Elemente von $H^q(G, A)$ von einer p-Potenzordnung:

$$H^q(G, A) = \bigoplus_p H^q(G, A)_p.$$

Oft nennt man $H^q(G, A)_p$ den **p-primären** Teil von $H^q(G, A)$. Hierüber haben wir nun den folgenden

(4.16) Satz. *Ist A ein G-Modul und G_p eine p-Sylowgruppe von G, so ist der Homomorphismus*
$$\mathrm{Res} : H^q(G, A)_p \longrightarrow H^q(G_p, A)$$
stets injektiv und der Homomorphismus
$$\mathrm{Kor} : H^q(G_p, A) \longrightarrow H^q(G, A)_p$$
stets surjektiv.

Beweis. Da $\mathrm{Kor} \circ \mathrm{Res} = (G : G_p) \cdot \mathrm{Id}$, und da $(G : G_p)$ zu p teilerfremd ist, ist die Abbildung $H^q(G, A)_p \xrightarrow{\mathrm{Kor} \circ \mathrm{Res}} H^q(G, A)_p$ ein Automorphismus. Ist daher $x \in H^q(G, A)_p$ und $\mathrm{Res}\, x = 0$, so folgt aus $\mathrm{Kor} \circ \mathrm{Res}\, x = 0$ sofort $x = 0$ und dies zeigt die Injektivität von Res auf $H^q(G, A)_p$.

Andererseits besteht $H^q(G_p, A)$ aus lauter Elementen von p-Potenzordnung (vgl. (3.15)), so dass $\mathrm{Kor} H^q(G_p, A) \subseteq H^q(G, A)_p$. Die Gleichheit ergibt sich aus der Bijektivität von $\mathrm{Kor} \circ \mathrm{Res}$ auf $H^q(G, A)_p$.

Es kommt häufig vor, dass wir das Verschwinden gewisser Kohomologiegruppen zu beweisen haben. In vielen dieser Fälle ziehen wir das folgende Korollar zu (4.16) heran, das eine Reduktion dieses Problems auf den Fall der p-Gruppen liefert.

(4.17) Korollar. *Ist für jede Primzahl p die Gruppe $H^q(G_p, A) = 0$ für eine p-Sylowgruppe G_p von G, so ist $H^q(G, A) = 0$.*

Beweis. Wegen der Injektivität von $\mathrm{Res} : H^q(G, A)_p \to H^q(G_p, A)$ sind alle p-Sylowgruppen $H^q(G, A)_p = 0$, also ist $H^q(G, A) = 0$.

Wir wollen uns zum Schluss dieses Paragraphen einer Verallgemeinerung der G-induzierten Moduln zuwenden. Mit ihr werden wir es in der globalen Klassenkörpertheorie zu tun haben.

(4.18) Definition. *Sei G eine endliche Gruppe, g eine Untergruppe von G. Ein G-Modul heißt G/g-induziert, wenn er eine Darstellung*

$$A = \bigoplus_{\sigma \in G/g} \sigma D$$

besitzt, in der $D \subseteq A$ ein g-Modul ist und σ ein Linksrepräsentantensystem für die Nebenscharen von g in G durchläuft.

Für $g = \{1\}$ erhalten wir offenbar die G-induzierten Moduln zurück. In starker Verallgemeinerung zur kohomologischen Trivialität der G-induzierten Moduln haben wir den folgenden Satz, der häufig als das **Lemma von Shapiro** zitiert wird:

(4.19) Satz. *Ist A ein G/g-induzierter G-Modul, $A = \bigoplus_{\sigma \in G/g} \sigma D$, so ist*

$$H^q(G, A) \cong H^q(g, D),$$

und zwar erhalten wir diesen Isomorphismus durch die Hintereinanderschaltung

$$H^q(G, A) \xrightarrow{\mathrm{Res}} H^q(g, A) \xrightarrow{\bar{\pi}} H^q(g, D),$$

wobei $\bar{\pi}$ durch die natürliche Projektion $A \xrightarrow{\pi} D$ induziert wird.

Den Beweis führen wir mit Hilfe der Dimensionsverschiebung. Sei $A = \bigoplus_{i=1}^m \sigma_i D$, wobei σ_i ein Linksrepräsentantensystem von G/g durchläuft und speziell $\sigma_1 = 1$ ist. Für $q = 0$ setzen wir der Abbildung

$$A^G/N_G A \xrightarrow{\mathrm{Res}} A^g/N_g A \xrightarrow{\bar{\pi}} D^g/N_g D$$

die Abbildung $\nu : D^g/N_g D \to A^G/N_G A$ mit $\nu(d + N_g D) = \sum_{i=1}^m \sigma_i d + N_G A$ entgegen. Man verifiziert sofort, dass $(\bar{\pi} \circ \mathrm{Res}) \circ \nu = \mathrm{Id}$ und $\nu \circ (\bar{\pi} \circ \mathrm{Res}) = \mathrm{Id}$. Daher ist der Homomorphismus $\bar{\pi} \circ \mathrm{Res}$ bijektiv.

Für eine beliebige Dimension q setzen wir jetzt

$$A^q = J_G \otimes \cdots \otimes J_G \otimes A \qquad\qquad A^q = I_G \otimes \cdots \otimes I_G \otimes A$$
$$D^q_* = J_G \otimes \cdots \otimes J_G \otimes D \quad \text{bzw.} \quad D^q_* = I_G \otimes \cdots \otimes I_G \otimes D$$
$$D^q = J_g \otimes \cdots \otimes J_g \otimes D \qquad\qquad D^q = I_g \otimes \cdots \otimes I_g \otimes D$$

je nachdem $q \geq 0$ oder $q \leq 0$. Wegen $A = \bigoplus_{i=1}^m \sigma_i D$ ist $A^q = \bigoplus_{i=1}^m \sigma_i D^q_*$ ebenfalls G/g-induziert. Weiter prüft man sofort nach, dass

$$J_G = J_g \oplus K_1 \qquad \text{bzw.} \qquad I_G = I_g \oplus K_{-1}$$

mit den g-induzierten Moduln

$$K_1 = \bigoplus_{\tau \in g} \tau\left(\sum_{i=2}^m \mathbb{Z} \cdot \bar\sigma_i\right) \text{ und } K_{-1} = \bigoplus_{\tau \in g} \tau\left(\sum_{i=2}^m \mathbb{Z} \cdot (\sigma_i - 1)\right).$$

Unter Beachtung von (1.5) und (3.10) ergibt sich hieraus für alle q die kanonische q-Modulzerlegung

$$D^q_* = D^q \oplus C^q$$

mit einem g-induzierten g-Modul C^q. Mit (3.15) erhalten wir nun das Diagramm

$$
\begin{array}{ccccccc}
H^0(G, A^q) & \xrightarrow{\text{Res}} & H^0(g, A^q) & \xrightarrow{\bar\pi_*} & H^0(g, D^q_*) & \xrightarrow{\bar\rho} & H^0(g, D^q) \\
\Big\updownarrow{\scriptstyle\delta^q} & & \Big\updownarrow{\scriptstyle\delta^q} & & & & \Big\updownarrow{\scriptstyle\delta^q} \\
H^q(G, A) & \xrightarrow{\text{Res}} & H^q(g, A) & & \xrightarrow{\hspace{3cm}\bar\pi\hspace{3cm}} & & H^q(g, D) \, ,
\end{array}
$$

in dem die Abbildung $\bar\pi_* \circ \text{Res}$ in der oberen Zeile wegen der Dimension $q = 0$ und die Abbildung $\bar\rho$ aufgrund von (3.7) und (3.13) bijektiv sind. Da der zusammengesetzte Homomorphismus $A^q \xrightarrow{\pi_*} D^q_* \xrightarrow{\rho} D^q$ aus der Projektion $A \xrightarrow{\pi} D$ entsteht, erweist sich das Diagramm als kommutativ, und aus der Bijektivität der Abbildung $\bar\rho \circ \bar\pi_* \circ \text{Res}$ oben, ergibt sich die Bijektivität der Abbildung $\bar\pi \circ \text{Res}$ unten.

§ 5. Das Cupprodukt

Wir haben im vorigen Paragraphen gesehen, dass die Restriktion und die Korestriktion allein durch ihre kanonische Gegebenheit auf der Dimension $q = 0$ automatisch entsprechende Abbildungen für die Kohomologiegruppen in allen anderen Dimensionen induzieren. Genauso verhält es sich mit dem **Cupprodukt**, welches ebenfalls in der nullten Dimension unmittelbar durch das **Tensorprodukt** gegeben ist.

Sind A und B zwei G-Moduln, so ist auch $A \otimes B$ ein G-Modul, und wir erhalten durch die Zuordnung $(a, b) \mapsto a \otimes b$ die kanonische bilineare Abbildung

$$A^G \times B^G \longrightarrow (A \otimes B)^G,$$

die $N_G A \times N_G B$ offenbar in $N_G(A \otimes B)$ abbildet. Sie induziert daher eine bilineare Abbildung

$$H^0(G, A) \times H^0(G, B) \longrightarrow H^0(G, A \otimes B) \text{ durch } (\overline{a}, \overline{b}) \longrightarrow \overline{a \otimes b} \quad {}^{12)}.$$

Wir nennen das Element $\overline{a \otimes b} \in H^0(G, A \otimes B)$ das **Cupprodukt** von $\overline{a} \in H^0(G, A)$ und $\overline{b} \in H^0(G, B)$ und bezeichnen es mit

$$\overline{a} \cup \overline{b} = \overline{a \otimes b}.$$

Dieses Cupprodukt pflanzt sich nun auf beliebige Dimensionen automatisch fort.

(5.1) Definition. *Es gibt eine eindeutig bestimmte Familie von bilinearen Abbildungen, das* **Cupprodukt**

$$\cup : H^p(G, A) \times H^q(G, B) \longrightarrow H^{p+q}(G, A \otimes B), \ p, q \in \mathbb{Z},$$

mit den folgenden Eigenschaften:

(i) *Für $p = q = 0$ ist das Cupprodukt durch die Zuordnung*

$$(\overline{a}, \overline{b}) \longmapsto \overline{a} \cup \overline{b} = \overline{a \otimes b}, \quad \overline{a} \in H^0(G, A), \ \overline{b} \in H^0(G, B),$$

gegeben.

(ii) *Sind die G-Modulsequenzen*

$$0 \longrightarrow A \longrightarrow A' \longrightarrow A'' \longrightarrow 0,$$
$$0 \longrightarrow A \otimes B \longrightarrow A' \otimes B \longrightarrow A'' \otimes B \longrightarrow 0$$

beide exakt, so ist das Diagramm

$$
\begin{array}{ccc}
H^p(G, A'') \times H^q(G, B) & \xrightarrow{\ \cup\ } & H^{p+q}(G, A'' \otimes B) \\
\delta \downarrow \qquad 1 \downarrow & & \downarrow \delta \\
H^{p+1}(G, A) \times H^q(G, B) & \xrightarrow{\ \cup\ } & H^{p+q+1}(G, A \otimes B)
\end{array}
\qquad \text{kommutativ,}
$$

d.h. es ist $\delta(\overline{a}'' \cup \overline{b}) = \delta \overline{a}'' \cup \overline{b}$ für $\overline{a}'' \in H^p(G, A'')$, $\overline{b} \in H^q(G, B)$.

(iii) *Sind die G-Modulsequenzen*

$$0 \longrightarrow B \longrightarrow B' \longrightarrow B'' \longrightarrow 0,$$
$$0 \longrightarrow A \otimes B \longrightarrow A \otimes B' \longrightarrow A \otimes B'' \longrightarrow 0$$

beide exakt, so ist das Diagramm

$$
\begin{array}{ccc}
H^p(G, A) \times H^q(G, B'') & \xrightarrow{\ \cup\ } & H^{p+q}(G, A \otimes B'') \\
1 \downarrow \qquad \delta \downarrow & & \downarrow (-1)^p \delta \\
H^p(G, A) \times H^{q+1}(G, B) & \xrightarrow{\ \cup\ } & H^{p+q+1}(G, A \otimes B)
\end{array}
\qquad \text{kommutativ,}
$$

d.h. es ist $\delta(\overline{a} \cup \overline{b}'') = (-1)^p(\overline{a} \cup \delta \overline{b}'')$ für $\overline{a} \in H^p(G, A)$, $\overline{b}'' \in H^q(G, B'')$.

[12)] $\overline{a}$ bzw. $\overline{b}$ bzw. $\overline{a \otimes b}$ bedeutet wie üblich die Kohomologieklasse $\overline{a} = a + N_G A$ bzw. $\overline{b} = b + N_G B$ bzw. $\overline{a \otimes b} = a \otimes b + N_G(A \otimes B)$ des Elements $a \in A^G$ bzw. $b \in B^G$ bzw. $a \otimes b \in (A \otimes B)^G$.

Das Erscheinen des Faktors $(-1)^p$ im letzten Diagramm ist zwangsläufig und beruht, wie wir sehen werden, auf der Antikommutativität des Verbindungshomomorphismus δ. Ein Fortlassen dieses Faktors würde zu Widersprüchen, also zur Nicht-Existenz eines solchen Cupprodukts führen.

Wie bei der Restriktion gewinnen wir das allgemeine Cupprodukt aus dem Fall $p = 0$, $q = 0$ durch Dimensionsverschiebung[13].

Wir weisen zuvor noch einmal auf unsere Verabredung hin, dass wir die G-Moduln $A \otimes B$ und $B \otimes A$ bzw. $(A \otimes B) \otimes C$ und $A \otimes (B \otimes C)$ stets miteinander identifizieren wollen (vgl. §1, S. 7). Dies führt automatisch zu einer entsprechenden Identifikation der Kohomologiegruppen dieser G-Moduln. Insbesondere können wir hiernach schreiben (vgl. §3, S. 32):

$$A^p \otimes B = J_G \otimes \cdots \otimes J_G \otimes A \otimes B = (A \otimes B)^p \quad \text{und}$$

$$A \otimes B^q = A \otimes J_G \otimes \cdots \otimes J_G \otimes B = J_G \otimes \cdots \otimes J_G \otimes A \otimes B = (A \otimes B)^q$$

für $p, q \geq 0$, und analog für $p, q \leq 0$ mit I_G anstelle von J_G. Dies wollen wir im folgenden stets berücksichtigen.

Auf Grund des Satzes (3.15) können wir das Cupprodukt, ausgehend vom Fall $q = 0$, $p = 0$ durch das kommutative Diagramm

$$
\begin{array}{ccc}
H^0(G, A^p) \times H^0(G, B^q) & \overset{\cup}{\longrightarrow} & H^0(G, (A \otimes B^q)^p) = H^0(G, A^p \otimes B^q) \\
\delta^p \downarrow \qquad \downarrow 1 & & \downarrow \delta^p \\
H^p(G, A) \times H^0(G, B^q) & \overset{\cup}{\longrightarrow} & H^p(G, (A \otimes B)^q) = H^p(G, A \otimes B^q) \\
1 \downarrow \qquad \downarrow \delta^q & & \downarrow (-1)^{p \cdot q} \delta^q \\
H^p(G, A) \times H^q(G, B) & \overset{\cup}{\longrightarrow} & H^{p+q}(G, A \otimes B)
\end{array}
$$

$(*)$

festlegen. Wegen der Bedingungen (i), (ii), (iii) ist hiermit gleichzeitig die Eindeutigkeit des Cupprodukts erwiesen. Diese Tatsache können wir dazu benutzen, schon an dieser Stelle eine explizite, d.h. kozykelweise Beschreibung des Cupproduktes für den Spezialfall $(p = 0, q)$ bzw. $(p, q = 0)$ anzugeben:

---

[13] Dem nur auf die Anwendung des kohomologischen Kalküls bedachten Leser wird nichts wesentliches entgehen, wenn er auf die genaue Ausführung dieses Verschiebungsprozesses verzichtet. Er wird sich allein mit den funktoriellen Verhaltensweisen des Cupproduktes und mit dessen expliziter Beschreibung für kleine Dimensionen (vgl. (5.2), (5.6), (5.7) und (5.8)) begnügen können.

(5.2) Satz. *Bezeichnen wir mit a_p bzw. b_q p- bzw. q-Kozykeln von A bzw. B und mit $\bar{a}_p$ bzw. $\bar{b}_q$ ihre Kohomologieklassen, so gilt*

$$\bar{a}_0 \cup \bar{b}_q = \overline{a_0 \otimes b_q} \quad \text{bzw.} \quad \bar{a}_p \cup \bar{b}_0 = \overline{a_p \otimes b_0} \quad {}^{14)}.$$

Zum Beweis beachte man, dass das so definierte Produkt $\bar{a}_0 \cup \bar{b}_q$ bzw. $\bar{a}_p \cup \bar{b}_0$ die Bedingungen (i), (ii), (iii) für $(0,q)$ bzw. $(p,0)$ erfüllt. Dies ist dem Verhalten der Kozykeln unter den betreffenden Abbildungen direkt abzulesen. Betrachtet man nun den unteren Teil des Diagramms (∗) für $p = 0$ bzw. den oberen für $q = 0$, so erkennt man, dass das durch (∗) definierte Produkt mit dem durch (5.2) definierten übereinstimmen muss.

Es kommt nun darauf an zu zeigen, dass die durch (∗) definierten Abbildungen

$$H^p(G, A) \times H^q(G, B) \xrightarrow{\cup} H^{p+q}(G, A \otimes B)$$

tatsächlich den Forderungen (ii) und (iii) genügen. Seien dazu die exakten Sequenzen

$$0 \longrightarrow A \longrightarrow A' \longrightarrow A'' \longrightarrow 0,$$
$$0 \longrightarrow A \otimes B \longrightarrow A' \otimes B \longrightarrow A'' \otimes B \longrightarrow 0$$

bzw.

$$0 \longrightarrow B \longrightarrow B' \longrightarrow B'' \longrightarrow 0,$$
$$0 \longrightarrow A \otimes B \longrightarrow A \otimes B' \longrightarrow A \otimes B'' \longrightarrow 0$$

gegeben. Aus ihnen entstehen die wegen (1.9) und (1.2) exakten Sequenzen

$$0 \longrightarrow A^q \longrightarrow A'^q \longrightarrow A''^q \longrightarrow 0,$$
$$0 \longrightarrow (A \otimes B)^q \longrightarrow (A' \otimes B)^q \longrightarrow (A'' \otimes B)^q \longrightarrow 0$$

bzw.

$$0 \longrightarrow B^p \longrightarrow B'^p \longrightarrow B''^p \longrightarrow 0,$$
$$0 \longrightarrow (A \otimes B)^p \longrightarrow (A \otimes B')^p \longrightarrow (A \otimes B'')^p \longrightarrow 0,$$

und wir kommen zu den Diagrammen

[14)] Man beachte, dass mit $b_q(\sigma_1, \ldots, \sigma_q) \in B$ auch $a_0 \otimes b_q(\sigma_1, \ldots, \sigma_q) \in A \otimes B$ $(a_0 \in A^G)$ ein q-Kozykel ist.

bzw.

$$H^0(G, A^p) \times H^q(G, B'') \xrightarrow{\quad \cup \quad} H^q(G, (A \otimes B'')^p)$$

Hierin sind zunächst die linken Seitendiagramme trivialerweise kommutativ. Bei den rechten Seitendiagrammen handelt es sich um q bzw. p untereinandergesetzte Diagramme vom Typ (3.6). Sie sind also nach (3.6) kommutativ. Die vorderen und hinteren Teildiagramme sind auf Grund der Definition von $\cup$ durch $(*)$ kommutativ. Schließlich ergibt sich die Kommutativität der oberen Quadrate elementar aus (5.2) und den sich daran anschließenden Bemerkungen. Da nun die vertikalen Abbildungen bijektiv sind, überträgt sich die Kommutativität der oberen Quadrate auf die unteren Quadrate. Damit ist alles bewiesen.

Durch die axiomatische Einführung (5.1) des Cupproduktes erhalten wir zunächst noch keine explizite Beschreibung desselben; d.h. wir sind einstweilen nicht in der Lage zu entscheiden, durch welchen Kozykel das Cupprodukt zweier kozykelweise gegebener Kohomologieklassen repräsentiert wird. Lediglich für die Fälle $(p = 0, q)$ und $(p, q = 0)$ steht uns eine solche Beschreibung durch (5.2) in sehr einfacher Weise zur Verfügung. Der Versuch einer expliziten Bestimmung des Cupproduktes für weitere Fälle (p, q) (insbesondere für $p < 0$ und $q < 0$) führt jedoch auf heftige rechnerische Schwierigkeiten. Wir befinden uns also hier in einer ähnlichen Situation wie bei der Restriktion, die im Dimensionsfall $q \geq 0$ eine höchst einfache Beschreibung zuließ, nicht aber für die negativen Dimensionen. Hier wie dort gilt jedoch wieder, dass eine explizite Berechnung nur in niedrigen Dimensionen erforderlich wird, dass man aber sonst mit der Kenntnis des funktoriellen Verhaltens der betreffenden Abbildungen vollständig auskommt.

Wir wollen uns zunächst, bevor wir für kleine Dimensionen explizite Formeln herleiten, davon überzeugen, dass sich das Cupprodukt mit den schon vorhandenen kohomologischen Abbildungen verträgt.

(5.3) Satz. *Sind $f : A \to A'$ und $g : B \to B'$ zwei G-Homomorphismen, und ist $f \otimes g : A \otimes B \to A' \otimes B'$ der durch f und g induzierte Homomorphismus, so gilt für $\overline{a} \in H^p(G, A)$, $\overline{b} \in H^q(G, B)$*

$$\overline{f a} \cup \overline{g b} = \overline{f \otimes g}(\overline{a} \cup \overline{b}) \in H^{p+q}(G, A' \otimes B').$$

Dies ist für $p = q = 0$ vollständig trivial. Der allgemeine Fall ergibt sich sodann in einfachster Weise durch Dimensionsverschiebung. Die Durchführung dürfen wir dem Leser überlassen, nachdem wir den Verschiebungsprozess häufig genug exerziert haben. Das gleiche gilt für den folgenden

(5.4) Satz. *Seien A, B G-Moduln und g eine Untergruppe von G. Ist dann $\bar{a} \in H^p(G, A)$, $\bar{b} \in H^q(G, B)$, so gilt*

$$\mathrm{Res}(\bar{a} \cup \bar{b}) = \mathrm{Res}\,\bar{a} \cup \mathrm{Res}\,\bar{b} \in H^{p+q}(g, A \otimes B).$$

Für $\bar{a} \in H^p(G, A)$, $\bar{b} \in H^q(g, B)$ haben wir

$$\mathrm{Kor}(\mathrm{Res}\,\bar{a} \cup \bar{b}) = \bar{a} \cup \mathrm{Kor}\,\bar{b} \in H^{p+q}(G, A \otimes B).$$

Im Fall $p = q = 0$ ist die erste Formel unmittelbar klar. Zum Beweis der zweiten sei $a \in A^G$ bzw. $b \in B^g$ ein 0-Kozykel für $\bar{a}$ bzw. $\bar{b}$. Auf Grund der Definition der nulldimensionalen Korestriktion (4.12) erhalten wir dann

$$\mathrm{Kor}(\mathrm{Res}\,\bar{a} \cup \bar{b}) = \mathrm{Kor}(a \otimes b + N_g(A \otimes B)) = \textstyle\sum_{\sigma \in G/g} \sigma(a \otimes b) + N_G(A \otimes B)$$

$$= \textstyle\sum_{\sigma \in G/g} a \otimes \sigma b + N_G(A \otimes B) = a \otimes (\textstyle\sum_{\sigma \in G/g} \sigma b) + N_G(A \otimes B) = \bar{a} \cup \mathrm{Kor}\,\bar{b}.$$

Alles übrige folgt durch Dimensionsverschiebung.

Der folgende Satz zeigt die „Antikommutativität" und die „Assoziativität" des Cupproduktes:

(5.5) Satz. *Ist $\bar{a} \in H^p(G, A)$, $\bar{b} \in H^q(G, B)$, $\bar{c} \in H^r(G, C)$, so gilt* [15]

$$\bar{a} \cup \bar{b} = (-1)^{p \cdot q}(\bar{b} \cup \bar{a}) \in H^{p+q}(G, A \otimes B) = H^{p+q}(G, B \otimes A)$$

und

$$(\bar{a} \cup \bar{b}) \cup \bar{c} = \bar{a} \cup (\bar{b} \cup \bar{c}) \in H^{p+q+r}(G, (A \otimes B) \otimes C) = H^{p+q+r}(G, A \otimes (B \otimes C)).$$

Auch dies ist im Fall $p = q = 0$ trivial und ergibt sich allgemein unmittelbar durch Dimensionsverschiebung.

Wir wollen nun einige explizite Formeln für das Cupprodukt berechnen. Dazu bezeichnen wir mit a_p, b_q, ... die p-Kozykeln von A, q-Kozykeln von B, ... und mit $\bar{a}_p$, $\bar{b}_q$, ... ihre Kohomologieklassen in $H^p(G, A)$, $H^q(G, B)$, ...

---

[15] Genauer müsste man sagen, dass $(-1)^{p \cdot q}(\bar{b} \cup \bar{a})$ das Bild von $\bar{a} \cup \bar{b}$ unter dem durch $A \otimes B \cong B \otimes A$ induzierten kanonischen Isomorphismus $H^{p+q}(G, A \otimes B) \cong H^{p+q}(G, B \otimes A)$ ist, und das entsprechende gilt für die zweite Formel. Wir halten uns jedoch an unsere Verabredung von §1, S. 7.

(5.6) Lemma. $\bar{a}_1 \cup \bar{b}_{-1} = \bar{x}_0 \in H^0(G, A \otimes B)$ *mit*

$$x_0 = \sum_{\tau \in G} a_1(\tau) \otimes \tau b_{-1}.$$

Beweis. Nach (3.14) haben wir den G-induzierten G-Modul $A' = \mathbb{Z}[G] \otimes A$ und die exakten Sequenzen

$$0 \longrightarrow A \longrightarrow A' \longrightarrow A'' \longrightarrow 0$$

$$0 \longrightarrow A \otimes B \longrightarrow A' \otimes B \longrightarrow A'' \otimes B \longrightarrow 0 \, .$$

Um uns Homomorphiezeichen zu ersparen, denken wir uns A in A' und $A \otimes B$ in $A' \otimes B$ eingebettet. Wegen $H^1(G, A') = 0$ gibt es eine 0-Kokette $a'_0 \in A'$ mit $a_1 = \partial a'_0$, d.h.

$(*)$ $\qquad\qquad a_1(\tau) = \tau a'_0 - a'_0 \quad$ für alle $\quad \tau \in G.$

Sei $a''_0 \in A''^G$ das Bild von a'_0 in A''. Dann ist auf Grund der Definition des δ-Operators $\bar{a}_1 = \delta(\overline{a''}_0)$ und wir erhalten

$$\bar{a} \cup \bar{b}_{-1} = \delta(\overline{a''}_0) \cup \bar{b}_{-1} \overset{(5.1)}{=} \delta(\overline{a''_0 \cup \bar{b}_{-1}}) \overset{(5.2)}{=} \delta(\overline{a''_0 \otimes b_{-1}}) = \overline{\delta(a'_0 \otimes b_{-1})} =$$

$$\overline{N_G(a'_0 \otimes b_{-1})} = \overline{\sum_{\tau \in G} \tau a'_0 \otimes \tau b_{-1}} \overset{(*)}{=} \overline{\sum_{\tau \in G} (a_1(\tau) + a'_0) \otimes \tau b_{-1}} =$$

$$\overline{\sum_{\tau \in G} (a_1(\tau) \otimes \tau b_{-1})} + \overline{a'_0 \otimes N_G b_{-1}} = \overline{\sum_{\tau \in G} (a_1(\tau) \otimes \tau b_{-1})}, \text{ wegen } N_G b_{-1} = 0.$$

Im folgenden beschränken wir uns auf den Fall $B = \mathbb{Z}$ und identifizieren $A \otimes \mathbb{Z}$ mit A durch die Zuordnung $a \otimes n \mapsto a \cdot n$. Nach (3.19) haben wir den kanonischen Isomorphismus

$$H^{-2}(G, \mathbb{Z}) \cong G^{\mathrm{ab}}.$$

Ist $\sigma \in G$, so bezeichnen wir mit $\bar{\sigma}$ das dem Element $\sigma \cdot G' \in G^{\mathrm{ab}}$ zugeordnete Element aus $H^{-2}(G, \mathbb{Z})$.

(5.7) Lemma. $\bar{a}_1 \cup \bar{\sigma} = \overline{a_1(\sigma)} \in H^{-1}(G, A).$

Beweis. Aus der exakten Sequenz

$$0 \longrightarrow A \otimes I_G \longrightarrow A \otimes \mathbb{Z}[G] \longrightarrow A \longrightarrow 0$$

erhalten wir den Isomorphismus $H^{-1}(G, A) \overset{\delta}{\longrightarrow} H^0(G, A \otimes I_G)$. Es genügt daher zu zeigen, dass $\delta(\bar{a}_1 \cup \bar{\sigma}) = \delta(\overline{a_1(\sigma)})$. Auf Grund der Definition von δ errechnen wir nun einerseits

$$\delta(\overline{a_1(\sigma)}) = \overline{x}_0 \text{ mit } x_0 = \sum_{\tau \in G} \tau a_1(\sigma) \otimes \tau.$$

Andererseits entnehmen wir dem Beweis von (3.19), dass das Element $\overline{\sigma}$ unter dem Isomorphismus $H^{-2}(G, \mathbb{Z}) \xrightarrow{\delta} H^{-1}(G, I_G)$ in das Element $\delta\overline{\sigma} = \overline{\sigma - 1} \in H^{-1}(G, I_G)$ übergeht, so dass wir

$$\delta(\overline{a}_1 \cup \overline{\sigma}) \overset{(5.1)}{=} -(\overline{a}_1 \cup \delta(\overline{\sigma})) = -\overline{a}_1 \cup (\overline{\sigma - 1}) = \overline{y}_0$$

erhalten. Für y_0 ergibt sich nach (5.6)

$$y_0 = -\sum_{\tau \in G} a_1(\tau) \otimes \tau(\sigma - 1) = \sum_{\tau \in G} a_1(\tau) \otimes \tau - \sum_{\tau \in G} a_1(\tau) \otimes \tau\sigma.$$

Für den 1-Kozykel $a_1(\tau)$ haben wir $a_1(\tau) = a_1(\tau\sigma) - \tau a_1(\sigma)$. Setzen wir dies in die letzte Summe ein, so ergibt sich

$$y_0 = \sum_{\tau \in G} \tau a_1(\sigma) \otimes \tau\sigma.$$

Daher ist $y_0 - x_0 = \sum_{\tau \in G} \tau a_1(\sigma) \otimes \tau(\sigma - 1) = N_G(a_1(\sigma) \otimes (\sigma - 1))$, also in der Tat $\overline{x}_0 = \overline{y}_0$.

Die folgende Formel (5.8) ist für uns von besonderem Interesse. Nehmen wir nämlich aus der Gruppe $H^2(G, A)$ ein Element $\overline{a}_2$ heraus, so liefert dieses den Homomorphismus
$$\overline{a}_2 \cup : H^{-2}(G, \mathbb{Z}) \longrightarrow H^0(G, A),$$
der jedem $\overline{\sigma} \in H^{-2}(G, \mathbb{Z})$ das Cupprodukt $\overline{a}_2 \cup \overline{\sigma} \in H^0(G, A)$ zuordnet; wir erhalten daher eine kanonische Abbildung der Faktorkommutatorgruppe G^{ab} in die Normrestgruppe $A^G/N_G A$. In der Klassenkörpertheorie, in der wir es mit einem speziellen G-Modul A zu tun haben, wird sich dieser Homomorphismus als bijektiv erweisen, und in der kanonischen Isomorphie $G^{\text{ab}} \cong A^G/N_G A$ besteht gerade der Hauptsatz der Klassenkörpertheorie. Aus diesem Grund ist der folgende Satz von Interesse:

(5.8) Satz. $\overline{a}_2 \cup \overline{\sigma} = \overline{\sum_{\tau \in G} a_2(\tau, \sigma)} \in H^0(G, A).$

Beweis. Wir betrachten wieder den G-Modul $A' = \mathbb{Z}[G] \otimes A$ und die exakte Sequenz $0 \to A \to A' \to A'' \to 0$ ($A'' = J_G \otimes A$). Wegen $H^2(G, A') = 0$ gibt es eine 1-Kokette $a_1' \in A_1'$ mit $a_2 = \partial a_1'$ d.h.

(*) $a_2(\tau, \sigma) = \tau a_1'(\sigma) - a_1'(\tau \cdot \sigma) + a_1'(\tau).$

Das Bild a_1'' von a_1' ist ein 1-Kozykel von A'', und für ihn gilt $\overline{a}_2 = \delta(\overline{a''}_1)$. Wir erhalten daher

$$\overline{a}_2 \cup \overline{\sigma} = \delta(\overline{a''_1}) \cup \overline{\sigma} \overset{(5.1)}{=} \delta(\overline{a''_1 \cup \overline{\sigma}}) \overset{(5.7)}{=} \delta(\overline{a''_1(\sigma)}) = \overline{\delta(a'_1(\sigma))} = \overline{\sum_{\tau \in G} \tau a'_1(\sigma)}$$

$$\overset{(*)}{=} \overline{\sum_{\tau \in G} a_2(\tau, \sigma)} + \overline{\sum_{\tau \in G} a'_1(\tau \cdot \sigma)} - \overline{\sum_{\tau \in G} a'_1(\tau)} = \overline{\sum_{\tau \in G} a_2(\tau, \sigma)}.$$

§ 6. Kohomologie der zyklischen Gruppen

Wir haben uns bisher damit beschäftigt, die wesentlichen kohomologischen Abbildungen einzuführen und ihre Vertauschbarkeitseigenschaften untereinander aufzuzeigen. Nunmehr kommen wir dazu, die eigentlichen Sätze der Kohomologietheorie aufzustellen. Wir beginnen mit dem Studium der G-Moduln A mit zyklischer Gruppe G. Diese G-Moduln haben eine besonders einfache Kohomologie.

Sei also G zyklisch von der Ordnung n und σ ein erzeugendes Element von G. Dann ist

$$\mathbb{Z}[G] = \bigoplus_{i=0}^{n-1} \mathbb{Z}\sigma^i, \quad N_G = 1 + \sigma + \cdots + \sigma^{n-1},$$

und wegen $\sigma^k - 1 = (\sigma - 1)(\sigma^{k-1} + \cdots + \sigma + 1)$ $(k \geq 1)$, ist I_G das durch $\sigma - 1$ erzeugte Hauptideal von $\mathbb{Z}[G]$:

$$I_G = \mathbb{Z}[G] \cdot (\sigma - 1).$$

(6.1) Satz. *Ist A ein Modul über der zyklischen Gruppe G, so gilt*
$$H^q(G, A) \cong H^{q-2}(G, A) \text{ für alle } q \in \mathbb{Z}.$$

Beweis. Es genügt die Isomorphie $H^{-1}(G, A) \cong H^1(G, A)$ zu zeigen. Der allgemeine Fall folgt nämlich hieraus durch Dimensionsverschiebung (vgl. (3.15)):
$$H^q(G, A) \cong H^{-1}(G, A^{q+1}) \cong H^1(G, A^{q+1}) \cong H^{q+2}(G, A).$$
Die Gruppe Z_1 der 1-Kozykeln besteht aus den gekreuzten Homomorphismen von G in A, d.h. ist $x \in Z_1$, so ist

$$x(\sigma^k){=}\sigma x(\sigma^{k-1}) + x(\sigma){=}\sigma^2 x(\sigma^{k-2}) + \sigma x(\sigma) + x(\sigma){=}\cdots{=}\sum_{i=0}^{k-1} \sigma^i x(\sigma) \ (k{\geq}1),$$

$x(1) = 0$ wegen $x(1) = x(1) + x(1)$.

Hieraus ergibt sich $N_G x(\sigma) = \sum_{i=0}^{n-1} \sigma^i x(\sigma) = x(\sigma^n) = x(1) = 0$, also $x(\sigma) \in {}_{N_G}A$.

Umgekehrt erhalten wir zu jedem (-1)-Kozykel $a \in {}_{N_G}A = Z_{-1}$ einen 1-Kozykel, wenn wir $x(\sigma) = a$ und

$$x(\sigma^k) = \sum_{i=0}^{k-1} \sigma^i a$$

setzen. Dies rechnet man mühelos nach. Daher ist die Zuordnung

$$x \longmapsto x(\sigma)$$

ein Isomorphismus von Z_1 auf $Z_{-1} = {}_{N_G}A$. Bei diesem Isomorphismus wird die Gruppe R_1 der 1-Koränder auf die Gruppe R_{-1} der (-1)-Koränder abgebildet:

$$x \in R_1 \Longleftrightarrow x(\sigma^k) = \sigma^k a - a \text{ mit festem } a \in A \Longleftrightarrow x(\sigma) = \sigma a - a$$
$$\Longleftrightarrow x(\sigma) \in I_G A = R_{-1}.$$

Im zyklischen Fall ist also stets

$$H^{2q}(G, A) \cong H^0(G, A) \quad \text{und} \quad H^{2q+1}(G, A) \cong H^1(G, A).$$

Ist

$$0 \longrightarrow A \longrightarrow B \longrightarrow C \longrightarrow 0$$

eine exakte G-Modulsequenz, so lässt sich die zugehörige exakte Kohomologiesequenz in der Form eines exakten Sechsecks schreiben:

$$
\begin{array}{ccc}
 & H^{-1}(G,A) \longrightarrow H^{-1}(G,B) & \\
\nearrow & & \searrow \\
H^0(G,C) & & H^{-1}(G,C) \\
\swarrow & & \nearrow \\
 & H^0(G,B) \longleftarrow H^0(G,A). &
\end{array}
$$

Zur Exaktheit an der Verknüpfungsstelle $H^{-1}(G, A)$ ist zu beachten, dass das Diagramm

$$
\begin{array}{ccc}
H^{-1}(G,A) & \longrightarrow & H^{-1}(G,B) \\
\wr\downarrow & & \wr\downarrow \\
H^1(G,A) & \longrightarrow & H^1(G,B)
\end{array}
$$

mit dem im Beweis zu (6.1) hergestellten Isomorphismen kommutativ ist, so dass dem Kern der Abbildung $H^1(G, A) \to H^1(G, B)$ bei der Isomorphie $H^1(G, A) \cong H^{-1}(G, A)$ der Kern der Abbildung $H^{-1}(G, A) \to H^{-1}(G, B)$ entspricht.

Ein für viele Index- und Ordnungsbetrachtungen äußerst nützlicher Begriff ist der **Herbrandquotient**, der sich in vorzüglicher Weise dazu eignet, Berechnungen von Indizes in abelschen Gruppen zu erleichtern. Wiewohl er für uns im Hinblick auf die G-Moduln mit zyklischer Gruppe G von besonderem Interesse ist, wollen wir ihn in seiner allgemeinsten Form einführen.

(6.2) Definition. *Sei A eine abelsche Gruppe und f, g Endomorphismen von A mit $f \circ g = g \circ f = 0$, so dass also*

$$\text{Bild } g \subseteq \text{Kern } f \quad \text{und} \quad \text{Bild } f \subseteq \text{Kern } g.$$

Dann ist der **Herbrandquotient** *durch*

$$q_{f,g}(A) = \frac{(\text{Kern } f : \text{Bild } g)}{(\text{Kern } g : \text{Bild } f)}$$

definiert, vorausgesetzt, dass beide Indizes endlich sind.

Der für uns im Vordergrund stehende Spezialfall entsteht hieraus folgendermaßen:

Sei A ein G-Modul mit zyklischer Gruppe G der Ordnung n. Wir betrachten die speziellen Endomorphismen

$$f = D = \sigma - 1 \quad \text{und} \quad g = N = 1 + \sigma + \cdots + \sigma^{n-1},$$

wobei σ ein erzeugendes Element von G ist. Offenbar ist

$$D \circ N = N \circ D = 0,$$

und

$$\text{Kern } D = A^G \,, \text{ Bild } N = N_G A \,; \text{ Kern } N = {}_{N_G}A \,, \text{ Bild } D = I_G A.$$

Wir erhalten daher

$$q_{D,N}(A) = \frac{|H^0(G, A)|}{|H^{-1}(G, A)|} = \frac{|H^2(G, A)|}{|H^1(G, A)|},$$

vorausgesetzt, dass beide Kohomologiegruppen $H^0(G, A)$ und $H^{-1}(G, A)$ endlich sind. Ist letzteres der Fall, so nennen wir A einen **Herbrandmodul**. Für den Herbrandquotienten $q_{D,N}(A)$ wollen wir stets die folgende Bezeichnung verwenden:

(6.3) Definition. *Ist A ein G-Modul mit zyklischer Gruppe G, so sei*

$$h(A) = \frac{|H^0(G, A)|}{|H^{-1}(G, A)|} = \frac{|H^2(G, A)|}{|H^1(G, A)|}.$$

Die entscheidende Eigenschaft des Herbrandquotienten liegt in seiner **Multiplikativität**:

(6.4) Satz. *Ist G eine zyklische Gruppe und*

$$0 \longrightarrow A \longrightarrow B \longrightarrow C \longrightarrow 0$$

eine exakte Sequenz von G-Moduln, so ist

$$h(B) = h(A) \cdot h(C),$$

in dem Sinne, dass wenn zwei dieser Quotienten definiert sind, auch der dritte definiert ist, und die Gleichheit gilt.

Beweis. Wir betrachten die exakte Kohomologiesequenz

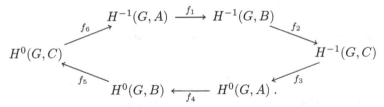

Bezeichnen wir mit F_i die Ordnung des Bildes von f_i, so wird

$$|H^{-1}(G,A)| = F_6 \cdot F_1, \ |H^{-1}(G,B)| = F_1 \cdot F_2, \ |H^{-1}(G,C)| = F_2 \cdot F_3,$$
$$|H^0(G,A)| = F_3 \cdot F_4, \ |H^0(G,B)| = F_4 \cdot F_5, \ |H^0(G,C)| = F_5 \cdot F_6,$$

also

$$(*) \qquad \begin{aligned} |H^{-1}(G,A)| \cdot |H^{-1}(G,C)| \cdot |H^0(G,B)| \\ = |H^{-1}(G,B)| \cdot |H^0(G,A)| \cdot |H^0(G,C)|. \end{aligned}$$

Gleichzeitig sieht man, dass mit zwei der Quotienten $h(A)$, $h(B)$, $h(C)$ auch der dritte definiert ist, und aus $(*)$ ergibt sich $h(B) = h(A) \cdot h(C)$.

Ein weiterer Spezialfall des Herbrandquotienten ergibt sich, wenn A eine abelsche Gruppe bedeutet, und wenn $f = 0$, $g = n$ ist (n natürliche Zahl). Der Endomorphismus n ordnet jedem $a \in A$ das Element $n \cdot a \in A$ zu. Wir haben dann

$$q_{0,n}(A) = \frac{(A : nA)}{|_nA|} \qquad (_nA = \{a \in A \mid n \cdot a = 0\}).$$

Dieser Fall ordnet sich jedoch dem schon behandelten unter. Lassen wir nämlich die zyklische Gruppe G der Ordnung n auf A trivial operieren, so ergibt sich offenbar der

(6.5) Satz. *Operiert die zyklische Gruppe G der Ordnung n trivial auf A, so ist*

$$h(A) = q_{0,n}(A).$$

Damit ergibt sich gleichzeitig die Multiplikativität des Herbrandquotienten $q_{0,n}$ [16]:

---

[16] Auch für beliebige Herbrandquotienten $q_{f,g}$ läßt sich unter gewissen Voraussetzungen eine Multiplikativität herleiten. Dies sei jedoch nur am Rande bemerkt.

(6.6) Satz. *Ist* $0 \to A \to B \to C \to 0$ *eine exakte Sequenz abelscher Gruppen, so ist*

$$q_{0,n}(B) = q_{0,n}(A) \cdot q_{0,n}(C),$$

wieder in dem Sinne, dass die Existenz zweier dieser Quotienten die Existenz des dritten nach sich zieht.

(6.7) Satz. *Ist* A *eine endliche Gruppe, so gilt stets*

$$q_{f,g}(A) = 1.$$

Beweis. Es ist Bild $f \cong A/\mathrm{Kern}\, f$, Bild $g \cong A/\mathrm{Kern}\, g$, also

$$|A| = |\mathrm{Kern}\, f| \cdot |\mathrm{Bild}\, f| = |\mathrm{Kern}\, g| \cdot |\mathrm{Bild}\, g|,$$

woraus sich die Behauptung ergibt.

Insbesondere besitzt also ein endlicher G-Modul A den Herbrandquotienten $h(A) = 1$. Mit (6.4) ergibt sich aus dieser Bemerkung das folgende Resultat:

> *Ist* A *ein Untermodul des* G-*Moduls* B *von endlichem Index, so ist* $h(B) = h(A)$.

In dieser Tatsache liegt die bedeutsamste Anwendung des Herbrandquotienten. Ist eine direkte Ordnungsbestimmung der Kohomologiegruppen eines G-Moduls B nicht möglich, so kann man unbeschadet zu einem geeigneten Untermodul A übergehen, wenn man nur den endlichen Index sicherstellt. Diese Überlegung lag auch historisch der Bildung des Herbrandquotienten zugrunde.

Im folgenden werden wir eine explizite Bestimmung von h bei zyklischen Gruppen G von Primzahlordnung p durch die Quotienten $q_{0,p}$ herleiten. Wir benötigen dazu das folgende

(6.8) Lemma. *Sind* g *und* f *zwei miteinander vertauschbare Endomorphismen der abelschen Gruppe* A, *so gilt*

$$q_{0,gf}(A) = q_{0,g}(A) \cdot q_{0,f}(A),$$

was wieder so zu verstehen ist, dass alle drei Quotienten definiert sind, wenn nur zwei unter ihnen definiert sind.

Beweis. Wir haben das kommutative Diagramm

$$
\begin{array}{ccccccccc}
0 & \longrightarrow & g(A) \cap \operatorname{Kern} f & \longrightarrow & g(A) & \xrightarrow{\ f\ } & fg(A) & \longrightarrow & 0 \\
& & \downarrow & & \downarrow & & \downarrow & & \\
0 & \longrightarrow & \operatorname{Kern} f & \longrightarrow & A & \xrightarrow{\ f\ } & f(A) & \longrightarrow & 0
\end{array}
$$

mit exakten Zeilen. Hieraus erhalten wir die exakte Sequenz

$$
0 \longrightarrow \operatorname{Kern} f / g(A) \cap \operatorname{Kern} f \longrightarrow A / g(A) \longrightarrow f(A)/fg(A) \longrightarrow 0,
$$

so dass

$$
\frac{(A : fg(A))}{(A : f(A))} = \frac{(A : g(A)) \cdot |g(A) \cap \operatorname{Kern} f|}{|\operatorname{Kern} f|}.
$$

Beachtet man, dass

$$
\operatorname{Kern} fg / \operatorname{Kern} g = g^{-1}(g(A) \cap \operatorname{Kern} f)/g^{-1}(0) \cong g(A) \cap \operatorname{Kern} f,
$$

so ergibt sich in der Tat

$$
\frac{(A : gf(A))}{|\operatorname{Kern} gf|} = \frac{(A : g(A))}{|\operatorname{Kern} g|} \cdot \frac{(A : f(A))}{|\operatorname{Kern} f|}.
$$

Nachträglich kontrolliert man mühelos, dass alles wohldefiniert ist, wenn nur zwei dieser Quotienten definiert sind.

Wir beweisen nun den folgenden wichtigen

(6.9) Satz. *Sei G eine primzyklische Gruppe der Ordnung p und A ein G-Modul. Ist dann $q_{0,p}(A)$ definiert, so sind auch die Quotienten $q_{0,p}(A^G)$ und $h(A)$ definiert, und es gilt*

$$
h(A)^{p-1} = q_{0,p}(A^G)^p / q_{0,p}(A).
$$

Beweis. Sei σ ein erzeugendes Element von G und $D = \sigma - 1$. Wir betrachten die exakte Sequenz

$$
0 \longrightarrow A^G \longrightarrow A \xrightarrow{\ D\ } I_G A \longrightarrow 0 .
$$

Aus der Tatsache, dass $I_G A$ sowohl Untergruppe als auch Faktorgruppe von A ist, schließen wir sofort, dass mit $q_{0,p}(A)$ auch $q_{0,p}(I_G A)$ definiert ist. Nach (6.6) ist daher auch $q_{0,p}(A^G)$ definiert, und es gilt

$$(*) \qquad q_{0,p}(A) = q_{0,p}(A^G) \cdot q_{0,p}(I_G A).$$

Da G auf A^G trivial operiert, ist nach (6.5) zunächst $q_{0,p}(A^G) = h(A^G)$. Zur Bestimmung des Quotienten $q_{0,p}(I_G A)$ dient der folgende interessante Kunstgriff. Da das Ideal $\mathbb{Z} \cdot N_G = \mathbb{Z}(\sum_{i=0}^{p-1} \sigma^i)$ den Modul $I_G A$ annulliert, können wir $I_G A$ als $\mathbb{Z}[G]/\mathbb{Z} \cdot N_G$-Modul auffassen. Nun ist der Ring $\mathbb{Z}[G]/\mathbb{Z} \cdot N_G$ isomorph zum Ring $\mathbb{Z}[X]/(1 + X + \cdots + X^{p-1})$ mit einer Unbestimmten X.

Der letztere ist aber isomorph zum Ring $\mathbb{Z}[\zeta]$ der ganzen Zahlen des Körpers $\mathbb{Q}(\zeta)$ der p-ten Einheitswurzeln (ζ primitive p-te Einheitswurzel), und wir erhalten durch die Zuordnung $\sigma \mapsto \zeta$ den Isomorphismus $\mathbb{Z}[G]/\mathbb{Z}{\cdot}N_G \cong \mathbb{Z}[\zeta]$. In $\mathbb{Z}[\zeta]$ gilt nun bekanntlich die Zerlegung $p = (\zeta - 1)^{p-1} \cdot e$, e Einheit, d.h. wir erhalten

$$p = (\sigma - 1)^{p-1} \cdot \varepsilon, \quad \varepsilon \text{ Einheit in } \mathbb{Z}[G]/\mathbb{Z}{\cdot}N_G.$$

Der von ε gelieferte Endomorphismus ist ein Automorphismus von $I_G A$, so dass $q_{0,\varepsilon}(I_G A) = 1$ ist. Wenden wir nun das Lemma (6.8) an, so ergibt sich

$$q_{0,p}(I_G A) = q_{0,D^{p-1}}(I_G A) \cdot q_{0,\varepsilon}(I_G A) = q_{0,D}(I_G A)^{p-1} = 1/q_{D,0}(I_G A)^{p-1}.$$

Da $N = N_G$ den 0-Endomorphismus auf $I_G A$ bedeutet, ergibt sich weiter

$$q_{0,p}(I_G A) = 1/q_{D,0}(I_G A)^{p-1} = 1/q_{D,N}(I_G A)^{p-1} = 1/h(I_G A)^{p-1}.$$

Zusammen mit $(*)$ haben wir also

$$q_{0,p}(A^G) = h(A^G), q_{0,p}(I_G A) = 1/h(I_G A)^{p-1}, q_{0,p}(A) = q_{0,p}(A^G)/h(I_G A)^{p-1}.$$

Die Sequenz $0 \to A^G \to A \to I_G A \to 0$ liefert andererseits die Gleichung

$$h(A)^{p-1} = h(A^G)^{p-1} \cdot h(I_G A)^{p-1},$$

und durch Einsetzen ergibt sich in der Tat $h(A)^{p-1} = q_{0,p}(A^G)^p/q_{0,p}(A)$.

In der globalen Klassenkörpertheorie werden wir diesen Satz auf gewisse Einheitengruppen anwenden, von denen wir nur wissen, dass sie endlich erzeugt sind, und ihren Rang kennen. Dies allein genügt schon den Herbrandquotienten zu berechnen. Aus (6.9) gewinnen wir nämlich mühelos den folgenden Satz von C. CHEVALLEY:

(6.10) Satz. *Sei A ein endlich erzeugter G-Modul mit primzyklischer Gruppe G der Ordnung p. Ist α bzw. β der Rang der abelschen Gruppe A bzw. A^G, so ist der Herbrandquotient*

$$h(A) = p^{(p \cdot \beta - \alpha)/(p-1)}.$$

Beweis. Wir können A zerlegen in eine Torsionsgruppe A_0 und eine torsionsfreie Gruppe A_1: $A = A_0 \oplus A_1$. Es ist dann $A^G = A_0^G \oplus A_1^G$. Da A endlich erzeugt ist, ist A_0 eine endliche Gruppe, und es ist Rang $A_1 = $ Rang $A = \alpha$, Rang $A_1^G = $ Rang $A^G = \beta$. Daher wird

$$h(A)^{p-1} = h(A_1)^{p-1} = q_{0,p}(A_1^G)^p/q_{0,p}(A_1),$$

wobei $q_{0,p}(A_1^G) = (A_1^G : pA_1^G) = p^\beta$, $q_{0,p}(A_1) = (A_1 : pA_1) = p^\alpha$, also $h(A)^{p-1} = p^{p \cdot \beta - \alpha}$.

' § 7. Der Satz von Tate

Viele Sätze in der Kohomologie besagen, dass man von Aussagen über die Kohomologiegruppen für zwei aufeinander folgende Dimensionen auf Aussagen für alle Dimensionen schließen kann. Einer der wichtigsten Sätze dieses Typs ist der **Satz von der kohomologischen Trivialität**.

(7.1) Satz. *Ein G-Modul A hat bereits triviale Kohomologie*[17], *wenn es eine Dimension q_0 gibt, derart dass*

$$H^{q_0}(g, A) = H^{q_0+1}(g, A) = 0$$

für alle Untergruppen $g \subseteq G$.

Der Satz ist für zyklische Gruppen G eine unmittelbare Folge von (6.1). Wir werden den Beweis auf diesen Fall zurückführen. Zunächst ist klar, dass wir nur die folgende Aussage zu beweisen brauchen:

Ist $H^{q_0}(g, A) = H^{q_0+1}(g, A) = 0$ für alle Untergruppen $g \subseteq G$, so ist auch $H^{q_0-1}(g, A) = 0$ und $H^{q_0+2}(g, A) = 0$ für alle Untergruppen $g \subseteq G$.

Wir überzeugen uns durch Dimensionsverschiebung, dass wir uns bei dieser Aussage auf den Fall $q_0 = 1$ beschränken können. Ist nämlich dieser Fall erledigt, so schließen wir aus der Isomorphie

$$H^{q-m}(g, A^m) \cong H^q(g, A) \qquad (\text{vgl. } (3.15)),$$

dass $H^1(g, A^{q_0-1}) \cong H^{q_0}(g, A) = 0$ und $H^2(g, A^{q_0-1}) \cong H^{q_0+1}(g, A) = 0$, so dass $H^{q-(q_0-1)}(g, A^{q_0-1}) \cong H^q(g, A) = 0$ für alle q.

Sei also $H^1(g, A) = H^2(g, A) = 0$ für alle Untergruppen $g \subseteq G$. Wir haben zu zeigen, dass

$$(*) \qquad H^0(g, A) = H^3(g, A) = 0 \quad \text{für alle Untergruppen } g \subseteq G.$$

Hierzu führen wir vollständige Induktion nach der Gruppenordnung $|G|$ durch. Der Induktionsanfang $|G| = 1$ ist trivial.

Wir nehmen daher an, dass $(*)$ für alle echten Untergruppen g von G bewiesen ist und haben danach nur noch $H^0(G, A) = H^3(G, A) = 0$ zu zeigen. Ist nun G keine p-Gruppe, so sind alle Sylowgruppen von G echte Untergruppen, und wir erhalten $H^0(G, A) = H^3(G, A) = 0$ aus (4.17).

Wir können also annehmen, dass G eine p-Gruppe ist. Es gibt dann einen Normalteiler $H \subset G$ mit primzyklischer Faktorgruppe G/H. Nach Induktionsvoraussetzung ist

$$H^0(H, A) = H^3(H, A) = 0 \quad \text{und überdies} \quad H^1(H, A) = H^2(H, A) = 0,$$

und wir erhalten mit (4.6) und (4.7) die Isomorphismen

$$\text{Inf} : H^q(G/H, A^H) \longrightarrow H^q(G, A) \quad \text{für } q = 1, 2, 3.$$

---

[17] D.h. es ist $H^q(g, A) = 0$ für alle $q \in \mathbb{Z}$ und alle Untergruppen g von G.

Aus $H^1(G, A) = 0$ folgt also $H^1(G/H, A^H) = 0$ und nach (6.1) $H^3(G/H, A^H)$ $= 0$, d.h. $H^3(G, A) = 0$. Weiter folgt aus $H^2(G, A) = 0$ auch $H^2(G/H, A^H)$ $= 0$, also $H^0(G/H, A^H) = 0$ (nach (6.1)), und dies bedeutet $A^G = N_{G/H} A^H$ $= N_{G/H}(N_H A) = N_G A$, wobei wir $H^0(H, A) = 0$, also $A^H = N_H A$ zu berücksichtigen haben. Daher ist auch $H^0(G, A) = 0$, und unser Satz ist bewiesen.

Sind A und B zwei G-Moduln, so liefert uns das Cupprodukt, also die bilineare Abbildung

$$H^p(G, A) \times H^q(G, B) \overset{\cup}{\longrightarrow} H^{p+q}(G, A \otimes B)$$

eine ganze Familie kanonischer Homomorphismen, wenn wir etwa ein Element $a \in H^p(G, A)$ fixieren, und die durch die Zuordnung $b \mapsto a \cup b$ ($b \in H^q(G, B)$) definierte Abbildung

$$a \cup : H^q(G, B) \longrightarrow H^{p+q}(G, A \otimes B)$$

betrachten. In den folgenden Sätzen werden wir das Cupprodukt in dieser Form verwenden.

Aus dem Satz über die kohomologische Trivialität ziehen wir die folgende Konsequenz:

(7.2) Satz. *Sei A ein G-Modul mit den folgenden Eigenschaften:*
Für jede Untergruppe $g \subseteq G$ ist

   I. $H^{-1}(g, A) = 0$,
   II. $H^0(g, A)$ *zyklisch von der Ordnung $|g|$.*

Dann ist die Abbildung

$$a \cup : H^q(G, \mathbb{Z}) \longrightarrow H^q(G, A)$$

für alle $q \in \mathbb{Z}$ ein Isomorphismus, wenn a ein erzeugendes Element von $H^0(G, A)$ ist.

Beweis. Der Modul A selbst ist zur Beweisführung etwas ungeeignet, da wir die Injektivität der Abbildung $\mathbb{Z} \to A$ mit $n \mapsto n a_0$ ($a_0 + N_G A = a$) benötigen, die das obige Cupprodukt für den Fall $q = 0$ induziert (vgl. (5.2)). Wir gehen daher von A zum Modul

$$B = A \oplus \mathbb{Z}[G]$$

über, und können dies tun, ohne die Kohomologiegruppen zu ändern. Ist nämlich $i : A \to B$ die kanonische Injektion, so ist die induzierte Abbildung

$$\bar{i} : H^q(g, A) \longrightarrow H^q(g, B)$$

wegen der kohomologischen Trivialität von $\mathbb{Z}[G]$ ein Isomorphismus. Wir wählen nun ein $a_0 \in A^G$, derart dass $a = a_0 + N_G A$ das erzeugende Element von $H^0(G, A)$ ist, und betrachten die Abbildung

$$f : \mathbb{Z} \longrightarrow B \quad \text{mit} \quad n \longmapsto a_0 \cdot n + N_G \cdot n.$$

Diese ist wegen des zweiten Bestandteils $N_G \cdot n$ injektiv und induziert die Homomorphismen

$$\bar{f} : H^q(g, \mathbb{Z}) \longrightarrow H^q(g, B).$$

Unter Beachtung von (5.2) erkennt man, dass das Diagramm

$$
\begin{array}{ccc}
H^q(G, \mathbb{Z}) & \xrightarrow{\ a\cup\ } & H^q(G, A) \\
& \searrow{\scriptstyle \bar{f}} & \downarrow{\scriptstyle \bar{i}} \\
& & H^q(G, B)
\end{array}
$$

kommutativ ist, so dass wir nur die Bijektivität von $\bar{f}$ zu zeigen haben. Diese aber folgt unschwer aus (7.1):

Wegen der Injektivität können wir den Homomorphismus $f : \mathbb{Z} \to B$ in eine exakte G-Modulsequenz

$$(*) \qquad\qquad 0 \longrightarrow \mathbb{Z} \xrightarrow{\ f\ } B \longrightarrow C \longrightarrow 0$$

einbetten. Die zugehörige Kohomologiesequenz liefert wegen $H^{-1}(g, B) = H^{-1}(g, A) = 0$ und $H^1(g, \mathbb{Z}) = 0$ für alle $g \subseteq G$ die exakte Sequenz

$$0 \longrightarrow H^{-1}(g, C) \longrightarrow H^0(g, \mathbb{Z}) \xrightarrow{\ \bar{f}\ } H^0(g, B) \longrightarrow H^0(g, C) \longrightarrow 0.$$

Für $q = 0$ ist aber $\bar{f}$ ersichtlich ein Isomorphismus, so dass $H^{-1}(g, C) = H^0(g, C) = 0$, und daher nach (7.1) $H^q(g, C) = 0$ für alle q. Mithin folgt die Bijektivität von $H^q(G, \mathbb{Z}) \xrightarrow{\ \bar{f}\ } H^q(G, B)$ für alle q aus der zu $(*)$ gebildeten exakten Kohomologiesequenz.

Aus (7.2) erhalten wir nun durch Dimensionsverschiebung den überaus wichtigen

(7.3) Satz von Tate. *Sei A ein G-Modul mit den folgenden Eigenschaften: Für jede Untergruppe $g \subseteq G$ ist*

I. $H^1(g, A) = 0$,
II. $H^2(g, A)$ *zyklisch von der Ordnung* $|g|$.

Dann ist die Abbildung

$$a\cup\ : H^q(G, \mathbb{Z}) \longrightarrow H^{q+2}(G, A)$$

ein Isomorphismus, wenn a ein erzeugendes Element von $H^2(G, A)$ ist.

Zusatz: *Erzeugt a die Gruppe $H^2(G, A)$, so erzeugt $\operatorname{Res} a \in H^2(g, A)$ die Gruppe $H^2(g, A)$. Wir erhalten daher gleichzeitig die Isomorphismen*

$$\operatorname{Res} a\cup\ : H^q(g, \mathbb{Z}) \longrightarrow H^{q+2}(g, A).$$

Beweis. Nach (3.15) haben wir die Isomorphismen $\delta^2 : H^q(g, A^2) \longrightarrow$ $H^{q+2}(g, A)$. Es ist also $H^{-1}(g, A^2) = 0$ und $H^0(g, A^2)$ zyklisch von der Ordnung $|g|$. Das erzeugende Element $a \in H^2(G, A)$ ist das Bild des erzeugenden Elementes $\delta^{-2}a \in H^0(G, A^2)$ von $H^0(G, A^2)$.

Wir erhalten das wegen (5.1) kommutative Diagramm

$$
\begin{array}{ccc}
H^q(G, \mathbb{Z}) & \xrightarrow{\ \delta^{-2}a\,\cup\ } & H^q(G, A^2) \\[2pt]
{\scriptstyle\mathrm{Id}}\downarrow & & \downarrow{\scriptstyle\delta^2} \\[2pt]
H^q(G, \mathbb{Z}) & \xrightarrow{\ a\,\cup\ } & H^{q+2}(G, A) \, ,
\end{array}
$$

in dem der Homomorphismus $\delta^{-2}a \cup$ nach (7.2) bijektiv ist. Daher ist auch der Homomorphismus $a \cup$ bijektiv.

Was den Zusatz betrifft, so hat das Element $\operatorname{Res} a \in H^2(g, A)$ wegen $\operatorname{Kor} \circ$ $\operatorname{Res} a = (G : g) \cdot a$ eine durch $|g|$ teilbare Ordnung, erzeugt also wegen II. die Gruppe $H^2(g, A)$.

Der Satz von Tate ist weitreichender Verallgemeinerungen fähig. So kann man in den Voraussetzungen die Forderung „für alle Untergruppen $g \subseteq G$" durch die Forderung „für alle p-Sylowgruppen" ersetzen. Weiter lässt sich die Verschiebung von q auf $q + 2$ um zwei Dimensionen (unter geeigneter Voraussetzung) auf beliebige Dimensionen ausdehnen. Überdies lässt sich noch der G-Modul $\mathbb{Z}$ durch allgemeinere Moduln ersetzen[18]. Wir gehen jedoch hierauf nicht näher ein, da die hier gewählte Form des Tateschen Satzes für die meisten Anwendungen vollständig ausreicht. Für die Klassenkörpertheorie ist der Spezialfall $q = -2$ von besonderer Bedeutung. In diesem Fall liefert der Satz von Tate nämlich einen kanonischen Isomorphismus zwischen der Faktorkommutatorgruppe $G^{\mathrm{ab}}(\cong H^{-2}(G, \mathbb{Z}))$ von G und der Normrestgruppe $A^G/N_G A = H^0(G, A)$:

$$ G^{\mathrm{ab}} \longrightarrow A^G/N_G A. $$

Diese kanonische Isomorphie ist gerade die abstrakte Formulierung des Hauptsatzes der Klassenkörpertheorie, nämlich des sogenannten „Reziprozitätsgesetzes". Man kann aus diesem Grund den Satz von Tate zur Grundlage einer rein gruppentheoretisch formulierten abstrakten Klassenkörpertheorie machen. Wir werden diesen Gedanken im nächsten Teil ausführlich verfolgen.

---

[18] Vgl. hierzu [42], IX, §8, Th. 13, S. 156.

Teil II

Lokale Klassenkörpertheorie

J. Neukirch, *Klassenkörpertheorie*, Springer-Lehrbuch, DOI 10.1007/978-3-642-17325-7_2,
© Springer-Verlag Berlin Heidelberg 2011

§ 1. Abstrakte Klassenkörpertheorie

Lokale und globale Klassenkörpertheorie sowohl als auch eine Reihe weiterer Theorien, für die der Name Klassenkörpertheorie ebenfalls gerechtfertigt ist, ordnen sich einem gemeinsamen Prinzip unter. In allen diesen Theorien handelt es sich nämlich um eine kanonische Korrespondenz zwischen den abelschen Erweiterungen eines Körpers K und gewissen Untergruppen eines dem Grundkörper K zugeordneten Moduls A_K. Diese Korrespondenz ist umkehrbar eindeutig, und wenn die Untergruppe $I \subseteq A_K$ dem abelschen Körper $L|K$ zugeordnet ist (dem „Klassenkörper zu I"), so besteht ein kanonischer Isomorphismus zwischen der Galoisgruppe $G_{L|K}$ und der Faktorgruppe A_K/I. Dies ist der Inhalt des Hauptsatzes der Klassenkörpertheorie, des sogenannten Reziprozitätsgesetzes.

Dieser Hauptsatz nun lässt sich auf ein allen genannten konkreten Theorien gemeinsames Axiomensystem zurückführen, das im wesentlichen aus den Voraussetzungen zum Satz von Tate (vgl. I, §7) besteht. Im Tateschen Satz selbst hat man dann die Abstraktion des Hauptsatzes der Klassenkörpertheorie zu sehen. Auf diesem Gedanken beruht der Begriff der **Klassenformation**. Er trennt den rein gruppentheoretischen Mechanismus, der für die Klassenkörpertheorie kennzeichnend ist, von den spezifisch körpertheoretischen Überlegungen und gibt in einer leicht fasslichen und eleganten Weise Auskunft über Ziel und Funktion der Theorie.

Sei G eine pro-endliche Gruppe, also eine kompakte Gruppe mit Normalteilertopologie[1]. Wir denken uns G im stillen als die (mit der Krull-Topologie ausgestattete) Galoisgruppe einer unendlichen galoisschen Körpererweiterung, jedoch geht die Abstraktion in diesem Paragraphen so weit, dass eine solche Deutung nicht benutzt wird. Die offenen Untergruppen von G sind gerade die abgeschlossenen Untergruppen von endlichem Index. Das Komplement einer offenen Untergruppe ist nämlich die Vereinigung der (offenen) Nebenscharen, also offen, und da G kompakt ist, überdecken endlich viele dieser Nebenscharen die Gruppe G, also ist der Index endlich. Umgekehrt ist eine abgeschlossene Untergruppe von endlichem Index offen, da die Vereinigung ihrer endlich vielen Nebenscharen, also das Komplement, abgeschlossen ist.

Zur pro-endlichen Gruppe G betrachten wir nun die Familie $\{G_K \mid K \in X\}$ aller offenen Untergruppen von G, also der abgeschlossenen Untergruppen von endlichem Index. Jede solche Untergruppe haben wir mit einem Index K gekennzeichnet, und wir nennen diese Indizes „Körper".

Der „Körper" K_0 mit $G_{K_0} = G$ heißt Grundkörper. Wir schreiben formal $K \subseteq L$, wenn $G_K \supseteq G_L$, und nennen

$$[L : K] = (G_K : G_L)$$

---

[1] Zur Theorie der pro-endlichen Gruppen verweisen wir auf [9], [28], [41].

den Grad der Körpererweiterung $L|K$. $L|K$ heißt normal, wenn $G_L \subseteq G_K$ ein Normalteiler von G_K ist. In diesem Fall bezeichnen wir als Galoisgruppe der Erweiterung $L|K$ die Faktorgruppe

$$G_{L|K} = G_K/G_L.$$

Die Erweiterung $L|K$ heißt zyklisch, abelsch, auflösbar usw., wenn die Galoisgruppe $G_{L|K} = G_K/G_L$ zyklisch, abelsch, auflösbar usw. ist. Ferner setzen wir

$$K = \bigcap_{i=1}^{n} K_i \text{ (Durchschnitt), wenn } G_K \text{ das (topologische) Erzeugnis}$$
$$\text{der } G_{K_i} \text{ in } G \text{ ist, und}$$

$$K = \prod_{i=1}^{n} K_i \text{ (Kompositum), wenn } G_K = \bigcap_{i=1}^{n} G_{K_i} \text{ ist.}$$

Ist $G_{L'} = \sigma G_L \sigma^{-1}$ für $\sigma \in G$, so schreiben wir $L' = \sigma L$ und nennen zwei Erweiterungen $L|K$ und $L'|K$ konjugiert, wenn $L' = \sigma L$ für ein $\sigma \in G_K$.

Für jede pro-endliche Gruppe G können wir uns auf diese Weise eine formale Galoistheorie herstellen.

Wenn wir im folgenden Moduln A betrachten, auf denen die pro-endliche Gruppe G operiert, so ist es wichtig, die topologische Struktur auf G zu berücksichtigen. Die Operation von G auf A soll gewissermaßen in stetiger Weise erfolgen. Genauer gesagt, es soll eine der folgenden, sich sofort als äquivalent erweisenden Bedingungen gelten:

(i) Die Abbildung $G \times A \to A$ mit $(\sigma, a) \mapsto \sigma a$ ist stetig[2].

(ii) Für jedes $a \in A$ ist die Fixgruppe $\{\sigma \in G \mid \sigma a = a\}$ offen in G.

(iii) $A = \bigcup_U A^U$, wobei U alle offenen Untergruppen von G durchläuft.

(1.1) Definition. *Ist G eine pro-endliche Gruppe und A ein G-Modul, der den obigen äquivalenten Bedingungen genügt, so wird das Paar (G, A) eine* **Formation** *genannt.*

Ist G die Galoisgruppe einer (unendlichen) galoisschen Körpererweiterung $N|K$, so operiert G auf der multiplikativen Gruppe $N^\times$ des Körpers N, und das Paar $(G, N^\times)$ ist eine Formation. Gerade dieses Beispiel steht in der lokalen Klassenkörpertheorie zur Diskussion. Für das folgende mag man sich an ihm orientieren.

Sei (G, A) eine Formation. Den Modul A denken wir uns im folgenden multiplikativ geschrieben. $\{G_K \mid K \in X\}$ sei die Familie der offenen Untergruppen von G, indiziert mit der Körpermenge X. Zu jedem Körper $K \in X$ betrachten wir den zu K gehörigen Fixmodul

---

[2] Hierbei ist A als diskreter Modul aufzufassen.

$$A_K = A^{G_K} = \{a \in A \mid \sigma a = a \text{ für alle } \sigma \in G_K\}.$$

In dem oben genannten körpertheoretischen Beispiel ist offenbar $A_K = K^\times$. Ist $K \subseteq L$, so ist $A_K \subseteq A_L$.

Ist $L|K$ eine normale Erweiterung, so ist A_L ein $G_{L|K}$-Modul. Haben wir das Paar (G, A) eine Formation genannt, so meinen wir im Grunde damit die Formation dieser normalen Erweiterungen $L|K$ mit den $G_{L|K}$-Moduln A_L.

Zu jeder normalen Erweiterung $L|K$ betrachten wir nun die Kohomologiegruppen des $G_{L|K}$-Moduls A_L. Wir setzen zur Abkürzung

$$H^q(L|K) = H^q(G_{L|K}, A_L).$$

Sind $N \supseteq L \supseteq K$ zwei normale Erweiterungen von K, so liefert die Kohomologietheorie den Homomorphismus

$$H^q(G_{L|K}, A_L) = H^q(G_{L|K}, A_N^{G_{N|L}}) \xrightarrow{\text{Inf}} H^q(G_{N|K}, A_N),$$

also

$$H^q(L|K) \xrightarrow{\text{Inf}_N} H^q(N|K) \qquad \text{für } q \geq 1.$$

Ferner erhalten wir die Homomorphismen

$$H^q(G_{N|K}, A_N) \xrightarrow{\text{Res}} H^q(G_{N|L}, A_N),$$

$$H^q(G_{N|L}, A_N) \xrightarrow{\text{Kor}} H^q(G_{N|K}, A_N),$$

also

$$H^q(N|K) \xrightarrow{\text{Res}_L} H^q(N|L),$$

$$H^q(N|L) \xrightarrow{\text{Kor}_K} H^q(N|K), \quad \text{für beliebiges } q.$$

Dabei braucht lediglich die Normalität von $N|K$ vorausgesetzt zu werden. Sind beide N und L normal, so ist die Sequenz

$$1 \longrightarrow H^q(L|K) \xrightarrow{\text{Inf}_N} H^q(N|K) \xrightarrow{\text{Res}_L} H^q(N|L)$$

exakt für $q = 1$ und für $q > 1$, wenn $H^i(N|L) = 1$ für $i = 1, \ldots, q-1$ ist (vgl. I, (4.7)).

Ist $L|K$ normal und $\sigma \in G$, so erhalten wir durch die Zuordnung

$$\tau G_L \longmapsto \sigma \tau \sigma^{-1} G_{\sigma L}$$

einen Isomorphismus von $G_{L|K}$ auf $G_{\sigma L|\sigma K}$ und durch

$$a \longmapsto \sigma a$$

einen Isomorphismus von A_L auf $A_{\sigma L}$. Diese Isomorphismen sind wegen $(\sigma \tau \sigma^{-1} G_{\sigma L}) \sigma a = \sigma(\tau G_L)a$ miteinander verträglich, so dass wir eine Äquivalenz zwischen dem $G_{L|K}$-Modul A_L und dem $G_{\sigma L|\sigma K}$-Modul $A_{\sigma L}$ erhalten. Jedes $\sigma \in G$ liefert daher einen Isomorphismus

$$H^q(L|K) \xrightarrow{\sigma_*} H^q(\sigma L|\sigma K).$$

σ^* ist mit der Inflation, der Restriktion und der Korestriktion vertauschbar, was sich einfach aus der Äquivalenz der Moduln A_L und $A_{\sigma L}$ ergibt.

Wir nennen eine Formation (G, A) eine **Körperformation**, wenn für jede normale Erweiterung die erste Kohomologiegruppe

$$H^1(L|K) = 1$$

ist. In einer Körperformation ist die Sequenz

$$1 \longrightarrow H^2(L|K) \xrightarrow{\mathrm{Inf}_N} H^2(N|K) \xrightarrow{\mathrm{Res}_L} H^2(N|L) \qquad (N \supseteq L \supseteq K)$$

stets exakt (vgl. I, (4.7)). Wir werden bald sehen, dass das oben genannte Beispiel, in dem G die Galoisgruppe einer galoisschen Körpererweiterung und A die multiplikative Gruppe des Oberkörpers ist, eine solche Körperformation darstellt. Sind $N \supseteq L \supseteq K$ normale Erweiterungen, so können wir uns die Gruppe $H^2(L|K)$ stets in die Gruppe $H^2(N|K)$ eingebettet denken, da die Inflation

$$H^2(L|K) \xrightarrow{\mathrm{Inf}_N} H^2(N|K)$$

injektiv ist. Für die Darstellung der Klassenkörpertheorie ist es von besonderer formaler Einfachheit, wenn wir mit dieser Identifizierung noch einen Schritt weitergehen. Die Gruppen $H^2(L|K)$ bilden im Hinblick auf die Inflation ein direktes Gruppensystem, wenn L die normalen Erweiterungen von K durchläuft. Durch die Bildung des direkten Limes

$$H^2(\ \ |K) = \varinjlim_L H^2(L|K)$$

erhalten wir eine Gruppe $H^2(\ \ |K)$, in die sich sämtliche Gruppen $H^2(L|K)$ durch die (injektive) Inflation einbetten lassen. Denken wir uns diese Einbettung vollzogen, so sind die $H^2(L|K)$ Untergruppen von $H^2(\ \ |K)$, und wir haben

$$H^2(\ \ |K) = \bigcup_L H^2(L|K).$$

Sind $N \supseteq L \supseteq K$ zwei normale Erweiterungen von K, so ist hiernach

$$H^2(L|K) \subseteq H^2(N|K) \subseteq H^2(\ \ |K).$$

Wir weisen ausdrücklich darauf hin, dass nach der dargelegten Auffassung die Inflation als Inklusion gedeutet wird. Ein Element aus $H^2(N|K)$ ist genau dann als Element von $H^2(L|K)$ anzusehen, wenn es die Inflation eines Elementes aus $H^2(L|K)$ ist.

Bemerkung. Für die pro-endliche Gruppe G_K und den G_K-Modul A lassen sich genau wie bei den endlichen Gruppen Kohomologiegruppen $H^q(G_K, A)$, $q \geq 0$, definieren, indem als Koketten lediglich die **stetigen** Abbildungen $G_K \times \ldots \times G_K \to A$ zugelassen werden. Es gilt dann in kanonischer Weise (vgl. [41])

$$H^q(G_K, A) \cong H^q(\ \ |K) = \varinjlim_L H^q(L|K).$$

Ist $K'|K$ irgendeine Erweiterung von K, so erhalten wir den kanonischen Homomorphismus

$$H^2(\quad |K) \xrightarrow{\mathrm{Res}_{K'}} H^2(\quad |K').$$

Jedes Element $c \in H^2(\quad |K)$ ist nämlich in einer Gruppe $H^2(L|K)$ mit $L \supseteq K' \supseteq K$ enthalten, so dass die Abbildung

$$H^2(L|K) \xrightarrow{\mathrm{Res}_{K'}} H^2(L|K')$$

das Element

$$\mathrm{Res}_{K'}c \in H^2(L|K') \subseteq H^2(\quad |K')$$

liefert. Die Zuordnung $c \mapsto \mathrm{Res}_{K'}c$ ist unabhängig von der Wahl des Körpers $L \supseteq K'$, was auf eine triviale Vertauschbarkeitseigenschaft der Restriktion mit der hier als Inklusion gedeuteten Inflation hinausläuft. Die Einschränkung der Abbildung $H^2(\quad |K) \xrightarrow{\mathrm{Res}_{K'}} H^2(\quad |K')$ auf die Gruppe $H^2(L|K)$ $(L \supseteq K' \supseteq K)$ liefert den gewöhnlichen Homomorphismus

$$H^2(L|K) \xrightarrow{\mathrm{Res}_{K'}} H^2(L|K')$$

zurück. Hieraus ergibt sich sofort der

(1.2) Satz. *Ist (G, A) eine Körperformation, und $K'|K$ normal, so ist die Sequenz*

$$1 \longrightarrow H^2(K'|K) \xrightarrow{\mathrm{Inkl}} H^2(\quad |K) \xrightarrow{\mathrm{Res}_{K'}} H^2(\quad |K')$$

exakt.

Die wesentliche Aussage sowohl in der lokalen als auch in der globalen Klassenkörpertheorie ist die Existenz eines kanonischen Isomorphismus, des sogenannten „Reziprozitätsisomorphismus"

$$G_{L|K}^{\mathrm{ab}} \cong A_K/N_{L|K}A_L$$

für jede normale Erweiterung $L|K$, wobei $G_{L|K}^{\mathrm{ab}}$ die Faktorkommutatorgruppe von $G_{L|K}$ und $N_{L|K}A_L = N_{G_{L|K}}A_L$ die Normengruppe von A_L bedeutet. Einen solchen Isomorphismus können wir auf Grund des Satzes von Tate in abstracto dadurch erzwingen, dass wir an unsere Formation (G, A) die Forderungen

I. $H^1(L|K) = 1$, II. $H^2(L|K)$ ist zyklisch von der Ordnung $[L : K]$

für jede Erweiterung $L|K$ stellen. Das Cupprodukt mit einem erzeugenden Element aus $H^2(L|K)$ liefert dann einen Isomorphismus

$$G_{L|K}^{\mathrm{ab}} \cong A_K/N_{L|K}A_L.$$

Diesem Isomorphismus haftet jedoch noch eine Willkürlichkeit an, da er von der Auswahl des $H^2(L|K)$ erzeugenden Elementes abhängt. Um diesen Mangel zu beheben und zu einem gewissermaßen „kanonischen" Reziprozitätsisomorphismus zu kommen, fordern wir an Stelle von II. die Existenz eines Isomorphismus zwischen $H^2(L|K)$ und der zyklischen Gruppe $\frac{1}{[L:K]}\mathbb{Z}/\mathbb{Z}$, der sogenannten „Invariantenabbildung", durch die das Element $u_{L|K} \in H^2(L|K)$ mit dem Bild $\frac{1}{[L:K]} + \mathbb{Z}$ eindeutig festgelegt wird. Entscheidend ist dabei, dass sich das Element $u_{L|K}$ beim Übergang zu Ober- und Unterkörpern „richtig" verhält, was wir durch gewisse Verträglichkeitsforderungen für die Invariantenabbildung sicherstellen. Unsere Überlegungen führen uns so zu der folgenden

(1.3) Definition. *Eine Formation (G, A) wird eine* **Klassenformation** *genannt, wenn sie die folgenden Axiome erfüllt:*

Axiom I. *$H^1(L|K) = 1$ für jede normale Erweiterung $L|K$ (Körperformation).*

Axiom II. *Zu jeder normalen Erweiterung $L|K$ gibt es einen Isomorphismus, die* **Invariantenabbildung**

$$\mathrm{inv}_{L|K} : H^2(L|K) \longrightarrow \tfrac{1}{[L:K]}\mathbb{Z}/\mathbb{Z}$$

mit den folgenden Eigenschaften:

a) *Sind $N \supseteq L \supseteq K$ zwei normale Erweiterungen, so ist*

$$\mathrm{inv}_{L|K} = \mathrm{inv}_{N|K}|_{H^2(L|K)}.$$

b) *Sind $N \supseteq L \supseteq K$ zwei Erweiterungen, $N|K$ normal, so ist*

$$\mathrm{inv}_{N|L} \circ \mathrm{Res}_L = [L : K] \cdot \mathrm{inv}_{N|K}.$$

Bemerkung. Die Formel II b) erscheint als eine durchaus einleuchtende Forderung, wenn man sie durch das kommutative Diagramm

$$
\begin{array}{ccc}
H^2(N|K) & \xrightarrow{\ \mathrm{inv}_{N|K}\ } & \frac{1}{[N:K]}\mathbb{Z}/\mathbb{Z} \\
{\scriptstyle \mathrm{Res}_L}\downarrow & & \downarrow{\scriptstyle \cdot[L:K]} \\
H^2(N|L) & \xrightarrow{\ \mathrm{inv}_{N|L}\ } & \frac{1}{[N:L]}\mathbb{Z}/\mathbb{Z}
\end{array}
$$

ersetzt.

Auf Grund der Fortsetzungseigenschaft II a) der Invariantenabbildung erhalten wir für die Gruppe $H^2(\ \ |K) = \bigcup_L H^2(L|K)$ einen injektiven Homomorphismus

$$\mathrm{inv}_K : H^2(\ \ |K) \longrightarrow \mathbb{Q}/\mathbb{Z}.$$

Für ihn induziert die Formel II b) die folgende Relation: Ist $L|K$ eine beliebige Erweiterung von K, so ist

$$\text{inv}_L \circ \text{Res}_L = [L : K] \cdot \text{inv}_K,$$

wobei Res_L den auf S. 73 definierten Homomorphismus $H^2(\ |K) \xrightarrow{\text{Res}_L} H^2(\ |L)$ bedeutet. Diese Gleichheit liefert umgekehrt die Formel II b) wieder zurück, da $\text{inv}_{N|L}$ bzw. $\text{inv}_{N|K}$ die Einschränkung von inv_L bzw. inv_K auf $H^2(N|L)$ bzw. $H^2(N|K)$ ist.

Neben den Formeln des Axioms II erhalten wir automatisch für die Abbildung Kor und für die Konjugiertenbildung σ^* (vgl. S. 71) weitere Formeln.

(1.4) Satz. *Sind $N \supseteq L \supseteq K$ zwei Erweiterungen von K, $N|K$ normal, so gilt*

a) $\text{inv}_{N|K} c = \text{inv}_{L|K} c,$ *wenn $L|K$ normal ist*
                                         und $c \in H^2(L|K) \subseteq H^2(N|K)$,

b) $\text{inv}_{N|L}(\text{Res}_L c) = [L : K] \cdot \text{inv}_{N|K} c,$ *für $c \in H^2(N|K)$,*

c) $\text{inv}_{N|K}(\text{Kor}_K c) = \text{inv}_{N|L} c,$ *für $c \in H^2(N|L)$,*

d) $\text{inv}_{\sigma N|\sigma K}(\sigma^* c) = \text{inv}_{N|K} c,$ *für $c \in H^2(N|K)$ und $\sigma \in G$.*

Beweis. a) und b) sind Wiederholungen der Formeln im Axiom II.

c) Dem kommutativen Diagramm auf S. 74 entnimmt man sofort die Surjektivität der Abbildung $H^2(N|K) \xrightarrow{\text{Res}_L} H^2(N|L)$. Für jedes $c \in H^2(N|L)$ gilt also $c = \text{Res}_L \tilde{c}$, $\tilde{c} \in H^2(N|K)$, und es ist $\text{Kor}_K c = \text{Kor}_K(\text{Res}_L \tilde{c}) = \tilde{c}^{[L:K]}$ (vgl. I, (4.14)). Mit b) wird $\text{inv}_{N|K}(\text{Kor}_K c) = [L : K] \cdot \text{inv}_{N|K}(\tilde{c}) = \text{inv}_{N|L}(\text{Res}_L \tilde{c}) = \text{inv}_{N|L} c$.

d) Sei $\tilde{N}$ ein N umfassender und über dem zu G gehörenden Grundkörper K_0 normaler Körper. Es ist dann $\sigma \tilde{N} = \tilde{N}$, d.h. die Zuordnung $a \mapsto \sigma a$ definiert einen $G_{\tilde{N}|K_0}$-Automorphismus des $G_{\tilde{N}|K_0}$-Moduls $A_{\tilde{N}}$, für den ersichtlich

$$\sigma^* : H^2(\tilde{N}|K_0) \longrightarrow H^2(\tilde{N}|K_0)$$

die Identität von $H^2(\tilde{N}|K_0)$ ist. Nach unserer Bemerkung auf S. 72 ist σ^* mit der Inflation (Inklusion) und der Korestriktion vertauschbar, und mit a), c) ergibt sich für $c \in H^2(N|K)$

$$\text{inv}_{\sigma N|\sigma K}(\sigma^* c) = \text{inv}_{\tilde{N}|\sigma K}(\sigma^* c) = \text{inv}_{\tilde{N}|K_0}(\text{Kor}_{K_0}(\sigma^* c)) =$$
$$\text{inv}_{\tilde{N}|K_0}(\sigma^* \text{Kor}_{K_0} c) = \text{inv}_{\tilde{N}|K_0}(\text{Kor}_{K_0} c) = \text{inv}_{\tilde{N}|K} c = \text{inv}_{N|K} c.$$

Wir können nun in jeder Gruppe $H^2(L|K)$ ein „kanonisches" erzeugendes Element auszeichnen.

(1.5) Definition. *Das durch*

$$\mathrm{inv}_{L|K}(u_{L|K}) = \frac{1}{[L:K]} + \mathbb{Z}$$

eindeutig bestimmte Element $u_{L|K} \in H^2(L|K)$ *heißt die* **Fundamentalklasse** *der normalen Erweiterung* $L|K$.

Aus dem in Satz (1.4) beschriebenen Verhalten der Invariantenabbildung ergibt sich, wie die Fundamentalklassen der verschiedenen Körpererweiterungen auseinander hervorgehen.

(1.6) Satz. *Sind* $N \supseteq L \supseteq K$ *zwei Erweiterungen,* $N|K$ *normal, so ist*

a) $u_{L|K} = (u_{N|K})^{[N:L]}$, *wenn überdies* $L|K$ *normal ist,*
b) $\mathrm{Res}_L(u_{N|K}) = u_{N|L}$,
c) $\mathrm{Kor}_K(u_{N|L}) = (u_{N|K})^{[L:K]}$,
d) $\sigma^*(u_{N|K}) = u_{\sigma N|\sigma K}$ *für* $\sigma \in G$.

Beweis. Beachten wir, dass zwei Kohomologieklassen gleich sind, wenn sie gleiche Invarianten besitzen, so folgt der Satz aus

a) $\mathrm{inv}_{N|K}((u_{N|K})^{[N:L]}) = [N:L] \cdot \mathrm{inv}_{N|K}(u_{N|K}) = \frac{[N:L]}{[N:K]} + \mathbb{Z} = \frac{1}{[L:K]} + \mathbb{Z}$
   $= \mathrm{inv}_{L|K}(u_{L|K}) = \mathrm{inv}_{N|K}(u_{L|K})$,

b) $\mathrm{inv}_{N|L}(\mathrm{Res}_L(u_{N|K})) = [L:K] \cdot \mathrm{inv}_{N|K}(u_{N|K}) = \frac{[L:K]}{[N:K]} + \mathbb{Z} = \frac{1}{[N:L]} + \mathbb{Z}$
   $= \mathrm{inv}_{N|L}(u_{N|L})$,

c) $\mathrm{inv}_{N|K}(\mathrm{Kor}_K(u_{N|L})) = \mathrm{inv}_{N|L}(u_{N|L}) = \frac{1}{[N:L]} + \mathbb{Z} = \frac{[L:K]}{[N:K]} + \mathbb{Z}$
   $= [L:K] \cdot \mathrm{inv}_{N|K}(u_{N|K}) = \mathrm{inv}_{N|K}((u_{N|K})^{[L:K]})$,

d) $\mathrm{inv}_{\sigma N|\sigma K}(\sigma^* u_{N|K}) = \mathrm{inv}_{N|K}(u_{N|K}) = \frac{1}{[N:K]} + \mathbb{Z} = \frac{1}{[\sigma N:\sigma K]} + \mathbb{Z}$
   $= \mathrm{inv}_{\sigma N|\sigma K}(u_{\sigma N|\sigma K})$.

Wenden wir nun den Satz von Tate I, (7.3) an, so erhalten wir den Hauptsatz über Klassenformationen.

(1.7) Hauptsatz. *Für jede normale Erweiterung* $L|K$ *und jede Dimension* q *ist die durch das Cupprodukt mit der Fundamentalklasse* $u_{L|K} \in H^2(L|K)$ *entstehende Abbildung*

$$u_{L|K} \cup \; : H^q(G_{L|K}, \mathbb{Z}) \longrightarrow H^{q+2}(L|K)$$

ein Isomorphismus.

Für $q = 1, 2$ erhalten wir sofort das

(1.8) Korollar. $H^3(L|K) = 1$ *und* $H^4(L|K) \cong \chi(G_{L|K})$.

Beweis. $H^3(L|K) \cong H^1(G_{L|K}, \mathbb{Z}) = \mathrm{Hom}(G_{L|K}, \mathbb{Z}) = 0$.
$H^4(L|K) \cong H^2(G_{L|K}, \mathbb{Z}) \cong H^1(G_{L|K}, \mathbb{Q}/\mathbb{Z}) = \mathrm{Hom}(G_{L|K}, \mathbb{Q}/\mathbb{Z}) = \chi(G_{L|K})$.
Die Isomorphie $H^2(G_{L|K}, \mathbb{Z}) \cong H^1(G_{L|K}, \mathbb{Q}/\mathbb{Z})$ folgt auf Grund der kohomologischen Trivialität des $G_{L|K}$-Moduls $\mathbb{Q}$ ($\mathbb{Q}$ ist eine Gruppe mit eindeutiger und uneingeschränkter Division) aus der zur Sequenz $0 \to \mathbb{Z} \to \mathbb{Q} \to \mathbb{Q}/\mathbb{Z} \to 0$ gehörenden exakten Kohomologiesequenz.

Das Korollar (1.8) ist insofern von geringerer Bedeutung, als man für die Gruppen $H^3(L|K)$ und $H^4(L|K)$ und überhaupt für alle Kohomologiegruppen höherer Dimension keine konkrete Interpretation kennt[3]. Für den Fall $q = -2$, der im Vordergrund des Interesses steht, ist eine solche Interpretation sehr wohl vorhanden. Beachten wir nämlich, dass in kanonischer Weise

$$G_{L|K}^{\mathrm{ab}} \cong H^{-2}(G_{L|K}, \mathbb{Z}) \quad \text{und} \quad H^0(L|K) = A_K/N_{L|K}A_L,$$

so erhalten wir den wichtigen, als **allgemeines Reziprozitätsgesetz** bezeichneten

(1.9) Satz. *Für jede normale Erweiterung $L|K$ liefert*

$$u_{L|K} \cup : H^{-2}(G_{L|K}, \mathbb{Z}) \longrightarrow H^0(L|K)$$

einen kanonischen Isomorphismus

$$\theta_{L|K} : G_{L|K}^{\mathrm{ab}} \longrightarrow A_K/N_{L|K}A_L$$

zwischen der Faktorkommutatorgruppe der Galoisgruppe und der Normrestgruppe des Moduls.

Der Isomorphismus $\theta_{L|K}$ heißt die **Nakayamaabbildung**. Er lässt sich nach I, (5.8) folgendermaßen explizit beschreiben:
Ist u ein 2-Kozykel aus der Fundamentalklasse $u_{L|K}$, so wird

$$\theta_{L|K}(\sigma G_{L|K}') = \Big[\prod_{\tau \in G_{L|K}} u(\tau, \sigma) \Big] \cdot N_{L|K}A_L$$

für alle $\sigma G_{L|K}' \in G_{L|K}^{\mathrm{ab}} = G_{L|K}/G_{L|K}'$.

---

[3] In neuester Zeit hat allerdings der Fall $q = -3$ im Zusammenhang mit der Lösung des „Klassenkörperturmproblems" eine hervorragende Anwendung gefunden (vgl. [14] und [41], Ch. I, 4.4).

Trotz dieser expliziten Beschreibung erweist sich der zu $\theta_{L|K}$ inverse Isomorphismus

$$A_K/N_{L|K}A_L \longrightarrow G_{L|K}^{\mathrm{ab}},$$

auch **Reziprozitätsisomorphismus** genannt, im konkreten Fall der lokalen und globalen Klassenkörpertheorie als umgänglicher und auch wichtiger. Er induziert einen Homomorphismus von A_K auf $G_{L|K}^{\mathrm{ab}}$ mit dem Kern $N_{L|K}A_L$. Dieser Homomorphismus wird mit dem **Normrestsymbol** $(\ ,L|K)$ bezeichnet. Wir haben also die exakte Sequenz

$$1 \longrightarrow N_{L|K}A_L \longrightarrow A_K \xrightarrow{(\ ,L|K)} G_{L|K}^{\mathrm{ab}} \longrightarrow 1\ .$$

Ein Element $a \in A_K$ ist genau dann ein Normelement, wenn $(a, L|K) = 1$ ist.

Das folgende Lemma, das eine Beziehung zwischen dem Normrestsymbol $(\ ,L|K)$ und der Invariantenabbildung $\mathrm{inv}_{L|K}$ herstellt, wird sich später als nützlich erweisen.

(1.10) Lemma. *Sei $L|K$ eine normale Erweiterung, $a \in A_K$ und $\bar{a} = a \cdot N_{L|K}A_L \in H^0(L|K)$. Dann gilt für jeden Charakter $\chi \in \chi(G_{L|K}^{\mathrm{ab}}) = H^1(G_{L|K}, \mathbb{Q}/\mathbb{Z})$*

$$\chi((a, L|K)) = \mathrm{inv}_{L|K}(\bar{a} \cup \delta\chi) \in \tfrac{1}{[L:K]}\mathbb{Z}/\mathbb{Z}.$$

In dieser Formel bedeutet $\delta\chi$ das Bild von χ unter dem Isomorphismus $H^1(G_{L|K}, \mathbb{Q}/\mathbb{Z}) \xrightarrow{\delta} H^2(G_{L|K}, \mathbb{Z})$, den wir aus der exakten Sequenz

$$0 \longrightarrow \mathbb{Z} \longrightarrow \mathbb{Q} \longrightarrow \mathbb{Q}/\mathbb{Z} \longrightarrow 0$$

erhalten. Man beachte, dass wir in der obigen Formel eine Charakterisierung des Normrestsymbols $(a, L|K)$ durch die Invariantenabbildung vor uns haben, wird ja ein Element aus $G_{L|K}^{\mathrm{ab}}$ durch seine Werte unter allen Charakteren eindeutig festgelegt.

Beweis. Der Einfachheit halber setzen wir

$$\sigma_a = (a, L|K) \in G_{L|K}^{\mathrm{ab}} \cong H^{-2}(G_{L|K}, \mathbb{Z})$$

und bezeichnen mit $\bar{\sigma}_a$ das entsprechende Element aus $H^{-2}(G_{L|K}, \mathbb{Z})$. Nach der Definition des Normrestsymbols ist dann

$$\bar{a} = u_{L|K} \cup \bar{\sigma}_a \in H^0(G_{L|K}, A_L).$$

Unter Beachtung der Assoziativität des Cupproduktes und der Vertauschungsregel mit der δ-Abbildung erhalten wir

$$\bar{a} \cup \delta\chi = (u_{L|K} \cup \bar{\sigma}_a) \cup \delta\chi = u_{L|K} \cup (\bar{\sigma}_a \cup \delta\chi) = u_{L|K} \cup \delta(\bar{\sigma}_a \cup \chi).$$

Nach I, (5.7) ist weiter

$$\bar{\sigma}_a \cup \chi = \chi(\sigma_a) = \tfrac{r}{n} + \mathbb{Z} \in \tfrac{1}{n}\mathbb{Z}/\mathbb{Z} = H^{-1}(G_{L|K}, \mathbb{Q}/\mathbb{Z}),$$

wobei $n = [L : K]$ gesetzt ist. Die Anwendung von δ ergibt

$$\delta(\chi(\sigma_a)) = n(\tfrac{r}{n} + \mathbb{Z}) = r + n\mathbb{Z} \in H^0(G_{L|K}, \mathbb{Z}) = \mathbb{Z}/n\mathbb{Z},$$

also

$$\bar{a} \cup \delta\chi = u_{L|K} \cup (r + n\mathbb{Z}) = u_{L|K}^r.$$

Hieraus ergibt sich

$$\mathrm{inv}_{L|K}(\bar{a} \cup \delta\chi) = r \cdot \mathrm{inv}_{L|K}(u_{L|K}) = \tfrac{r}{n} + \mathbb{Z} = \chi(\sigma_a).$$

Im Axiom II über Klassenformationen ist durch die Forderung des Verhaltens der Invariantenabbildung unter der Inflation (Inklusion) und der Restriktion schon beschlossen, wie sich das Normrestsymbol beim Übergang zu Ober- und Unterkörpern verhält. Dieses besonders einfache und einleuchtende Verhalten wollen wir in dem folgenden Satz zusammenfassen.

(1.11) Satz. *Sind $N \supseteq L \supseteq K$ zwei Erweiterungen von K, $N|K$ normal, so sind die folgenden Diagramme kommutativ.*

a)

$$
\begin{array}{ccc}
A_K & \xrightarrow{(\ ,N|K)} & G_{N|K}^{\mathrm{ab}} \\
\mathrm{Id}\downarrow & & \downarrow\pi \\
A_K & \xrightarrow{(\ ,L|K)} & G_{L|K}^{\mathrm{ab}}
\end{array}
$$

also $(a, L|K) = \pi(a, N|K) \in G_{L|K}^{\mathrm{ab}}$, für $a \in A_K$, wenn neben $N|K$ auch $L|K$ normal ist. Dabei bedeutet π die kanonische Projektion von $G_{N|K}^{\mathrm{ab}}$ auf $G_{L|K}^{\mathrm{ab}}$.

b)

$$
\begin{array}{ccc}
A_K & \xrightarrow{(\ ,N|K)} & G_{N|K}^{\mathrm{ab}} \\
\mathrm{Inkl}\downarrow & & \downarrow\mathrm{Ver} \\
A_L & \xrightarrow{(\ ,N|L)} & G_{N|L}^{\mathrm{ab}}
\end{array}
$$

also $(a, N|L) = \mathrm{Ver}(a, N|K) \in G_{N|L}^{\mathrm{ab}}$ für $a \in A_K$. Wir erinnern daran, dass die Verlagerung durch den Homomorphismus $H^{-2}(G_{N|K}, \mathbb{Z}) \xrightarrow{\mathrm{Res}} H^{-2}(G_{N|L}, \mathbb{Z})$ induziert wird.

c)

$$
\begin{array}{ccc}
A_L & \xrightarrow{\ (\ ,N|L)\ } & G^{\mathrm{ab}}_{N|L} \\
{\scriptstyle N_{L|K}}\downarrow & & \downarrow{\scriptstyle \kappa} \\
A_K & \xrightarrow{\ (\ ,N|K)\ } & G^{\mathrm{ab}}_{N|K}
\end{array}
$$

also $(N_{L|K}a, N|K) = \kappa(a, N|L) \in G^{\mathrm{ab}}_{N|K}$ für $a \in A_L$. κ ist der *kanonische Homomorphismus* von $G^{\mathrm{ab}}_{N|L}$ in $G^{\mathrm{ab}}_{N|K}$.

d)

$$
\begin{array}{ccc}
A_K & \xrightarrow{\ (\ ,N|K)\ } & G^{\mathrm{ab}}_{N|K} \\
{\scriptstyle \sigma}\downarrow & & \downarrow{\scriptstyle \sigma^*} \\
A_{\sigma K} & \xrightarrow{\ (\ ,\sigma N|\sigma K)\ } & G^{\mathrm{ab}}_{\sigma N|\sigma K}
\end{array}
$$

also $(\sigma a, \sigma N|\sigma K) = \sigma(a, N|K)\sigma^{-1}$ für $a \in A_K$. Hier ist $\sigma \in G$, $A_K \xrightarrow{\sigma} A_{\sigma K}$ die durch $a \mapsto \sigma a$ und $G^{\mathrm{ab}}_{N|K} \xrightarrow{\sigma^*} G^{\mathrm{ab}}_{\sigma N|\sigma K}$ die durch $\tau \mapsto \sigma\tau\sigma^{-1}$ definierte Abbildung.

Der Beweis dieses Satzes beruht im wesentlichen auf den in (1.6) niedergelegten Formeln für die Fundamentalklassen der betrachteten Erweiterungen.

a) Sei $\chi \in \chi(G_{L|K}) = H^1(G_{L|K}, \mathbb{Q}/\mathbb{Z})$, $\mathrm{Inf}\,\chi \in H^1(G_{N|K}, \mathbb{Q}/\mathbb{Z})$. Dann ist nach (1.10)

$$
\chi(\pi(a, N|K)) = \mathrm{Inf}\,\chi((a, N|K)) = \mathrm{inv}_{N|K}(\overline{a} \cup \delta(\mathrm{Inf}\,\chi)) = \mathrm{inv}_{N|K}(\overline{a} \cup \mathrm{Inf}(\delta\chi))
$$
$$
= \mathrm{inv}_{N|K}(\mathrm{Inf}(\overline{a} \cup (\delta\chi))) = \mathrm{inv}_{N|K}(\overline{a} \cup \delta\chi) = \chi(a, L|K).
$$

Da diese Gleichheit für alle Charaktere $\chi \in \chi(G_{L|K})$ gilt, erhält man in der Tat $\pi(a, N|K) = (a, L|K)$.

Zum Beweis von b) und c) überzeugt man sich von der Kommutativität der Diagramme

$$
\begin{array}{ccccccc}
A_K & \longrightarrow & H^0(N|K) & \xleftarrow[\sim]{u_{N|K}\,\cup} & H^{-2}(G_{N|K}, \mathbb{Z}) & \xrightarrow{\ \sim\ } & G^{\mathrm{ab}}_{N|K} \\
{\scriptstyle \mathrm{Inkl}}\downarrow & & \downarrow{\scriptstyle \mathrm{Res}} & & \downarrow{\scriptstyle \mathrm{Res}} & & \downarrow{\scriptstyle \mathrm{Ver}} \\
A_L & \longrightarrow & H^0(N|L) & \xleftarrow[\sim]{u_{N|L}\,\cup} & H^{-2}(G_{N|L}, \mathbb{Z}) & \xrightarrow{\ \sim\ } & G^{\mathrm{ab}}_{N|L},
\end{array}
$$

$$
\begin{array}{ccccccc}
A_L & \longrightarrow & H^0(N|L) & \xleftarrow[\sim]{u_{N|L}\,\cup} & H^{-2}(G_{N|L}, \mathbb{Z}) & \xrightarrow{\ \sim\ } & G^{\mathrm{ab}}_{N|L} \\
{\scriptstyle N_{L|K}}\downarrow & & \downarrow{\scriptstyle \mathrm{Kor}} & & \downarrow{\scriptstyle \mathrm{Kor}} & & \downarrow{\scriptstyle \kappa} \\
A_K & \longrightarrow & H^0(N|K) & \xleftarrow[\sim]{u_{N|K}\,\cup} & H^{-2}(G_{N|K}, \mathbb{Z}) & \xrightarrow{\ \sim\ } & G^{\mathrm{ab}}_{N|K}.
\end{array}
$$

Die Kommutativität der linken Quadrate folgt aus I, (4.9) und aus der in I, S. 42 angegebenen Definition, die der rechten aus I, (4.10) und I, (4.13).

Die mittleren Quadrate sind kommutativ, da für $z \in H^{-2}(G_{N|K}, \mathbb{Z})$ bzw.
$z' \in H^{-2}(G_{N|L}, \mathbb{Z})$ auf Grund von (1.6) die Gleichungen

$$\mathrm{Res}(u_{N|K} \cup z) = \mathrm{Res}(u_{N|K}) \cup (\mathrm{Res}\, z) = u_{N|L} \cup (\mathrm{Res}\, z) \quad \text{bzw.}$$

$$\mathrm{Kor}(u_{N|L} \cup z') = \mathrm{Kor}(\mathrm{Res}(u_{N|K}) \cup z') = u_{N|K} \cup (\mathrm{Kor}\, z')$$

gelten. Hierbei haben wir die Vertauschungsregeln I, (5.4) benutzt. Der Beweis
von d) verläuft ganz entsprechend.

Im Fall a) war ein solches Vorgehen deswegen nicht ohne weiteres möglich,
da die Inflation nur für positive Dimensionen definiert ist. Hier hat die Formel
(1.10) ihre Nützlichkeit bewiesen.

In dem Reziprozitätsgesetz (1.9) und dem Wohlverhalten des Normrestsymbols liegt die wesentliche Aussage der Klassenkörpertheorie. Im konkreten Fall
etwa der lokalen oder globalen Klassenkörpertheorie[4] wird der Aufbau der
Theorie durch die in diesem Paragraphen dargelegten abstrakten Ausführungen, also durch die Vorwegnahme desjenigen Teiles, der rein gruppentheoretisch formuliert werden kann, erheblich gestrafft. Es kommt hiernach lediglich
darauf an, die Axiome I und II über Klassenformationen zu verifizieren, eine
allerdings in den wenigsten Fällen leichte Aufgabe.

Aus den bisher bewiesenen Sätzen wollen wir einige weitere Folgerungen ziehen.

Ist $L|K$ normal, so ist die Faktorkommutatorgruppe $G_{L|K}^{\mathrm{ab}}$ die Galoisgruppe
der maximalen in L enthaltenen abelschen Erweiterung $L^{\mathrm{ab}}|K$, und das Rezi-
prozitätsgesetz liefert einen Isomorphismus zwischen der Galoisgruppe dieser
Erweiterung und der Normrestgruppe $A_K/N_{L|K}A_L$. Wir werden nun zeigen,
dass diese abelschen Erweiterungen eindeutig durch ihre Normengruppen bestimmt sind, ja, dass der gesamte Aufbau der abelschen Oberkörper von K
sich in der Gruppe A_K des zugrunde gelegten Körpers K eindeutig widerspie-
gelt.

Eine Untergruppe I von A_K heißt **Normengruppe**, wenn es einen norma-
len Oberkörper $L|K$ gibt, derart dass $I = N_{L|K}A_L$ ist. Der folgende Satz
zeigt, dass jede Normengruppe $I = N_{L|K}A_L$ schon die Normengruppe einer
abelschen Erweiterung von K ist, nämlich die Normengruppe des maximalen
abelschen Körpers L^{ab} in L.

---

[4] Neben diesen gibt es eine ganze Anzahl weiterer Beispiele von Klassenformationen. So kann z.B. die Theorie der Kummerschen Körper (vgl. Teil III, §1)
diesem Begriff untergeordnet werden. Man kann sogar zeigen, dass es zu jeder
pro-endlichen Gruppe G einen G-Modul A gibt, derart dass (G, A) eine Klassenformation bildet.

(1.12) Satz. *Ist $L|K$ eine normale Erweiterung und L^{ab} der maximale in L gelegene abelsche Oberkörper von K, so ist*

$$N_{L|K} A_L = N_{L^{ab}|K} A_{L^{ab}} \subseteq A_K.$$

Beweis. Die Inklusion $N_{L|K} A_L \subseteq N_{L^{ab}|K} A_{L^{ab}}$ folgt aus der Multiplikativität der Norm. Das Reziprozitätsgesetz liefert

$$A_K / N_{L|K} A_L \cong G^{ab}_{L|K} = G_{L^{ab}|K} \cong A_K / N_{L^{ab}|K} A_{L^{ab}},$$

und aus $(A_K : N_{L|K} A_L) = (A_K : N_{L^{ab}|K} A_{L^{ab}}) < \infty$ erhalten wir $N_{L|K} A_L = N_{L^{ab}|K} A_{L^{ab}}$.

(1.13) Korollar. *Der Index $(A_K : N_{L|K} A_L)$ teilt den Grad $[L : K]$ und ist ihm genau dann gleich, wenn $L|K$ abelsch ist.*

In der Tat ist $(A_K : N_{L|K} A_L) = (A_K : N_{L^{ab}|K} A_{L^{ab}}) = [L^{ab} : K]$ ein Teiler von $[L : K]$ und genau dann gleich $[L : K]$, wenn $L = L^{ab}$, d.h. wenn $L|K$ abelsch ist.

(1.14) Satz. *Die Normengruppen I aus A_K bilden einen Verband. Die Zuordnung*

$$L \longmapsto I_L = N_{L|K} A_L$$

liefert einen inklusionsumkehrenden Isomorphismus zwischen dem Verband der abelschen Oberkörper L von K und dem Verband der Normengruppen I aus A_K. Es gilt also

$$I_{L_1} \supseteq I_{L_2} \Longleftrightarrow L_1 \subseteq L_2; \quad I_{L_1 \cdot L_2} = I_{L_1} \cap I_{L_2}; \quad I_{L_1 \cap L_2} = I_{L_1} \cdot I_{L_2},$$

wenn L_1 und L_2 abelsche Oberkörper sind.

Überdies ist jede Obergruppe $I \subseteq A_K$ einer Normengruppe selbst eine Normengruppe.

Beweis. Sind L_1 und L_2 zwei abelsche Erweiterungen, so ergibt sich aus der Multiplikativität der Norm $I_{L_1 \cdot L_2} \subseteq I_{L_1} \cap I_{L_2}$; ist umgekehrt $a \in I_{L_1} \cap I_{L_2}$, so hat das Element $(a, L_1 \cdot L_2|K)$ die trivialen Projektionen $(a, L_1|K) = 1$ und $(a, L_2|K) = 1$ in $G_{L_1|K}$ und $G_{L_2|K}$, d.h. $(a, L_1 \cdot L_2|K) = 1$, so dass $a \in I_{L_1 \cdot L_2}$. Wir haben also $I_{L_1 \cdot L_2} = I_{L_1} \cap I_{L_2}$. Hieraus ergibt sich weiter

$$I_{L_1} \supseteq I_{L_2} \Leftrightarrow I_{L_1} \cap I_{L_2} = I_{L_2} = I_{L_1 \cdot L_2} \Leftrightarrow [L_1 \cdot L_2 : K] = [L_2 : K] \Leftrightarrow L_1 \subseteq L_2.$$

Unter Beachtung der Tatsache, dass jede Normengruppe schon die Normengruppe einer abelschen Erweiterung ist ((1.12)), erhalten wir hieraus, dass die Zuordnung $L \mapsto I_L$ eine bijektive inklusionsumkehrende Abbildung zwischen

der Menge der abelschen Erweiterungen $L|K$ und der Menge der Normen-
gruppen ist. Alle weiteren Aussagen des Satzes folgen automatisch.

Nach diesem Satz wäre eine Charakterisierung der Normengruppen allein
durch innere Eigenschaften in der Gruppe A_K des zugrunde gelegten Körpers K für die Beherrschung der abelschen Erweiterungen von besonderer
Bedeutung. In den uns interessierenden konkreten Klassenformationen wird
eine solche Kennzeichnung durch das Vorhandensein einer kanonischen Topologie in der Gruppe A_K ermöglicht. Die Normengruppen erscheinen dann
als die abgeschlossenen Untergruppen von endlichem Index. Dieses Resultat
trägt auch den Namen **Existenzsatz**, da die wesentliche Aussage in der Existenz eines abelschen Körpers L besteht, der eine vorgegebene abgeschlossene
Untergruppe I von endlichem Index in A_K als Normengruppe besitzt. Dieser
(eindeutig bestimmte) Körper wird auch als **Klassenkörper** zur Gruppe I
bezeichnet. Einen allgemeinen solchen Existenzsatz kann man auch in den
abstrakten Klassenformationen erzwingen, wenn man den Axiomen I und II
weitere sogenannte Existenzaxiome hinzufügt. Im Hinblick auf unsere Anwendungen lohnt eine Ausführung dieser Überlegungen jedoch nicht, so dass wir
den interessierten Leser auf [42] verweisen.

Wir wollen zum Schluss das Normrestsymbol unter einem zusammenfassen-
den Blickwinkel betrachten. Legen wir einen Körper K zugrunde, so bilden
die Gruppen $G^{ab}_{L|K}$ ein projektives Gruppensystem, nämlich das projektive
Gruppensystem der Galoisgruppen aller abelschen Erweiterungen von K. Wir
bezeichnen mit

$$G^{ab}_K = \varprojlim G^{ab}_{L|K}$$

den projektiven Limes dieses Systems. Im Fall, dass es sich bei den $L|K$ um
wirkliche Körpererweiterungen handelt, ist G^{ab}_K die Galoisgruppe des maximal
abelschen Körpers über K. Wir können auch schreiben

$$G^{ab}_K = \varprojlim G_{L|K},$$

wenn L alle abelschen Erweiterungen von K durchläuft. Für jedes $a \in A_K$
bilden die Elemente $(a, L|K) \in G^{ab}_{L|K}$ auf Grund von (1.11a) ein verträgliches
Elementsystem in dem projektiven System der $G^{ab}_{L|K}$. Das dadurch bestimmte
Element

$$(a, K) = \varprojlim(a, L|K) \in G^{ab}_K$$

nennen wir das **universelle Normrestsymbol** von K. Sind

$$\pi_L : G^{ab}_K \longrightarrow G^{ab}_{L|K}$$

die einzelnen Projektionen von G^{ab}_K auf die Galoisgruppen $G^{ab}_{L|K}$, so ist das
Element $(a, K) \in G^{ab}_K$ eindeutig durch die Gleichungen

$$\pi_L(a, K) = (a, L|K)$$

bestimmt. Das universelle Normrestsymbol liefert einen Homomorphismus

$$A_K \xrightarrow{(\ ,K)} G_K^{\mathrm{ab}}$$

über den der folgende Satz gilt:

(1.15) Satz. *Der Kern des Homomorphismus*

$$A_K \xrightarrow{(\ ,K)} G_K^{\mathrm{ab}}$$

besteht aus dem Durchschnitt aller Normengruppen

$$D_K = \bigcap_L N_{L|K} A_L,$$

und das Bild von (,K) liegt dicht in G_K^{ab} (im Hinblick auf die Normalteilertopologie von G_K^{ab}).

Beweis. Es ist $(a,K) = \varprojlim (a,L|K) = 1$ genau dann, wenn $(a,L|K) = 1$ für alle normalen Erweiterungen $L|K$ ist, also genau dann, wenn $a \in D_K = \bigcap N_{L|K} A_L$. Ebenso leicht folgt die Dichtigkeit des Bildes. Ist $\sigma \in G_K^{\mathrm{ab}}$, so bilden die Mengen $\sigma \cdot H$ eine Umgebungsbasis von σ, wenn H alle offenen Untergruppen von G_K^{ab} durchläuft. Ist aber H eine offene Untergruppe, so ist $G_K^{\mathrm{ab}}/H = G_{L|K}$ die Galoisgruppe einer abelschen Erweiterung $L|K$, und wegen der Surjektivität des Normrestsymbols $A_K \xrightarrow{(\ ,L|K)} G_{L|K}$ finden wir ein $a \in A_K$ mit $\pi_L(a,K) = (a,L|K) = \pi_L \sigma$, d.h. $(a,K) \in \sigma \cdot H$.

§ 2. Galoiskohomologie

Sei $L|K$ eine endliche galoissche Körpererweiterung und $G = G_{L|K}$ ihre Galoisgruppe. Wir haben in einer solchen Erweiterung unmittelbar zwei G-Moduln, nämlich die additive Gruppe L^+ und die multiplikative Gruppe $L^\times$ von L. Die additive Gruppe ist vom kohomologischen Standpunkt ohne Interesse. Es gilt nämlich der

(2.1) Satz. $H^q(G, L^+) = 0$ *für alle q.*

Dies ist eine Folge der Existenz einer Normalbasis für $L|K$. Ist nämlich $c \in L$ so gewählt, dass $\{\sigma c \mid \sigma \in G\}$ eine Basis von $L|K$ darstellt, so haben wir $L^+ = \bigoplus_{\sigma \in G} K^+ \cdot \sigma c = \bigoplus_{\sigma \in G} \sigma(K^+ \cdot c)$, und dies bedeutet, dass L^+ ein G-induzierter Modul ist, also nach I, (3.13) triviale Kohomologiegruppen hat.

Ganz anders verhält es sich mit der multiplikativen Gruppe $L^\times$. Hier haben wir nur den allerdings überaus wichtigen

(2.2) Satz (Hilbert-Noether). $H^1(G, L^\times) = 1$.

Beweis. Sei $a_\sigma \in L^\times$ ein 1-Kozykel des G-Moduls $L^\times$. Ist $c \in L^\times$, so bilden wir die Summe
$$b = \sum_{\sigma \in G} a_\sigma \cdot \sigma c.$$

Wegen der linearen Unabhängigkeit der Automorphismen σ (vgl. [7], Ch. V, §7, n° 5) gibt es ein $c \in L^\times$ derart, dass $b \neq 0$ ist. Wir erhalten dann
$$\tau(b) = \sum_{\sigma \in G} \tau a_\sigma (\tau \sigma c) = \sum_{\sigma \in G} a_\tau^{-1} \cdot a_{\tau\sigma}(\tau\sigma c) = a_\tau^{-1} \cdot b,$$

d.h. $a_\tau = \tau(b^{-1})/b^{-1}$. a_τ ist also ein 1-Korand.

Der Satz (2.2) ist eine Verallgemeinerung des so oft zitierten „Hilbertschen Satzes 90":

(2.3) Satz (Hilbert). *Ist $L|K$ eine zyklische Erweiterung und σ ein erzeugendes Element von G, so hat jedes $x \in L^\times$ mit $N_{L|K}x = 1$ die Gestalt*
$$x = \frac{\sigma c}{c}$$
für passendes $c \in L^\times$.

Dieser Satz ist nur eine andere Formulierung von $_{N_{L|K}}L^\times = (L^\times)^{\sigma-1}$, also von $H^{-1}(G, L^\times) \cong H^1(G, L^\times) = 1$.

Satz (2.2) besagt, dass die endlichen galoisschen Erweiterungen $L|K$ von K im Hinblick auf die multiplikative Gruppe des Oberkörpers eine Körperformation im Sinne von §1 bilden. In einer solchen Formation können wir uns die Kohomologiegruppen $H^2(L|K)$ in der Gruppe
$$Br(K) = H^2(\quad|K) = \bigcup_L H^2(L|K)$$

vereinigt denken, indem wir die (wegen $H^1(L|K) = 1$ injektive) Inflation als Inklusion deuten. $Br(K)$ heißt auch die **Brauersche Gruppe** des Körpers K. Sie ist eine Abstraktion der bekannten Brauerschen Algebrenklassengruppe, die in der folgenden Weise entsteht. Man betrachte alle einfachen, zentralen Algebren über K. Nach dem Satz von Wedderburn ist jede solche Algebra A isomorph zu einer vollen Matrixalgebra $M_n(D)$ über einem Schiefkörper $D|K$, der durch A bis auf Isomorphie eindeutig bestimmt ist. Zwei Algebren werden zur gleichen Klasse gezählt, wenn die zugehörigen Schiefkörper isomorph sind. Durch das Tensorprodukt, das zwei einfachen, zentralen Algebren wieder eine einfache, zentrale Algebra zuordnet, wird in der Menge der Algebrenklassen eine Multiplikation induziert, hinsichtlich der diese Menge zu einer Gruppe wird, eben der Brauerschen Algebrenklassengruppe. Es sei hier kurz angedeutet, wie sich diese Gruppe aus $Br(K) = H^2(\ |K)$ ergibt:

Sei $\bar{c} \in Br(K) = H^2(\ |K)$, etwa $\bar{c} \in H^2(L|K)$ und c ein 2-Kozykel aus der Klasse $\bar{c}$. Wir ordnen jedem $\sigma \in G_{L|K}$ ein Basiselement u_σ zu und bilden den K-Vektorraum $A = \bigoplus_{\sigma \in G_{L|K}} L \cdot u_\sigma$. In diesem wird durch die Formeln

$$u_\sigma \cdot \lambda = (\sigma\lambda) \cdot u_\sigma \quad (\lambda \in L), \qquad u_\sigma \cdot u_\tau = c(\sigma, \tau) \cdot u_{\sigma\tau},$$

eine Multiplikation definiert, hinsichtlich der A zu einer einfachen, zentralen Algebra über K wird. Ein anderer 2-Kozykel aus $\bar{c}$ liefert eine äquivalente Algebra und man erhält auf diese Weise einen Isomorphismus zwischen der Gruppe $H^2(\ |K)$ und der Brauerschen Algebrenklassengruppe (vgl. hierzu [1]).

In früherer Zeit wurden die Algebren zur Betrachtung der lokalen Klassenkörpertheorie herangezogen (vgl. etwa [38]). Durch die Einführung der Kohomologie hat sich hier eine erhebliche Vereinfachung ergeben.

Für endliche Körper können wir aus dem Satz (2.2) die folgende Konsequenz ziehen:

(2.4) Korollar. *Ist $L|K$ eine Erweiterung endlicher Körper, so ist*

$$H^q(G_{L|K}, L^\times) = 1 \quad \text{für alle } q.$$

Beweis. Die Gruppe $G_{L|K}$ ist zyklisch. Da $L^\times$ ein endlicher $G_{L|K}$-Modul ist, ist der Herbrandquotient $h(L^\times) = |H^0(G_{L|K}, L^\times)|/|H^1(G_{L|K}, L^\times)| = 1$. Also ist $H^q(G_{L|K}, L^\times) = 1$ für $q = 0, 1$ und damit für alle q.

§3. Die multiplikative Gruppe eines $\mathfrak{p}$-adischen Zahlkörpers

Sei K ein $\mathfrak{p}$-adischer Zahlkörper, also ein vollständiger diskret bewerteter Körper der Charakteristik 0 mit endlichem Restklassenkörper[5]. Wir führen die

---

[5] Unsere Ausführungen sind so gehalten, dass die Vollständigkeit des Körpers K nicht benutzt wird. Wir brauchen von der Bewertung nur ihre absolute Unzerlegtheit vorauszusetzen. Die hier entwickelte Darstellung der lokalen Klassenkörpertheorie gilt also uneingeschränkt und wörtlich für Körper der Charakteristik 0

folgenden Bezeichnungen ein. Es sei v die diskrete Bewertung von K, die wir uns stets auf den kleinsten Wert 1 normiert denken,

$\mathcal{O} = \{x \in K \mid v(x) \geq 0\}$ der Bewertungsring,

$\mathfrak{p} = \{x \in K \mid v(x) > 0\}$ das maximale Primideal,

$\overline{K} = \mathcal{O}/\mathfrak{p}$ der Restklassenkörper von K, p die Charakteristik von $\overline{K}$,

$U = \mathcal{O} \smallsetminus \mathfrak{p}$ die Gruppe der Einheiten,

$U^1 = 1 + \mathfrak{p}$ die Gruppe der Einseinheiten und

$U^n = 1 + \mathfrak{p}^n$ die höheren Einseinheitengruppen.

Mit q bezeichnen wir die Anzahl der Elemente im Restklassenkörper $\overline{K}$, also $q = (\mathcal{O} : \mathfrak{p})$. Ist f der Grad von $\overline{K}$ über dem Primkörper von p Elementen, so ist $q = p^f$.

Neben v betrachten wir die normierte multiplikative Absolutbetragsbewertung $|\ |_\mathfrak{p}$. Sie entsteht folgendermaßen. Ist $x \in \mathcal{O}$, so sei

$$\mathfrak{N}(x) = (\mathcal{O} : x\mathcal{O}) = (\mathcal{O} : \mathfrak{p})^{v(x)} = p^{f \cdot v(x)}$$

die Absolutnorm von x. Wir setzen dann

$$|x|_\mathfrak{p} = \mathfrak{N}(x)^{-1}.$$

Ist $x \in K \smallsetminus \mathcal{O}$, so ist $x^{-1} \in \mathcal{O}$, und es wird $|x|_\mathfrak{p} = |x^{-1}|_\mathfrak{p}^{-1} = \mathfrak{N}(x^{-1})$ gesetzt.

(3.1) Satz. *Die Gruppe $K^\times$ besitzt die direkte Zerlegung*

$$K^\times = U \times (\pi),$$

wobei π ein Primelement für $\mathfrak{p}$ und $(\pi) = \{\pi^k\}_{k \in \mathbb{Z}}$ die durch π erzeugte unendliche zyklische Untergruppe von $K^\times$ ist.

Dies ist klar, denn jedes $x \in K^\times$ hat nach Festlegung des Primelements π die eindeutige Darstellung $x = u \cdot \pi^k$, $u \in U$. Die Sequenz

$$1 \longrightarrow U \longrightarrow K^\times \stackrel{v}{\longrightarrow} \mathbb{Z} \longrightarrow 0$$

zerfällt also und hat als Repräsentantengruppe die Gruppe $(\pi) \cong \mathbb{Z}$. Wir weisen aber darauf hin, dass es wegen der Willkürlichkeit des Primelements $\pi \in \mathfrak{p}$ keine ausgezeichnete Repräsentantengruppe gibt.

In der Einheitengruppe U betrachten wir die absteigende Kette der höheren Einseinheitengruppen U^n:

$$U \supset U^1 \supset U^2 \supset U^3 \supset \cdots .$$

Die Faktorgruppen dieser Kette sind endlich, denn wir haben den

---

mit einer henselschen, d.h. absolut unzerlegten, diskreten Bewertung v mit endlichem Restklassenkörper. Lediglich in §7 sind einige Modifikationen zu beachten.

(3.2) Satz. *Es ist*

$$U/U^1 \cong \bar{K}^\times \quad \text{und} \quad U^n/U^{n+1} \cong \bar{K}^+$$

für alle natürlichen Zahlen n.

Beweis. Ordnen wir jeder Einheit $u \in U$ ihre Restklasse $u \bmod \mathfrak{p} \in \bar{K}^\times$ zu, so erhalten wir einen Homomorphismus von U auf $\bar{K}^\times$ mit dem Kern U^1. Zum Beweis von $U^n/U^{n+1} \cong \bar{K}^+$ wählen wir ein Primelement π und sehen mühelos, dass die Zuordnung $1 + a \cdot \pi^n \mapsto a \bmod \mathfrak{p}$ einen Homomorphismus von U^n auf die additive Gruppe $\bar{K}^+$ mit dem Kern U^{n+1} liefert.

(3.3) Satz. *Die Einheitengruppe U ist eine hinsichtlich der Bewertungstopologie offene und abgeschlossene, kompakte Untergruppe von $K^\times$* [6].

Beweis. Ist $u \in U$, so ist $\{x \in K^\times \mid v(x - u) > 0\} = u + \mathfrak{p}$ eine offenbar ganz zu U gehörige Umgebung von u. Dies zeigt die Offenheit von U in $K^\times$. Das Komplement von U ist die Vereinigung der (offenen) Nebenscharen von U, also ist U auch abgeschlossen.

Zum Beweis der Kompaktheit sei $\mathfrak{S}$ ein System offener, in ihrer Gesamtheit U überdeckender Untermengen von $K^\times$. Nehmen wir an, U könnte nicht durch endlich viele Mengen aus $\mathfrak{S}$ überdeckt werden. Dann gilt das gleiche für eine Nebenschar $u_1 \cdot U^1 \subseteq U$, da der Index $(U : U^1)$ endlich ist. In $u_1 \cdot U^1$ gibt es unter den endlich vielen Nebenscharen $u_2 \cdot U^2 \subseteq u_1 \cdot U^1$ eine, die ebenfalls nicht durch endlich viele Mengen aus $\mathfrak{S}$ überdeckt werden kann. Schreiten wir in dieser Weise fort, so erhalten wir eine Kette

$$u_1 \cdot U^1 \supseteq u_2 \cdot U^2 \supseteq u_3 \cdot U^3 \supseteq \cdots,$$

und da U als abgeschlossene Untergruppe von $K^\times$ vollständig ist, gibt es eine Einheit $u \in U$ mit $u \cdot U^n = u_n \cdot U^n$ für $n = 1, 2, \ldots$ Die $u \cdot U^n = u + \mathfrak{p}^n$ sind offene auf u zusammenschrumpfende Umgebungen von u, und wenn S eine u enthaltende Menge aus $\mathfrak{S}$ ist, so gibt es ein n mit $u \cdot U^n = u_n \cdot U^n \subseteq S$, Widerspruch [7].

(3.4) Korollar. *Die Gruppe $K^\times$ ist lokal-kompakt* [6].

---

[6] Bei einem Henselkörper im Sinne von [5] haben wir an Stelle von kompakt bzw. in (3.4) lokal-kompakt relativ kompakt bzw. relativ lokal-kompakt zu setzen.

[7] Den Beweis kann man auch in der folgenden Weise erhalten: Die Gruppen $U^n = 1 + \mathfrak{p}^n$ bilden eine Umgebungsbasis des Einselementes $1 \in U$. Daher ist $U = \varprojlim U^n/U^{n+1}$ ($U^0 = U$), und der inverse Limes $\varprojlim U^n/U^{n+1}$ ist als pro-endliche Gruppe kompakt.

Für jedes Element $x \in K^{\times}$ ist nämlich nach (3.3) $x \cdot U$ eine offene und gleichzeitig kompakte Umgebung von x.

(3.5) Lemma. *Ist m eine natürliche Zahl, so liefert die Zuordnung*

$$x \longmapsto x^m$$

für genügend großes n einen Isomorphismus

$$U^n \longrightarrow U^{n+v(m)}.$$

Beweis. Ist π ein Primelement von $\mathfrak{p}$ und $x = 1 + a \cdot \pi^n \in U^n$, so ist

$$x^m = 1 + a \cdot m \cdot \pi^n + \binom{m}{2} a^2 \cdot \pi^{2n} + \cdots \equiv 1 \bmod \mathfrak{p}^{n+v(m)},$$

also $x^m \in U^{n+v(m)}$ für genügend großes n.

Für die Surjektivität unserer Abbildung haben wir zu zeigen, dass zu jedem $a \in \mathcal{o}$ ein Element $x \in \mathcal{o}$ existiert, derart dass

$$1 + a \cdot \pi^{n+v(m)} = (1 + x \cdot \pi^n)^m,$$

d.h. $1 + a \cdot \pi^{n+v(m)} = 1 + m \cdot \pi^n \cdot x + \pi^{2n} \cdot f(x)$, wobei $f(x)$ ein ganzzahliges Polynom in x ist. Offenbar ist $m = u \cdot \pi^{v(m)}$, $u \in U$, und wir erhalten die Gleichung

$$-a + u \cdot x + \pi^{n-v(m)} \cdot f(x) = 0.$$

Ist $n > v(m)$, so liefert das Henselsche Lemma ersichtlich eine Lösung $x \in \mathcal{o}$.

Ist darüber hinaus n so groß gewählt, dass U^n keine m-te Einheitswurzel mehr enthält, so ist unsere Abbildung auch injektiv.

(3.6) Korollar. *Für jede natürliche Zahl m ist die Gruppe der m-ten Potenzen $(K^{\times})^m$ eine offene Untergruppe von $K^{\times}$, und es gilt*

$$\bigcap_{m=1}^{\infty} (K^{\times})^m = 1.$$

Beweis. Ist nämlich $x^m \in (K^{\times})^m$, so ist für genügend großes n

$$x^m \cdot U^{n+v(m)} = (x \cdot U^n)^m \subseteq (K^{\times})^m$$

eine offene Umgebung von x^m. Ist $a \in \bigcap_{m=1}^{\infty}(K^{\times})^m$, so ist trivialerweise $a \in U$ und damit $a \in \bigcap_{m=1}^{\infty}(U)^m$, d.h. $a = u_m^m$, $u_m \in U$, für alle m. Ist nun n eine beliebige natürliche Zahl und $m = (U : U^n)$, so wird $a = u_m^m \in U^n$, also $a \in \bigcap_{n=1}^{\infty} U^n = \{1\}$.

Mit K_m bezeichnen wir die Gruppe der in K enthaltenen m-ten Einheitswurzeln und beweisen den

(3.7) Satz. *Die Gruppe* $(K^\times)^m$ *hat einen endlichen Index in* $K^\times$, *und zwar ist*

$$(K^\times : (K^\times)^m) = m \cdot q^{v(m)} \cdot |K_m| = m \cdot |m|_{\mathfrak{p}}^{-1} \cdot |K_m|.$$

Dabei ist q *die Anzahl der in* $\bar{K}$ *und* $|K_m|$ *die Anzahl der in* K_m *gelegenen Elemente.*

Zum Beweis ziehen wir den mit den Endomorphismen 0 und m gebildeten Herbrandquotienten $q_{0,m}$ heran (vgl. I, S. 59). Es ist dann

$$(K^\times : (K^\times)^m) = q_{0,m}(K^\times) \cdot |K_m|.$$

Aus der Multiplikativität von $q_{0,m}$ erhalten wir weiter

$$q_{0,m}(K^\times) = q_{0,m}(K^\times/U) \cdot q_{0,m}(U/U^n) \cdot q_{0,m}(U^n).$$

Hierin ist $q_{0,m}(K^\times/U) = q_{0,m}(\mathbb{Z}) = m$ wegen (3.1), $q_{0,m}(U/U^n) = 1$, da U/U^n nach (3.2) endlich ist und $q_{0,m}(U^n) = (U^n : U^{n+v(m)}) = q^{v(m)}$ auf Grund von (3.5) für hinreichend großes n, und der Tatsache, dass $(U^i : U^{i+1}) = q$.

Setzen wir dies zusammen, so erhalten wir die obige Formel. Gleichzeitig ergibt der Beweis das

(3.8) Korollar. *Es ist* $(U : (U)^m) = |m|_{\mathfrak{p}}^{-1} \cdot |K_m|$ [8].

§ 4. Die Klassenformation der unverzweigten Erweiterungen

Ein verhältnismäßig einfaches Beispiel einer Klassenformation erhalten wir, wenn wir lediglich die unverzweigten Erweiterungen eines $\mathfrak{p}$-adischen Zahlkörpers K betrachten. Diese Klassenformation ordnet sich zwar den allgemeinen, im nächsten Paragraphen ausgeführten Betrachtungen unter, doch soll sie zunächst für sich behandelt werden, einmal deswegen, weil in ihr das Reziprozitätsgesetz von bemerkenswerter Einfachheit ist, zum andern, weil die diesen speziellen Fall betreffenden Resultate zum Beweis des allgemeinen lokalen Reziprozitätsgesetzes herangezogen werden.

Wir betrachten im folgenden endliche Erweiterungen $L|K$ $\mathfrak{p}$-adischer Zahlkörper und hängen den in §3 eingeführten Bezeichnungen v, $\mathcal{O}$, $\mathfrak{p}$ usw. zur Unterscheidung den jeweiligen Körper als Index an, schreiben also v_K, $\mathcal{O}_K$, $\mathfrak{p}_K$; v_L, $\mathcal{O}_L$, $\mathfrak{p}_L$ usw. Die Bewertung v_K besitzt eine eindeutige Fortsetzung auf L, nämlich die Bewertung $\frac{1}{e} \cdot v_L$, wobei e der Verzweigungsindex von $L|K$ ist.

---

[8] $(U)^m$ bedeutet im Unterschied zu U^m die Gruppe der m-ten Potenzen von U.

Die Erweiterung $L|K$ ist unverzweigt, wenn $e = 1$ ist, wenn also ein Primelement $\pi \in K$ für $\mathfrak{p}_K$ gleichzeitig ein Primelement für $\mathfrak{p}_L$ ist. Gleichbedeutend damit ist, dass der Grad $[L : K]$ mit dem Grad $[\bar{L} : \bar{K}]$ der Restkörpererweiterung $\bar{L}|\bar{K}$ übereinstimmt.

Eine unverzweigte Erweiterung $L|K$ ist stets normal, und es besteht eine kanonische Isomorphie
$$G_{L|K} \cong G_{\bar{L}|\bar{K}}$$
zwischen der Galoisgruppe $G_{L|K}$ der Erweiterung $L|K$ und der Galoisgruppe $G_{\bar{L}|\bar{K}}$ der Restkörpererweiterung $\bar{L}|\bar{K}$. Ist nämlich $\sigma \in G_{L|K}$, so erhalten wir vermöge
$$\bar{\sigma}(x + \mathfrak{p}_L) = \sigma x + \mathfrak{p}_L, \quad x \in \mathcal{O}_L,$$
einen $\bar{K}$-Automorphismus $\bar{\sigma}$ von $\bar{L}$.

Die Gruppe $G_{\bar{L}|\bar{K}}$ ist als Galoisgruppe des endlichen Körpers $\bar{L}$ zyklisch. Sie besitzt, wie man sofort nachrechnet, den ausgezeichneten erzeugenden Automorphismus
$$\bar{x} \longrightarrow \bar{x}^{q_K}, \quad \bar{x} \in \bar{L},$$
wobei q_K die Anzahl der in $\bar{K}$ enthaltenen Elemente bedeutet. Auf Grund der Isomorphie $G_{L|K} \cong G_{\bar{L}|\bar{K}}$ erhalten wir daher einen kanonischen, die Gruppe $G_{L|K}$ erzeugenden K-Automorphismus von L.

(4.1) Definition. *Der Automorphismus $\varphi_{L|K} \in G_{L|K}$, der im Restklassenkörper $\bar{L}$ den Automorphismus*
$$\bar{x} \longrightarrow \bar{x}^{q_K}, \quad \bar{x} \in \bar{L},$$
induziert, heißt **Frobeniusautomorphismus** *von $L|K$.*

(4.2) Satz. *Sind $N \supseteq L \supseteq K$ zwei unverzweigte Erweiterungen des Körpers K, so gilt*
$$\varphi_{L|K} = \varphi_{N|K}\big|_L = \varphi_{N|K}G_{N|L} \in G_{L|K}, \quad \varphi_{N|L} = \varphi_{N|K}^{[L:K]}.$$

Beweis. Es ist
$$(\varphi_{L|K}x) \bmod \mathfrak{p}_L = x^{q_K} \bmod \mathfrak{p}_L = x^{q_K} \bmod \mathfrak{p}_N = (\varphi_{N|K}x) \bmod \mathfrak{p}_N$$
für alle $x \in \mathcal{O}_L$ und
$$(\varphi_{N|L}x) \bmod \mathfrak{p}_N = x^{q_L} \bmod \mathfrak{p}_N = x^{q_K^{[L:K]}} \bmod \mathfrak{p}_N = (\varphi_{N|K}^{[L:K]}x) \bmod \mathfrak{p}_N$$
für alle $x \in \mathcal{O}_N$. Dies beweist die obigen Formeln.

Die kanonische Gegebenheit und das in (4.2) beschriebene Wohlverhalten des Frobeniusautomorphismus räumen ihm eine bedeutsame Sonderstellung in der Klassenkörpertheorie ein.

Der folgende Satz ist sowohl für die lokale als auch für die globale Klassenkörpertheorie außerordentlich wichtig.

(4.3) Satz. *Ist $L|K$ eine unverzweigte Erweiterung, so ist*

$$H^q(G_{L|K}, U_L) = 1 \quad \text{für alle } q.$$

Beweis[9]. Identifizieren wir die Gruppe $G_{\bar{L}|\bar{K}}$ mit der Gruppe $G_{L|K}$, so ist

$$1 \longrightarrow U_L^1 \longrightarrow U_L \longrightarrow \bar{L}^\times \longrightarrow 1$$

eine exakte Sequenz von $G_{L|K}$-Moduln, und wegen $H^q(G_{L|K}, \bar{L}^\times) = 1$ (vgl. (2.4)) erhalten wir $H^q(G_{L|K}, U_L) \cong H^q(G_{L|K}, U_L^1)$.

Ein Primelement $\pi \in K$ für $\mathfrak{p}_K$ ist gleichzeitig ein Primelement für $\mathfrak{p}_L$. Daher ist der durch

$$1 + a \cdot \pi^{n-1} \longmapsto a \mod \mathfrak{p}_L, \quad a \in \mathcal{O}_L,$$

gegebene Homomorphismus $U_L^{n-1} \to \bar{L}^+$ ein $G_{L|K}$-Homomorphismus, d.h.

$$1 \longrightarrow U_L^n \longrightarrow U_L^{n-1} \longrightarrow \bar{L}^+ \longrightarrow 0$$

ist eine exakte Sequenz von $G_{L|K}$-Moduln. Mit (2.1) ergibt sich daher

$$H^q(G_{L|K}, U_L^n) \cong H^q(G_{L|K}, U_L^{n-1}).$$

Insgesamt induziert also die Injektion $U_L^n \to U_L$ einen Isomorphismus

$$H^q(G_{L|K}, U_L^n) \longrightarrow H^q(G_{L|K}, U_L).$$

Für jede natürliche Zahl m liefert die Zuordnung $x \mapsto x^m$ einen Homomorphismus $U_L \xrightarrow{m} U_L$ und nach (3.5) einen Isomorphismus $U_L^n \to U_L^{n+v(m)}$ für genügend großes n, also einen Homomorphismus $H^q(G_{L|K}, U_L) \xrightarrow{m} H^q(G_{L|K}, U_L)$ und einem Isomorphismus $H^q(G_{L|K}, U_L^n) \xrightarrow{m} H^q(G_{L|K}, U_L^{n+v(m)})$. Das Diagramm

$$
\begin{array}{ccc}
H^q(G_{L|K}, U_L^n) & \longrightarrow & H^q(G_{L|K}, U_L) \\
\downarrow m & & \downarrow m \\
H^q(G_{L|K}, U_L^{n+v(m)}) & \longrightarrow & H^q(G_{L|K}, U_L)
\end{array}
$$

ist trivialerweise kommutativ und zeigt, dass der Homomorphismus

$$H^q(G_{L|K}, U_L) \xrightarrow{m} H^q(G_{L|K}, U_L),$$

der jede Kohomologieklasse c in ihre m-te Potenz c^m schickt, für alle m bijektiv ist, da alle anderen Homomorphismen des Diagramms bijektiv sind. Die

---

[9] Zum Beweis dieses Satzes wird gewöhnlich die Vollständigkeit des Körpers L benutzt (vgl. [42]). Wir vermeiden diesen Schluss, so dass unsere gesamten Ausführungen wörtlich auch für Henselkörper im Sinne von [5] gelten.

Elemente aus $H^q(G_{L|K}, U_L)$ haben aber endliche Ordnung (vgl. I, (3.16)), so dass notwendig $H^q(G_{L|K}, U_L) = 1$ sein muss.

Für $q = 0$ erhalten wir das

(4.4) Korollar. *Ist $L|K$ unverzweigt, so ist*
$$U_K = N_{L|K} U_L.$$
Im unverzweigten Fall ist also jede Einheit ein Normelement.

Wir zeigen nun, dass die unverzweigten Erweiterungen $L|K$ im Hinblick auf die multiplikative Gruppe $L^\times$ eine Klassenformation bilden. Wir haben zu diesem Zweck eine das Axiom II erfüllende Invariantenabbildung anzugeben (vgl. §1, (1.3)). Dabei gehen wir in folgender Weise vor. Die zur Sequenz
$$1 \longrightarrow U_L \longrightarrow L^\times \xrightarrow{v_L} \mathbb{Z} \longrightarrow 0$$
gehörende exakte Kohomologiesequenz liefert wegen $H^q(G_{L|K}, U_L) = 1$ den Isomorphismus
$$H^2(G_{L|K}, L^\times) \xrightarrow{\bar{v}} H^2(G_{L|K}, \mathbb{Z}).$$
Weiter erhalten wir wegen der kohomologischen Trivialität von $\mathbb{Q}$ aus der Sequenz $0 \to \mathbb{Z} \to \mathbb{Q} \to \mathbb{Q}/\mathbb{Z} \to 0$ den Isomorphismus
$$H^2(G_{L|K}, \mathbb{Z}) \xrightarrow{\delta^{-1}} H^1(G_{L|K}, \mathbb{Q}/\mathbb{Z}) = \mathrm{Hom}(G_{L|K}, \mathbb{Q}/\mathbb{Z}) = \chi(G_{L|K}).$$
Für jeden Charakter $\chi \in \chi(G_{L|K})$ ist $\chi(\varphi_{L|K}) \in \frac{1}{[L:K]}\mathbb{Z}/\mathbb{Z} \subseteq \mathbb{Q}/\mathbb{Z}$, und da der Frobeniusautomorphismus $\varphi_{L|K}$ die Gruppe $G_{L|K}$ erzeugt, erhalten wir einen Isomorphismus
$$H^1(G_{L|K}, \mathbb{Q}/\mathbb{Z}) = \chi(G_{L|K}) \xrightarrow{\varphi} \frac{1}{[L:K]}\mathbb{Z}/\mathbb{Z}.$$
Setzen wir diese drei Isomorphismen zusammen,
$$H^2(G_{L|K}, L^\times) \xrightarrow{\bar{v}} H^2(G_{L|K}, \mathbb{Z}) \xrightarrow{\delta^{-1}} H^1(G_{L|K}, \mathbb{Q}/\mathbb{Z}) \xrightarrow{\varphi} \frac{1}{[L:K]}\mathbb{Z}/\mathbb{Z},$$
so kommen wir zu der

(4.5) Definition. *Ist $L|K$ eine unverzweigte Erweiterung, so sei*
$$\mathrm{inv}_{L|K} : H^2(G_{L|K}, L^\times) \longrightarrow \frac{1}{[L:K]}\mathbb{Z}/\mathbb{Z}$$
der durch $\mathrm{inv}_{L|K} = \varphi \circ \delta^{-1} \circ \bar{v}$ definierte Isomorphismus.

Zur Abkürzung setzen wir nun
$$H^q(L|K) = H^q(G_{L|K}, L^\times).$$

Sei K_0 ein fest zugrunde gelegter $\mathfrak{p}$-adischer Zahlkörper und T der maximal unverzweigte Körper über K_0, also die Vereinigung aller unverzweigten Erweiterungen $L|K_0$. Wir nennen T auch den **Trägheitskörper** über K_0. Mit $G_{T|K_0}$ bezeichnen wir die Galoisgruppe von $T|K_0$.

(4.6) Satz. *Die Formation* $(G_{T|K_0}, T^\times)$ *ist im Hinblick auf die in (4.5) definierte Invariantenabbildung eine Klassenformation.*

Beweis. Das Axiom I ist nach (2.2) stets erfüllt: $H^1(L|K) = 1$. Zum Beweis von Axiom II a) und b) hat man sich von der Kommutativität der folgenden beiden Diagramme zu überzeugen.

$$
\begin{array}{ccccccc}
H^2(L|K) & \xrightarrow{\ \bar{v}\ } & H^2(G_{L|K}, \mathbb{Z}) & \xrightarrow{\ \delta^{-1}\ } & H^1(G_{L|K}, \mathbb{Q}/\mathbb{Z}) & \xrightarrow{\ \varphi\ } & \frac{1}{[L:K]}\mathbb{Z}/\mathbb{Z} \\
\downarrow{\scriptstyle\text{Inkl}} & & \downarrow{\scriptstyle\text{Inf}} & & \downarrow{\scriptstyle\text{Inf}} & & \downarrow{\scriptstyle\text{Inkl}} \\
H^2(N|K) & \xrightarrow{\ \bar{v}\ } & H^2(G_{N|K}, \mathbb{Z}) & \xrightarrow{\ \delta^{-1}\ } & H^1(G_{N|K}, \mathbb{Q}/\mathbb{Z}) & \xrightarrow{\ \varphi\ } & \frac{1}{[N:K]}\mathbb{Z}/\mathbb{Z},
\end{array}
$$

$$
\begin{array}{ccccccc}
H^2(N|K) & \xrightarrow{\ \bar{v}\ } & H^2(G_{N|K}, \mathbb{Z}) & \xrightarrow{\ \delta^{-1}\ } & H^1(G_{N|K}, \mathbb{Q}/\mathbb{Z}) & \xrightarrow{\ \varphi\ } & \frac{1}{[N:K]}\mathbb{Z}/\mathbb{Z} \\
\downarrow{\scriptstyle\text{Res}} & & \downarrow{\scriptstyle\text{Res}} & & \downarrow{\scriptstyle\text{Res}} & & \downarrow{\scriptstyle[L:K]} \\
H^2(N|L) & \xrightarrow{\ \bar{v}\ } & H^2(G_{N|L}, \mathbb{Z}) & \xrightarrow{\ \delta^{-1}\ } & H^1(G_{N|L}, \mathbb{Q}/\mathbb{Z}) & \xrightarrow{\ \varphi\ } & \frac{1}{[N:L]}\mathbb{Z}/\mathbb{Z}.
\end{array}
$$

Hierin sind $N \supseteq L \supseteq K$ zwei unverzweigte Erweiterungen von K. Die Kommutativität der linken Quadrate sieht man sofort dem Verhalten der 2-Kozykeln unter den Homomorphismen $\bar{v}$, Inf, Res an. Die mittleren Quadrate sind kommutativ wegen der Vertauschbarkeit der Inflation und der Restriktion mit dem Homomorphismus δ (vgl. I, (4.4) und I, (4.5)).

Zum Beweis der Kommutativität der rechten Quadrate sei $\chi \in H^1(G_{L|K}, \mathbb{Q}/\mathbb{Z})$ bzw. $\chi \in H^1(G_{N|K}, \mathbb{Q}/\mathbb{Z})$. Mit (4.2) erhalten wir

$$\text{Inf}\,\chi(\varphi_{N|K}) = \chi(\varphi_{N|K}G_{N|L}) = \chi(\varphi_{L|K}) \quad \text{bzw.}$$
$$\text{Res}\,\chi(\varphi_{N|L}) = \chi(\varphi_{N|L}) = \chi(\varphi_{N|K}^{[L:K]}) = [L:K] \cdot \chi(\varphi_{N|K}).$$

Damit ist alles gezeigt.

Wir können hiernach die gesamte in §1 ausgeführte Theorie auf diese spezielle Klassenformation anwenden. Eine genaue Abhandlung wollen wir jedoch zurückstellen, da sie im nächsten Paragraphen allgemeiner für nicht notwendig unverzweigte Erweiterungen erfolgt.

Ist T der maximal unverzweigte Körper über K_0, und damit der maximal unverzweigte Körper über jedem unverzweigten Körper $K|K_0$, so setzen wir

$$H^2(T|K) = \bigcup_L H^2(L|K),$$

wobei $L|K$ alle über K unverzweigten (endlichen) Erweiterungen durchläuft. Dabei haben wir wie in §1, S. 72 die Inflation als Inklusion gedeutet, so dass für zwei normale Erweiterungen $N \supseteq L \supseteq K$ die Inklusion $H^2(L|K) \subseteq H^2(N|K)$ gilt. Durch die Fortsetzungseigenschaft der Invariantenabbildung II a) erhalten wir einen injektiven Homomorphismus

$$\text{inv}_K : H^2(T|K) \longrightarrow \mathbb{Q}/\mathbb{Z}$$

(vgl. §1, S. 74). Dieser Homomorphismus ist sogar bijektiv, da $\mathbb{Q}/\mathbb{Z} = \bigcup_{n=1}^{\infty} \frac{1}{n}\mathbb{Z}/\mathbb{Z}$, und da zu jeder natürlichen Zahl n (genau) eine unverzweigte Erweiterung $L|K$ vom Grade $n = [L : K]$ existiert, für die wir den bijektiven Homomorphismus $\text{inv}_{L|K} : H^2(L|K) \to \frac{1}{n}\mathbb{Z}/\mathbb{Z}$ haben. Damit ist gezeigt:

(4.7) Satz. $H^2(T|K) \cong \mathbb{Q}/\mathbb{Z}$.

Für jede unverzweigte Erweiterung $L|K$ erhalten wir durch das Normrestsymbol $(\ ,L|K)$ die exakte Sequenz

$$1 \longrightarrow N_{L|K}L^{\times} \longrightarrow K^{\times} \xrightarrow{(\ ,L|K)} G_{L|K} \longrightarrow 1 \,,$$

wobei zu beachten ist, dass die Galoisgruppe $G_{L|K}$ zyklisch ist, also mit ihrer Faktorkommutatorgruppe $G_{L|K}^{\text{ab}}$ übereinstimmt. Die Besonderheit des Reziprozitätsgesetzes im unverzweigten Fall liegt darin, dass sich das Normrestsymbol in einfachster Weise explizit beschreiben lässt.

(4.8) Satz. *Ist $L|K$ unverzweigt, so ist*

$$(a, L|K) = \varphi_{L|K}^{v_K(a)}$$

für jedes $a \in K^{\times}$.

Zum Beweis ziehen wir die Formel (1.10) heran:

$$\chi(a, L|K) = \text{inv}_{L|K}(\overline{a} \cup \delta\chi),$$

wobei $\chi \in \chi(G_{L|K})$, $\delta\chi \in H^2(G_{L|K}, \mathbb{Z})$ und $\overline{a} = a \cdot N_{L|K}L^{\times} \in H^0(L|K)$ ist. Aus ihr ergibt sich mit (4.5):

$$\chi(a, L|K) = \text{inv}_{L|K}(\overline{a} \cup \delta\chi) = \varphi \circ \delta^{-1} \circ \overline{v}(\overline{a} \cup \delta\chi) = \varphi \circ \delta^{-1}(v_K(a) \cdot \delta\chi)$$
$$= \varphi(v_K(a) \cdot \chi) = v_K(a) \cdot \chi(\varphi_{L|K}) = \chi(\varphi_{L|K}^{v_K(a)}).$$

Da dies für alle Charaktere $\chi \in \chi(G_{L|K})$ gilt, folgt $(a, L|K) = \varphi_{L|K}^{v_K(a)}$.

Der Satz (4.8) wirft die Frage auf, ob man nicht den kohomologischen Kalkül und den Begriff der Klassenformation vermeiden und auf einem viel natürlicheren Wege zum Reziprozitätsgesetz gelangen kann, indem man nämlich das Normrestsymbol einfach explizit durch die Formel $(a, L|K) = \varphi_{L|K}^{v_K(a)}$ definiert und alle wesentlichen Eigenschaften in direkter Weise verifiziert. Dies ist im unverzweigten Fall in der Tat möglich. Bei genauerer Betrachtung haben wir sogar nichts anderes getan, als diesen Gedanken künstlich – über die für den vorliegenden Fall unangemessen kompliziert erscheinende Invariantenabbildung – in eine kohomologische Form zu zwingen. Der Grund dafür liegt in dem Problem, auch die verzweigten Erweiterungen der klassenkörpertheoretischen Behandlung zugänglich zu machen. Historisch hat gerade an diesem Punkt die Kohomologie (über die Algebrentheorie) ihren Einzug in die Klassenkörpertheorie gehalten. Für die verzweigten Erweiterungen nämlich lässt sich eine explizite Definition des Normrestsymbols nicht so ohne weiteres angeben, wohl aber eine Invariantenabbildung, die die hier konstruierte in kanonischer Weise auf den Bereich beliebiger normaler Erweiterungen fortsetzt. Dies werden wir im nächsten Paragraphen sehen.

Nach (1.14) entsprechen in der Klassenformation der unverzweigten Erweiterungen die Oberkörper L von K umkehrbar eindeutig den Normengruppen in $K^\times$. Diese Normengruppen lassen sich auf Grund von (4.8) in expliziter Weise angeben.

(4.9) Satz. *Ist K ein $\mathfrak{p}$-adischer Zahlkörper, π ein Primelement, so ist die Gruppe*

$$U_K \times (\pi^f) \qquad \text{10)}$$

die Normengruppe der unverzweigten Erweiterung $L|K$ vom Grade f.

Beweis. Da $\varphi_{L|K}$ die Gruppe $G_{L|K}$ erzeugt, ist der Grad $f = [L : K]$ gleichzeitig die Ordnung von $\varphi_{L|K}$ in $G_{L|K}$. Ein Element $a \in K^\times$ liegt daher genau dann in $N_{L|K}L^\times$, wenn $(a, L|K) = \varphi_{L|K}^{v_K(a)} = 1$, also genau dann, wenn $v_K(a) \equiv 0 \bmod f$, d.h. $a = u \cdot \pi^{k \cdot f}$, $k \in \mathbb{Z}$, $u \in U_K$.

---

10) Mit (π^f) bezeichnen wir die durch das Element π^f erzeugte unendlich-zyklische Gruppe $\{\pi^{k \cdot f}\}_{k \in \mathbb{Z}}$.

Wir wollen zum Schluss noch auf das universelle Normrestsymbol unserer Klassenformation eingehen (vgl. §1, S. 83). Sei $T|K$ die maximal unverzweigte Erweiterung von K. Durchläuft $L|K$ alle endlichen unverzweigten Erweiterungen, so ist der projektive Limes

$$G_{T|K} = \varprojlim_L G_{L|K}$$

die Galoisgruppe von $T|K$.

Für jedes $a \in K^\times$ erhalten wir das universelle Normrestsymbol $(a, T|K) \in G_{T|K}$ durch

$$(a, T|K) = \varprojlim_L (a, L|K).$$

Dieses liefert einen Homomorphismus

$$K^\times \xrightarrow{\ (\ , T|K)\ } G_{T|K}.$$

Ist $\pi_L : G_{T|K} \to G_{L|K}$ die kanonische Projektion von $G_{T|K}$ auf $G_{L|K}$, so ist

$$\pi_L(a, T|K) = (a, L|K) = \varphi_{L|K}^{v_K(a)} \in G_{L|K}.$$

Die Elemente $\varphi_{L|K} \in G_{L|K}$ bilden nach (4.2) ebenfalls ein verträgliches Elementsystem in dem projektiven System der $G_{L|K}$, und wir nennen das Element

$$\varphi_K = \varprojlim_L \varphi_{L|K} \in G_{T|K}$$

den „universellen" Frobeniusautomorphismus von K. Er hat eine unendliche Ordnung, da aus $\varphi_K^n = 1$ sofort $\pi_L(\varphi_K^n) = \varphi_{L|K}^n = 1$ für alle $\varphi_{L|K}$ folgen würde, was natürlich unmöglich ist.

Über das Symbol $(\ , T|K)$ haben wir nun den

(4.10) Satz. *Es ist* $(a, T|K) = \varphi_K^{v_K(a)}$ *für alle* $a \in K^\times$. *Der Homomorphismus*

$$K^\times \xrightarrow{\ (\ , T|K)\ } G_{T|K}$$

besitzt die Einheitengruppe U_K *als Kern.*

Beweis. Ist $\pi_L : G_{T|K} \to G_{L|K}$ die kanonische Projektion von $G_{T|K}$ auf $G_{L|K}$, so ist

$$\pi_L(a, T|K) = (a, L|K) = \varphi_{L|K}^{v_K(a)} = \pi_L(\varphi_K^{v_K(a)})$$

für jede unverzweigte Erweiterung $L|K$. Dies zeigt, dass $(a, T|K) = \varphi_K^{v_K(a)}$. Es ist $(a, T|K) = \varphi_K^{v_K(a)} = 1$ genau dann, wenn $v_K(a) = 0$ (φ_K hat eine unendliche Ordnung), also genau dann, wenn $a \in U_K$.

Die Klassenformation der unverzweigten Erweiterungen ist ein Beispiel dafür, dass das universelle Normrestsymbol i.a. nicht surjektiv ist. Als Bild tritt nämlich die durch φ_K erzeugte unendlich-zyklische, zu $\mathbb{Z}$ isomorphe dichte Untergruppe von $G_{T|K}$ auf. Sie kann natürlich nicht mit $G_{T|K}$ zusammenfallen, da sie keine pro-endliche Gruppe ist. Erst ihre Komplettierung in $G_{T|K}$ stimmt mit $G_{T|K}$ überein.

§ 5. Das lokale Reziprozitätsgesetz

Wir legen einen $\mathfrak{p}$-adischen Zahlkörper K_0 zugrunde und bilden darüber die algebraisch abgeschlossene Hülle Ω. Für jede normale Erweiterung $L|K$ endlicher Oberkörper von K_0 setzen wir wieder

$$H^q(L|K) = H^q(G_{L|K}, L^\times) \qquad \text{und}$$

$$Br(K) = H^2(\quad|K) = \bigcup_{L|K} H^2(L|K) \qquad \text{(Brauersche Gruppe von } K\text{)}$$

(vgl. §2, S. 85). Ist $G = G_{\Omega|K_0}$ die Galoisgruppe von $\Omega|K_0$, so bildet die Formation $(G, \Omega^\times)$ wegen $H^1(L|K) = 1$ (vgl. (2.2)) eine Körperformation. Wir werden in diesem Paragraphen zeigen, dass sie sogar eine Klassenformation ist. Dazu haben wir die in §4 eingeführte Invariantenabbildung auf die verzweigten Erweiterungen $L|K$ auszudehnen. Den Schlüssel zu dieser Verallgemeinerung liefert das folgende, auch als „zweite fundamentale Ungleichung" bezeichnete

(5.1) Lemma. *Für jede normale Erweiterung $L|K$ ist die Ordnung $|H^2(L|K)|$ von $H^2(L|K)$ ein Teiler des Grades $[L:K]$:*
$$|H^2(L|K)| \mid [L:K].$$

Beweis. Wir setzen zunächst voraus, dass $L|K$ zyklisch von Primzahlgrad $p = [L:K]$ ist, und zeigen, dass der Herbrandquotient $h(L^\times) = |H^2(L|K)|/|H^1(L|K)| = |H^2(L|K)| = p$ ist. Die Formel I, (6.9) liefert

$$h(L^\times)^{p-1} = q_{0,p}(K^\times)^p/q_{0,p}(L^\times),$$

wobei $q_{0,p}$ der mit den Endomorphismen 0 und p gebildete Herbrandquotient ist. Nach (3.7) ist weiter

$$q_{0,p}(K^\times) = (K^\times : (K^\times)^p)/|K_p| = p \cdot q_K^{v_K(p)},$$
$$q_{0,p}(L^\times) = (L^\times : (L^\times)^p)/|L_p| = p \cdot q_L^{v_L(p)}.$$

Ist $f = [\bar{L} : \bar{K}]$ der Trägheitsgrad und e der Verzweigungsindex, so ist $p = e \cdot f$, $q_L = q_K^f$ und $v_L(p) = e \cdot v_K(p)$, und wir erhalten

$$h(L^\times)^{p-1} = p^p \cdot q_K^{p \cdot v_K(p)} / p \cdot q_K^{e \cdot f \cdot v_K(p)} = p^{p-1}, \text{ d.h. } h(L^\times) = p.$$

Der allgemeine Fall folgt hieraus rein kohomologisch. Da die Gruppe $G_{L|K}$ auflösbar ist, gibt es einen über K primzyklischen Zwischenkörper K', $K \subseteq K' \subseteq L$. Wegen $H^1(K'|K) = 1$ ist die Sequenz

$$1 \longrightarrow H^2(K'|K) \longrightarrow H^2(L|K) \xrightarrow{\text{Res}} H^2(L|K')$$

exakt. Dies zeigt, dass

$$|H^2(L|K)| \; \big| \; |H^2(L|K')| \cdot |H^2(K'|K)| \,.$$

Wir haben schon gezeigt, dass $|H^2(K'|K)| = [K' : K]$, und wenn wir mit vollständiger Induktion nach dem Körpergrad annehmen, dass $|H^2(L|K')| \; \big|$ $[L : K']$, so folgt

$$|H^2(L|K)| \; \big| \; [L : K'] \cdot [K' : K] = [L : K] \,.$$

Der obige Beweis macht von der Auflösbarkeit der Galoisgruppe $G_{L|K}$ Gebrauch, die ja unmittelbar daraus folgt, dass wir zwischen K und L den zyklischen Trägheitskörper und über ihm den zyklischen Verzweigungskörper haben, über dem L einen Primzahlpotenzgrad besitzt. Man kann dies umgehen, indem man mit dem Satz I, (4.16) eine Reduktion auf den Fall einer Erweiterung von Primzahlpotenzgrad durchführt und dann in der obigen Weise verfährt.

Die Ausdehnung der Invariantenabbildung auf den Fall verzweigter Erweiterungen gelingt offenbar sofort, wenn wir den folgenden Satz bewiesen haben:

(5.2) Satz. *Ist $L|K$ eine normale Erweiterung und $L'|K$ die unverzweigte Erweiterung von gleichem Grade $[L' : K] = [L : K]$, so ist*

$$H^2(L|K) = H^2(L'|K) \subseteq H^2(\quad |K).$$

Beweis. Es genügt die Inklusion $H^2(L'|K) \subseteq H^2(L|K)$ zu zeigen, da hieraus wegen $|H^2(L'|K)| = [L : K]$ (vgl. (4.5)) und $|H^2(L|K)| \; \big| \; [L : K]$ (vgl. (5.1)) die Gleichheit folgt.

Ist $N = L \cdot L'$, so ist mit $L'|K$ auch die Erweiterung $N|L$ unverzweigt[11]. Sei $c \in H^2(L'|K) \subseteq H^2(N|K)$. Betrachten wir die exakte Sequenz

$$1 \longrightarrow H^2(L|K) \longrightarrow H^2(N|K) \xrightarrow{\text{Res}_L} H^2(N|L),$$

so sehen wir, dass c genau dann in $H^2(L|K)$ liegt, wenn $\text{Res}_L c = 1$ ist. Letzteres ist wiederum genau dann der Fall, wenn $\text{inv}_{N|L}(\text{Res}_L c) = 0$ ist (vgl. (4.6)),

---

[11] Man beachte nur die wohlbekannte Tatsache: Ist T der maximal unverzweigte Körper über K, so ist $T \cdot L$ der maximal unverzweigte Körper über L.

und unser Satz ist gezeigt, wenn wir

$$\mathrm{inv}_{N|L}(\mathrm{Res}_L c) = [L:K] \cdot \mathrm{inv}_{L'|K} c$$

bewiesen haben, da $\mathrm{inv}_{L'|K} c \in \frac{1}{[L:K]}\mathbb{Z}/\mathbb{Z}$. Diese Gleichung erhält man als Spezialfall aus dem folgenden

(5.3) Lemma. *Sei $M|K$ eine normale Erweiterung, und in ihr $L|K$ und $L'|K$ zwei Erweiterungen, von denen $L'|K$ unverzweigt ist. Dann ist auch $N = L \cdot L'|L$ unverzweigt[11]. Ist $c \in H^2(L'|K) \subseteq H^2(M|K)$, so ist $\mathrm{Res}_L c \in H^2(N|L) \subseteq H^2(M|L)$, und es gilt*

$$\mathrm{inv}_{N|L}(\mathrm{Res}_L c) = [L:K] \cdot \mathrm{inv}_{L'|K} c.$$

Beweis. Dass $\mathrm{Res}_L c \in H^2(N|L)$ ist, liegt daran, dass die 2-Kozykeln aus der Klasse $\mathrm{Res}_L c$ ihre Werte in $N^\times$ haben (vgl. §1, S. 72).

Sei f der Trägheitsgrad und e der Verzweigungsindex der (nicht notwendig normalen) Erweiterung $L|K$. Die Bewertungen v_K und v_L denken wir uns auf M fortgesetzt. Es ist dann $v_L = e \cdot v_K$. Die Invariantenabbildung setzt sich aus drei Isomorphismen $\bar{v}$, δ^{-1}, φ zusammen (vgl. (4.5)) und der Beweis der obigen Formel läuft auf die Kommutativität des folgenden Diagramms hinaus.

$$
\begin{array}{ccccccc}
H^2(L'|K) & \xrightarrow{\bar{v}_k} & H^2(G_{L'|K},\mathbb{Z}) & \xrightarrow{\delta^{-1}} & H^1(G_{L'|K},\mathbb{Q}/\mathbb{Z}) & \xrightarrow{\varphi} & \frac{1}{[L':K]}\mathbb{Z}/\mathbb{Z} \\
\downarrow{\scriptstyle\mathrm{Inkl}} & & \downarrow{\scriptstyle\mathrm{Inf}} & & \downarrow{\scriptstyle\mathrm{Inf}} & & \downarrow{\scriptstyle\mathrm{Inkl}} \\
H^2(M|K) & & H^2(G_{M|K},\mathbb{Z}) & & H^1(G_{M|K},\mathbb{Q}/\mathbb{Z}) & & \frac{1}{[M:K]}\mathbb{Z}/\mathbb{Z} \\
\downarrow{\scriptstyle\mathrm{Res}_L} & & \downarrow{\scriptstyle e\cdot\mathrm{Res}} & & \downarrow{\scriptstyle e\cdot\mathrm{Res}} & & \downarrow{\scriptstyle \cdot[L:K]} \\
H^2(N|L) & \xrightarrow{\bar{v}_L} & H^2(G_{N|L},\mathbb{Z}) & \xrightarrow{\delta^{-1}} & H^1(G_{N|L},\mathbb{Q}/\mathbb{Z}) & \xrightarrow{\varphi} & \frac{1}{[N:L]}\mathbb{Z}/\mathbb{Z}.
\end{array}
$$

Dieses Diagramm ist so zu verstehen, dass die unteren vertikalen Pfeile nur die Bilder der oberen vertikalen Pfeile in die Kohomologiegruppen der unteren Reihe abbilden. Die Kommutativität des linken Teildiagramms ist dem Verhalten der 2-Kozykeln unter den betreffenden Homomorphismen direkt abzulesen. Das mittlere Teildiagramm ist wegen der Vertauschbarkeit der Inflation und der Restriktion mit dem Homomorphismus δ (vgl. I, (4.4) und I, (4.5)) kommutativ. Zum Beweis der Kommutativität des rechten Teildiagramms haben wir uns in Verallgemeinerung zu (4.2) die Gleichheit

$$\varphi_{N|L}\big|_{L'} = \varphi_{L'|K}^f$$

zu überlegen. Dies ist aber sofort klar, denn wenn a eine ganze Zahl aus L' ist, so haben wir

$$\varphi_{N|L}(a) \equiv a^{q_L} \bmod \mathfrak{p}_N = a^{q_K^f} \bmod \mathfrak{p}_N = a^{q_K^f} \bmod \mathfrak{p}_{L'} = \varphi_{L'|K}^f(a).$$

Ist nun $\chi \in H^1(G_{L'|K}, \mathbb{Q}/\mathbb{Z})$, so ist

$$[L:K] \cdot \chi(\varphi_{L'|K}) = e \cdot f \cdot \chi(\varphi_{L'|K}) = e \cdot \chi(\varphi_{L'|K}^f) = e \cdot \chi(\varphi_{N|L}\big|_{L'})$$
$$= e \cdot \mathrm{Inf}\, \chi(\varphi_{N|L}) = e \cdot (\mathrm{Res} \circ \mathrm{Inf}) \chi(\varphi_{N|L}).$$

Damit ist auch die Kommutativität des rechten Teildiagramms bewiesen.

Aus dem Satz (5.2) ergibt sich die Gleichheit

$$Br(K) = H^2(\quad |K) = H^2(T|K) = \bigcup_{\substack{L|K \\ \text{unverzw.}}} H^2(L|K),$$

und durch die Invariantenabbildung erhalten wir aufgrund von (4.7) den

(5.4) Satz. *Die Brauersche Gruppe $Br(K)$ eines $\mathfrak{p}$-adischen Zahlkörpers K ist in kanonischer Weise zu $\mathbb{Q}/\mathbb{Z}$ isomorph:*

$$Br(K) \cong \mathbb{Q}/\mathbb{Z}.$$

(5.5) Definition. *Sei $L|K$ eine normale Erweiterung und $L'|K$ die unverzweigte Erweiterung gleichen Grades $[L':K] = [L:K]$, so dass $H^2(L|K) = H^2(L'|K)$. Dann sei*

$$\mathrm{inv}_{L|K} : H^2(L|K) \longrightarrow \tfrac{1}{[L:K]}\mathbb{Z}/\mathbb{Z}$$

der durch $\mathrm{inv}_{L|K}c = \mathrm{inv}_{L'|K}c$ ($c \in H^2(L|K) = H^2(L'|K)$) definierte Isomorphismus.

Mit dieser Definition haben wir unser angestrebtes Ziel erreicht. Ist K_0 ein $\mathfrak{p}$-adischer Zahlkörper, Ω seine algebraisch abgeschlossene Hülle und $G_{K_0} = G_{\Omega|K_0}$ die Galoisgruppe von $\Omega|K_0$, so gilt

(5.6) Satz. *Die Formation $(G_{K_0}, \Omega^\times)$ ist im Hinblick auf die in (5.5) definierte Invariantenabbildung eine Klassenformation.*

Beweis. Das Axiom I ist nach (2.2) erfüllt: $H^1(L|K) = 1$.

Sind $N \supseteq L \supseteq K$ normale Erweiterungen über K_0 gelegener $\mathfrak{p}$-adischer Zahlkörper und $N'|K$ bzw. $L'|K$ die unverzweigte Erweiterung vom Grade $[N':K] = [N:K]$ bzw. $[L':K] = [L:K]$ ($N' \supseteq L' \supseteq K$), so ist für jedes $c \in H^2(L|K) = H^2(L'|K)$

$$\mathrm{inv}_{N|K}c = \mathrm{inv}_{N'|K}c = \mathrm{inv}_{L'|K}c = \mathrm{inv}_{L|K}c,$$

wobei wir (4.6) ausgenutzt haben. Dies beweist Axiom II a). Zum Beweis von Axiom II b) sei $L|K$ eine beliebige Erweiterung endlicher Oberkörper von K_0. Ist Res_L der Homomorphismus

$$H^2(\ \ |K) \xrightarrow{\ \mathrm{Res}_L\ } H^2(\ \ |L)$$

(vgl. §1, S. 73), so haben wir zu zeigen, dass

$$\mathrm{inv}_L \circ \mathrm{Res}_L = [L:K] \cdot \mathrm{inv}_K$$

(vgl. die im Anschluss an (1.3) gemachten Bemerkungen). Ist $c \in H^2(\ \ |K)$, so können wir nach (5.2) annehmen, dass $c \in H^2(L'|K)$, wobei $L'|K$ unverzweigt ist. Dann ist auch $N = L \cdot L'|L$ unverzweigt und $\mathrm{Res}_L c \in H^2(N|L) \subseteq H^2(\ \ |L)$. Mit dem Lemma (5.3) erhalten wir

$$\mathrm{inv}_L(\mathrm{Res}_L c) = [L:K] \cdot \mathrm{inv}_K c,$$

womit alles gezeigt ist.

Nach diesem Satz können wir die in §1 entwickelte Theorie der abstrakten Klassenformationen voll anwenden und wollen die dort gewonnenen Resultate in ihrer auf diesen Fall spezialisierten Fassung noch einmal durchgehen.

Für jede normale Erweiterung $L|K$ haben wir die **Fundamentalklasse**

$$u_{L|K} \in H^2(L|K) \text{ mit der Invarianten } \mathrm{inv}_{L|K} u_{L|K} = \frac{1}{[L:K]} + \mathbb{Z}.$$

Der **Hauptsatz der lokalen Klassenkörpertheorie** lautet dann

(5.7) Satz. *Für jede normale Erweiterung $L|K$ und jedes q ist der Homomorphismus*
$$u_{L|K} \cup : H^q(G_{L|K}, \mathbb{Z}) \longrightarrow H^{q+2}(L|K)$$
bijektiv.

Für $q = 1, 2$ ergibt sich daraus (vgl. (1.8))

(5.8) Korollar. $H^3(L|K) = 1$, $H^4(L|K) = \chi(G_{L|K})$ *(kanonisch).*

Für $q = -2$ erhalten wir das **lokale Reziprozitätsgesetz**:

(5.9) Satz. *Für jede normale Erweiterung $L|K$ haben wir die Isomorphie*
$$G_{L|K}^{\mathrm{ab}} \cong H^{-2}(G_{L|K}, \mathbb{Z}) \xrightarrow{\ u_{L|K} \cup\ } H^0(L|K) = K^\times / N_{L|K} L^\times.$$

Der inverse Isomorphismus liefert die exakte Sequenz

$$1 \longrightarrow N_{L|K}L^{\times} \longrightarrow K^{\times} \xrightarrow{(\ ,L|K)} G_{L|K}^{\mathrm{ab}} \longrightarrow 1$$

mit dem **Normrestsymbol** $(\ , L|K)$. Für dieses haben wir das folgende Verhalten beim Übergang zu Unter-, Ober- und konjugierten Körpern:

(5.10) Satz. *Sind $N \supseteq L \supseteq K$ zwei Erweiterungen von K, $N|K$ normal, so sind die folgenden Diagramme kommutativ (vgl. (1.11)):*

a)
$$\begin{array}{ccc} K^{\times} & \xrightarrow{(\ ,N|K)} & G_{N|K}^{\mathrm{ab}} \\ {\scriptstyle \mathrm{Id}}\downarrow & & \downarrow{\scriptstyle \pi} \\ K^{\times} & \xrightarrow{(\ ,L|K)} & G_{L|K}^{\mathrm{ab}}, \end{array}$$

b)
$$\begin{array}{ccc} K^{\times} & \xrightarrow{(\ ,N|K)} & G_{N|K}^{\mathrm{ab}} \\ {\scriptstyle \mathrm{Inkl}}\downarrow & & \downarrow{\scriptstyle \mathrm{Ver}} \\ L^{\times} & \xrightarrow{(\ ,N|L)} & G_{N|L}^{\mathrm{ab}}, \end{array}$$

c)
$$\begin{array}{ccc} L^{\times} & \xrightarrow{(\ ,N|L)} & G_{N|L}^{\mathrm{ab}} \\ {\scriptstyle N_{L|K}}\downarrow & & \downarrow{\scriptstyle \kappa} \\ K^{\times} & \xrightarrow{(\ ,N|K)} & G_{N|K}^{\mathrm{ab}}, \end{array}$$

d)
$$\begin{array}{ccc} K^{\times} & \xrightarrow{(\ ,N|K)} & G_{N|K}^{\mathrm{ab}} \\ {\scriptstyle \sigma}\downarrow & & \downarrow{\scriptstyle \sigma^{*}} \\ \sigma K^{\times} & \xrightarrow{(\ ,\sigma N|\sigma K)} & G_{\sigma N|\sigma K}^{\mathrm{ab}}. \end{array}$$

Dabei ist im Diagramm a) $L|K$ zusätzlich als normal vorausgesetzt, und im Diagramm d) bedeutet σ ein Element aus G_{K_0}.

Mit der Invariantenabbildung steht das Normrestsymbol nach (1.10) in der folgenden Beziehung.

(5.11) Lemma. *Sei $L|K$ eine normale Erweiterung, $a \in K^{\times}$ und $\bar{a} = a \cdot N_{L|K}L^{\times} \in H^0(L|K)$.*

Dann gilt für jeden Charakter $\chi \in \chi(G_{L|K}^{\mathrm{ab}}) = \chi(G_{L|K}) = H^1(G_{L|K}, \mathbb{Q}/\mathbb{Z})$

$$\chi(a, L|K) = \mathrm{inv}_{L|K}(\bar{a} \cup \delta\chi) \in \tfrac{1}{[L:K]}\mathbb{Z}/\mathbb{Z},$$

wobei $\delta\chi$ das Bild von χ unter dem Homomorphismus $H^1(G_{L|K}, \mathbb{Q}/\mathbb{Z}) \xrightarrow{\delta} H^2(G_{L|K}, \mathbb{Z})$ ist.

Für unverzweigte Erweiterungen $L|K$ haben wir die schon in (4.8) bewiesene explizite Beschreibung des Normrestsymbols $(\ , L|K)$ durch den Frobenius-automorphismus:

$$(a, L|K) = \varphi_{L|K}^{v_K(a)}.$$

Es ist von allergrößtem Interesse, auch für die verzweigten Erweiterungen eine explizite Darstellung zu finden. Ein diesbezügliches weitgehend allgemeines

Resultat wurde erst in neuerer Zeit durch J. LUBIN und J. TATE gewonnen. Wir kommen darauf in §7 zu sprechen.

Aus (4.8) ziehen wir die folgende Konsequenz:

(5.12) Satz. *Ist $L|K$ eine abelsche Erweiterung, so bildet das Normrestsymbol ($, L|K$) die Einheitengruppe U_K auf die Trägheitsgruppe von $G_{L|K}$ und die Einseinheitengruppe U_K^1 auf die Verzweigungsgruppe ab.*

Beweis. Sei L_τ der Trägheitskörper zwischen K und L, $f = [L_\tau : K]$ und G_τ die Trägheitsgruppe von $G_{L|K}$, also die Fixgruppe von L_τ. Ist $u \in U_K$, so ist mit (5.10 a) $\pi(u, L|K) = (u, L|K) \cdot G_\tau = (u, L_\tau|K) = \varphi_{L_\tau|K}^{v_K(a)} = 1$, also $(u, L|K) \in G_\tau$. Sei umgekehrt $\tau \in G_\tau$ und $a \in K^\times$ mit $(a, L|K) = \tau$. Dann ist

$$\pi(a, L|K) = (a, L|K) \cdot G_\tau = 1, \text{ also } (a, L_\tau|K) = \varphi_{L_\tau|K}^{v_K(a)} = 1,$$

d.h. $v_K(a) \equiv 0 \bmod f$. Wählen wir ein $b \in L^\times$ mit $v_L(b) = \frac{1}{f} v_K(a)$, so wird

$$v_L(N_{L|K}b) = e \cdot v_K(N_{L|K}b) = n \cdot v_L(b) = e \cdot v_K(a),$$

also $v_K(a) = v_K(N_{L|K}b)$, $a = u \cdot N_{L|K}b$ mit $u \in U_K$. Damit haben wir $(a, L|K) = (u, L|K) = \tau$, d.h. U_K wird auf die ganze Trägheitsgruppe abgebildet.

Beachten wir, dass $(U_K^n, L|K) = 1$ für genügend großes n, so erhalten wir die Verzweigungsgruppe G_v, die einzige p-Sylowgruppe von G_τ, als das Bild der p-Sylowgruppe U_K^1/U_K^n von U_K/U_K^n (vgl. (3.2)).

Man kann über den Satz (5.12) hinaus weiter zeigen, dass die höheren Einseinheitengruppen U_K^n nach gewisser Umnummerierung auf die höheren Verzweigungsgruppen von $G_{L|K}$ abgebildet werden. Wir verweisen hierzu auf [42], XV, §3, Cor. 3.

Wir gehen zum Schluss noch kurz auf das universelle Normrestsymbol unserer Klassenformation ein (vgl. §1, S. 83). Für jede abelsche Erweiterung $L|K$ haben wir den Homomorphismus

$$K^\times \xrightarrow{\ (\ , L|K)\ } G_{L|K}.$$

Beim Übergang zum projektiven Limes

$$G_K^{\mathrm{ab}} = \varprojlim G_{L|K} \qquad (L|K \text{ abelsch})$$

erhalten wir für jedes $a \in K^\times$ das Element

$$(a, K) = \varprojlim (a, L|K) \in G_K^{\mathrm{ab}}$$

aus der Galoisgruppe G_K^{ab} der maximal abelschen Erweiterung von K.

(5.13) Satz. *Der durch das universelle Normrestsymbol gegebene Homomorphismus*

$$K^\times \xrightarrow{\ (\ ,K)\ } G_K^{ab}$$

ist injektiv.

Beweis. Nach (1.15) ist der Durchschnitt $D_K = \bigcap_L N_{L|K} L^\times$ der Kern von $(\ ,K)$. Nach (3.7) sind die Potenzgruppen $(K^\times)^m$ von endlichem Index, also nach dem im nächsten Paragraphen bewiesenen Satz (6.3) Normengruppen, und wir erhalten $D_K \subseteq \bigcap_{m=1}^\infty (K^\times)^m = 1$.

Ist $a \in K^\times$, so liefert die Einschränkung von $(a, K) \in G_K^{ab}$ auf den Trägheitskörper $T|K$ das universelle Normrestsymbol der in §4 besprochenen Klassenformation der unverzweigten Erweiterungen von K (vgl. §4, S. 96). Mit (4.10) erhalten wir also

$$(a, K)\big|_T = (a, T|K) = \varphi_K^{v_K(a)} \in G_{T|K},$$

wobei $\varphi_K = \varprojlim_{L|K \text{ unverzw.}} \varphi_{L|K} \in G_{T|K}$ den universellen Frobeniusautomorphismus bedeutet.

In der globalen Klassenkörpertheorie werden wir neben den $\mathfrak{p}$-adischen Zahlkörpern auch den Körper $\mathbb{R}$ der reellen Zahlen heranzuziehen haben. Über ihm gibt es ebenfalls ein Reziprozitätsgesetz, welches jedoch so einfach ist, dass wir es mit wenigen Worten abtun können.

$\mathbb{R}$ besitzt nur einen algebraischen Oberkörper, den Körper $\mathbb{C}$ der komplexen Zahlen. Das Paar $(G_{\mathbb{C}|\mathbb{R}}, \mathbb{C}^\times)$ bildet in trivialer Weise eine Klassenformation. Die Gruppe $H^2(G_{\mathbb{C}|\mathbb{R}}, \mathbb{C}^\times) \cong H^0(G_{\mathbb{C}|\mathbb{R}}, \mathbb{C}^\times) = \mathbb{R}^\times / N_{\mathbb{C}|\mathbb{R}} \mathbb{C}^\times$ ist zyklisch von der Ordnung 2, da ein Element $a \in \mathbb{R}^\times$ genau dann ein Normelement von $\mathbb{C}$ ist, wenn $a > 0$. Die Invariantenabbildung

$$\text{inv}_{\mathbb{C}|\mathbb{R}} : H^2(G_{\mathbb{C}|\mathbb{R}}, \mathbb{C}^\times) \longrightarrow \tfrac{1}{2}\mathbb{Z}/\mathbb{Z}$$

wird in evidenter Weise definiert, und das Normrestsymbol $(\ , \mathbb{C}|\mathbb{R})$ wird durch die Gleichung

$$(a, \mathbb{C}|\mathbb{R})(\sqrt{-1}) = (\sqrt{-1})^{\text{sgn}(a)}$$

charakterisiert, da $(a, \mathbb{C}|\mathbb{R})$ die Identität bzw. die Konjugiertenbildung bedeutet, je nachdem a ein Normelement ist oder nicht, d.h. je nachdem $a > 0$ oder $a < 0$.

§ 6. Der Existenzsatz

Aus der abstrakten Klassenkörpertheorie von §1 erhalten wir das Resultat (vgl. (1.14)), dass die Normengruppen in einem $\mathfrak{p}$-adischen Zahlkörper K umkehrbar eindeutig den abelschen Oberkörpern von K entsprechen:

(6.1) Satz. *Ist K ein $\mathfrak{p}$-adischer Zahlkörper, so liefert die Zuordnung*

$$L \longmapsto I_L = N_{L|K} L^\times \subseteq K^\times$$

einen inklusionsumkehrenden Isomorphismus zwischen dem Verband der abelschen Erweiterungen $L|K$ und dem Verband der Normengruppen aus $K^\times$. Jede Obergruppe einer Normengruppe ist wieder eine Normengruppe.

Nach diesem Satz spiegelt sich der Aufbau der abelschen Oberkörper über K in der multiplikativen Gruppe $K^\times$ wider, und es drängt sich die Frage auf, wie sich die Normengruppen von $K^\times$ durch innere Eigenschaften in $K^\times$ charakterisieren lassen. Hierüber beweisen wir den folgenden auch als **Existenzsatz** bezeichneten

(6.2) Satz. *Die Normengruppen von $K^\times$ sind gerade die offenen (und damit abgeschlossenen) Untergruppen von endlichem Index.*

Beweis. Jede Normengruppe $I_L \subseteq K^\times$ hat nach dem Reziprozitätsgesetz (5.9) einen endlichen Index in $K^\times$. Ist m dieser Index, so ist offenbar $(K^\times)^m \subseteq I_L$. Nach (3.6) ist $(K^\times)^m$ offen, also ist I_L als Vereinigung der (offenen) Nebenscharen von $(K^\times)^m$ in I_L offen.

Sei umgekehrt $I \subseteq K^\times$ eine offene Untergruppe von endlichem Index m in $K^\times$. Dann ist $(K^\times)^m \subseteq I$, und I ist nach (6.1) als Normengruppe nachgewiesen, wenn wir gezeigt haben, dass $(K^\times)^m$ eine Normengruppe ist. Wir beweisen dies zunächst unter der Annahme, dass K die m-ten Einheitswurzeln enthält. Zu jedem $a \in K^\times$ bilden wir den Körper $L_a = K(\sqrt[m]{a})$ und setzen

$$L = \bigcup_{a \in K^\times} L_a.$$

$L|K$ ist eine endliche abelsche Erweiterung, da es wegen der Endlichkeit von $K^\times/(K^\times)^m$ (vgl. (3.7)) nur endlich viele verschiedene Körper unter den L_a gibt. Wir behaupten nun, dass

$$(K^\times)^m = I_L = \bigcap_{a \in K^\times} I_{L_a} \qquad {}^{12)}.$$

---

12) Die rechte Gleichung folgt wegen $L = \bigcup_{a \in K^\times} L_a$ aus (6.1).

Der Grad $[L_a : K] = [K(\sqrt[m]{a}) : K] = d$ ist offenbar ein Teiler von m, so dass aus $(K^\times)^d \subseteq I_{L_a}$ die Inklusion $(K^\times)^m \subseteq I_{L_a}$ für alle a folgt. Daher ist $(K^\times)^m \subseteq I_L$.

Nach der Theorie der Kummerschen Körper (vgl. hierzu Teil III, §1, S. 128, (1.3)) besteht andererseits eine Isomorphie zwischen der Faktorgruppe $K^\times/(K^\times)^m$ und der Charaktergruppe der Galoisgruppe $G_{L|K}$, so dass mit (5.9)

$$(K^\times : (K^\times)^m) = |G_{L|K}| = (K^\times : I_L).$$

Daher ist $(K^\times)^m = I_L$, $(K^\times)^m$ ist also eine Normengruppe. Enthält K die m-ten Einheitswurzeln nicht, so adjungieren wir diese und kommen zu einem Oberkörper K_1. In diesem ist $(K_1^\times)^m$ nach dem Vorausgegangenen die Normengruppe einer Erweiterung $L|K_1 : (K_1^\times)^m = N_{L|K_1} L^\times$. Bedeutet $\tilde{L}$ den kleinsten L umfassenden Normaloberkörper von K, so wird

$$N_{\tilde{L}|K}\tilde{L}^\times = N_{K_1|K}(N_{\tilde{L}|K_1}\tilde{L}^\times) \subseteq N_{K_1|K}(N_{L|K_1}L^\times) = N_{K_1|K}((K_1^\times)^m)$$
$$= (N_{K_1|K}K_1^\times)^m \subseteq (K^\times)^m.$$

Damit ist nach (6.1) $(K^\times)^m$ als Obergruppe der Normengruppe $N_{\tilde{L}|K}\tilde{L}^\times$ selbst eine Normengruppe, und unser Existenzsatz ist bewiesen.

Die wesentliche Aussage, die dem Satz (6.2) seinen Namen gibt, liegt in der Tatsache, dass zu jeder offenen Untergruppe I von endlichem Index in $K^\times$ eine abelsche Erweiterung $L|K$ existiert, deren Normengruppe $N_{L|K}L^\times = I$ ist. Dieser eindeutig bestimmte Körper L heißt der **Klassenkörper** zu I.

Es ist klar, dass die offenen Untergruppen von endlichem Index in $K^\times$ auch abgeschlossen von endlichem Index sind, und umgekehrt, denn das Komplement einer Untergruppe von endlichem Index in $K^\times$ besteht aus ihren endlich vielen Nebenscharen. Wir erhalten sogar den folgenden

(6.3) Satz. *Ist I eine Untergruppe von $K^\times$, so sind die folgenden Bedingungen äquivalent:*

(i)   *I ist eine Normengruppe,*
(ii) *I ist offen von endlichem Index,*
(iii) *I ist abgeschlossen von endlichem Index,*
(iv) *I hat einen endlichen Index.*

Beweis. Die Bedingungen (i), (ii), (iii) sind nach (6.2) und unserer obigen Bemerkung äquivalent, während (iv) mit (ii) äquivalent ist, da eine Untergruppe I von endlichem Index m die offene Gruppe $(K^\times)^m$ enthält, also offen ist.

Zu dieser topologischen Charakterisierung der Normengruppen geben wir eine weitere an, die von arithmetischer Natur ist (vgl. hierzu (4.9)).

(6.4) Satz. *Die Normengruppen von $K^\times$ sind gerade die Obergruppen der Gruppen*
$$U_K^n \times (\pi^f), \qquad n = 0, 1, 2, \ldots, \; f = 1, 2, \ldots$$
Dabei bedeutet $U_K^0 = U_K$, π ein Primelement von K und (π^f) die durch π^f erzeugte Untergruppe von $K^\times$.

Beweis. Jede Gruppe $U_K^n \times (\pi^f)$ hat in $K^\times = U_K^0 \times (\pi)$ einen endlichen Index, ist also nach (6.3) Normengruppe und hat somit nur Normengruppen als Obergruppen.

Ist umgekehrt I eine Normengruppe, so gibt es wegen der Offenheit eine Gruppe $U_K^n \subseteq I$, denn die U_K^n bilden eine Umgebungsbasis der $1 \in K^\times$. Ist π ein Primelement und f der Index $(K^\times : I)$, so ist $\pi^f \in I$, also $U_K^n \times (\pi^f) \subseteq I$.

Auf eine genauere Betrachtung der Normengruppen werden wir im nächsten Paragraphen eingehen.

§ 7. Die explizite Bestimmung des Normrestsymbols[13)]

Anknüpfend an den Satz (4.9), der eine direkte Angabe des Normrestsymbols in unverzweigten Erweiterungen durch den Frobeniusautomorphismus liefert, wollen wir in diesem Paragraphen eine explizite Darstellung des Normrestsymbols in gewissen ausgezeichneten rein verzweigten Erweiterungen herleiten. Diese Erweiterungen erzeugen zusammen mit den unverzweigten Erweiterungen den maximal abelschen Körper, so dass wir schließlich zu einer expliziten Bestimmung des universellen Normrestsymbols kommen.

Sei K ein $\mathfrak{p}$-adischer Zahlkörper, $\mathcal{o}$ der Ring der ganzen Zahlen von K, π ein Primelement und $q = (\mathcal{o} : \pi\mathcal{o})$ die Anzahl der Elemente im Restklassenkörper $\overline{K}$.

[13)] Wir folgen in diesem Paragraphen den Ausführungen von [34]. Für den Teil III wird von diesem Paragraphen lediglich der Satz (7.16) benötigt.

Wir betrachten die Menge ξ_π aller Potenzreihen $f(Z) \in \mathcal{O}[[Z]]$, derart dass

$$f(Z) \equiv \pi \cdot Z \bmod \text{Grad } 2 \quad \text{und} \quad f(Z) \equiv Z^q \bmod \pi.$$

Zwei Potenzreihen heißen kongruent mod Grad n bzw. mod π, wenn sie in den Gliedern kleineren Grades als n übereinstimmen bzw. wenn ihre Koeffizienten kongruent mod π sind. Das einfachste Beispiel einer Potenzreihe aus ξ_π ist das Polynom $f(Z) = \pi \cdot Z + Z^q$, das man als ein Standardmodell anzusehen hat. Mit

$$f^n(Z) = f(f(\cdots f(Z) \cdots)) \in \mathcal{O}[[Z]]$$

bezeichnen wir die Potenzreihe, die wir durch n-maliges Einsetzen aus $f(Z)$ gewinnen und setzen $f^0(Z) = Z$.

Sei $\Lambda_{f,n}$ die Menge der in der algebraisch abgeschlossenen Hülle Ω von K gelegenen Elemente λ positiven Wertes mit $f^n(\lambda) = 0$. Wir betrachten dann die Körper

$$L_{f,n} = K(\Lambda_{f,n}), \quad n = 1, 2, \ldots$$

Wegen

$$f^n(Z) = f(f^{n-1}(Z)) = f^{n-1}(Z) \cdot \phi_n(Z), \quad \phi_n(Z) \in \mathcal{O}[[Z]],$$

ist unmittelbar klar, dass $\Lambda_{f,n-1} \subseteq \Lambda_{f,n}$, dass also

$$L_{f,n-1} \subseteq L_{f,n}, \quad n = 1, 2, \ldots$$

Wir setzen $\Lambda_f = \bigcup_{n=1}^\infty \Lambda_{f,n}$ und $L_f = K(\Lambda_f) = \bigcup_{n=1}^\infty L_{f,n}$.

Wir werden zeigen, dass die Erweiterungen $L_{f,n} | K$ abelsch und rein verzweigt sind und zu den Normengruppen $U_K^n \times (\pi)$ gehören (vgl. (6.4)). Der wesentliche Gedanke, der den diesbezüglichen Untersuchungen zugrunde liegt, besteht darin, dass wir unter Heranziehung gewisser Potenzreihen die Nullstellenmenge $\Lambda_{f,n}$ zu einem $\mathcal{O}$-Modul machen, derart, dass die Multiplikation von $\Lambda_{f,n}$ mit einer Einheit $u \in \mathcal{O}$ eine solche Permutation von $\Lambda_{f,n}$ bewirkt, die einen K-Automorphismus von $L_{f,n} | K$ induziert, nämlich den Automorphismus $(u^{-1}, L_{f,n} | K)$.

(7.1) Lemma. *Seien $f(Z), g(Z) \in \xi_\pi$ und $L(X_1, \ldots, X_n) = \sum_{i=1}^n a_i X_i$ eine Linearform mit Koeffizienten $a_i \in \mathcal{O}$.*

Dann gibt es eine eindeutig bestimmte Potenzreihe $F(X_1, \ldots, X_n)$ mit Koeffizienten aus $\mathcal{O}$ mit den Eigenschaften

$$F(X_1, \ldots, X_n) \equiv L(X_1, \ldots, X_n) \bmod \text{Grad } 2,$$
$$f(F(X_1, \ldots, X_n)) = F(g(X_1), \ldots, g(X_n)) \,.$$

Beweis. Wir setzen $X = (X_1, \ldots, X_n)$ und $g(X) = (g(X_1), \ldots, g(X_n))$.
Man rechnet sofort nach, dass eine Potenzreihe $F(X)$ mit ihren Abschnit-
ten $F_r(X) \in \mathcal{o}[X]$ vom Grade r genau dann eine Lösung des obigen Problems
ist, wenn $F(X) \equiv L(X) \bmod \text{Grad } 2$, also $F_1(X) = L(X)$, und für jedes r die
Kongruenz

$(*)$ $\qquad\qquad f(F_r(X)) \equiv F_r(g(X)) \quad \bmod \text{Grad } (r+1)$

erfüllt ist. Für $r = 1$, d.h. für $F_1(X) = L(X)$ ist dies richtig. Haben wir
$F_r(X) \in \mathcal{o}[X]$ mit der Bedingung $(*)$ in eindeutiger Weise gefunden, und
setzen wir $F_{r+1}(X) = F_r(X) + \Delta_{r+1}(X)$ mit einer homogenen Form Δ_{r+1}
vom Grade $r + 1$, so entnehmen wir den Gleichungen

$$f(F_{r+1}(X)) \equiv f(F_r(X)) + \pi \cdot \Delta_{r+1}(X) \qquad \bmod \text{Grad } (r+2),$$
$$F_{r+1}(g(X)) \equiv F_r(g(X)) + \pi^{r+1} \cdot \Delta_{r+1}(X) \qquad \bmod \text{Grad } (r+2),$$

dass für Δ_{r+1} die Kongruenz

$$\Delta_{r+1}(X) \equiv \frac{f(F_r(X)) - F_r(g(X))}{\pi^{r+1} - \pi} \quad \bmod \text{Grad } (r+2)$$

gelten muss, d.h. wir erhalten Δ_{r+1} in eindeutiger Weise als den ersten
Abschnitt, d.h. als die homogene Form $(r + 1)$-ten Grades der Potenzreihe
$\big(f(F_r(X)) - F_r(g(X))\big)/(\pi^{r+1} - \pi)$. Wegen

$$f(F_r(X)) - F_r(g(X)) \equiv (F_r(X))^q - F_r(X^q) \equiv 0 \quad \bmod \pi$$

hat Δ_{r+1} und damit $F_{r+1} = F_r + \Delta_{r+1}$ ganzzahlige Koeffizienten. Damit ist die
Existenz und die Eindeutigkeit der Reihe $F(X) = \lim_{r \to \infty} F_r(X)$ gezeigt.

Bemerkung. Der Beweis zeigt, dass F sogar die einzige Potenzreihe in jedem
Oberkörper von $\mathcal{o}$ ist, welche die Gleichungen des Lemmas erfüllt.

Für uns sind insbesondere die Fälle $L(X, Y) = X + Y$ und $L(Z) = aZ$,
$a \in \mathcal{o}$, wichtig. Ist $f \in \xi_\pi$, so sei $F_f(X, Y)$ die eindeutig bestimmte Lösung
der Gleichungen

$$F_f(X, Y) = X + Y \quad \bmod \text{Grad } 2,$$
$$f(F_f(X, Y)) = F_f(f(X), f(Y)).$$

Weiter sei für jedes $a \in \mathcal{o}$ und $f, g \in \xi_\pi$ die Reihe $a_{f,g}(Z) \in \mathcal{o}[[Z]]$ die
eindeutig bestimmte Lösung von

$$a_{f,g}(Z) \equiv aZ \quad \bmod \text{Grad } 2,$$
$$f(a_{f,g}(Z)) = a_{f,g}(g(Z)).$$

Wir schreiben der Einfachheit halber a_f an Stelle von $a_{f,f}$. Der folgende Satz
zeigt, dass $F_f(X, Y)$ in gewissem Sinne die Rolle einer „Addition" spielt, während a_f eine Art von „Multiplikation" liefert.

(7.2) Satz. *Für Elemente $f, g, h \in \xi_\pi$ und $a, b \in \mathcal{o}$ gelten die folgenden Formeln:*

(1) $\qquad F_f(X, Y) = F_f(Y, X),$

(2) $\quad F_f(F_f(X, Y), Z) = F_f(X, F_f(Y, Z)),$

(3) $\qquad a_{f,g}(F_g(X, Y)) = F_f(a_{f,g}(X), a_{f,g}(Y)),$

(4) $\qquad a_{f,g}(b_{g,h}(Z)) = (a \cdot b)_{f,h}(Z),$

(5) $\qquad (a + b)_{f,g}(Z) = F_f(a_{f,g}(Z), b_{f,g}(Z)),$

(6) $\qquad (\pi^n)_f(Z) = f^n(Z) , \; n = 0, 1, 2, \ldots$

Der Beweis dieser Formeln verläuft nach ein und demselben Schema. Man zeigt für jede Gleichung, dass die linke und die rechte Seite beide Lösungen eines Problems von (7.1) sind und schließt aus der Eindeutigkeit die Gleichheit. Die Durchführung im einzelnen sei dem Leser überlassen.

Für $f = g = h$ erhalten wir mit den Formeln (1)–(6) formal die Gesetze eines $\mathcal{o}$-Moduls. Man nennt daher F_f einen **formalen Lieschen $\mathcal{o}$-Modul.** Von einem solchen formalen Lieschen $\mathcal{o}$-Modul kommen wir zu einem gewöhnlichen $\mathcal{o}$-Modul, wenn wir für die Unbestimmten X, Y, Z einen Bereich unterlegen, in dem die Potenzreihen konvergieren. Ist L irgendeine algebraische Erweiterung von K, so stellt das Primideal $\mathfrak{p}_L$ der Elemente positiven Wertes von L einen solchen Bereich dar. Sind nämlich $x_1, \ldots, x_n \in \mathfrak{p}_L$ und $G(X_1, \ldots, X_n) \in \mathcal{o}[[X_1, \ldots, X_n]]$, so ist die Reihe $G(x_1, \ldots, x_n)$ konvergent und liefert ein Element von $\mathfrak{p}_L$, wenn das konstante Glied von G gleich Null ist[14]. Wir haben daher den

(7.3) Satz. *Ist $f \in \xi_\pi$ und L eine algebraische Erweiterung von K, so stellt die Menge $\mathfrak{p}_L$ mit den Operationen*

$$x + y = F_f(x, y) \quad \text{und} \quad a \cdot x = a_f(x), \; x, y \in \mathfrak{p}_L, \; a \in \mathcal{o},$$

einen $\mathcal{o}$-Modul dar, den wir mit $\mathfrak{p}_L^{(f)}$ bezeichnen.

Für die Addition ist offenbar $(-1)_f(x)$ das inverse Element von x. Die Operationen $\mathfrak{p}_L^{(f)}$ dürfen natürlich nicht mit den gewöhnlichen Operationen des $\mathcal{o}$-Moduls verwechselt werden.

(7.4) Satz. *Die Nullstellenmenge $\Lambda_{f,n}$ von $f^n(x)$ bildet einen Untermodul von $\mathfrak{p}_{L_{f,n}}^{(f)}$.*

---

[14] $G(x_1, \ldots, x_n)$ konvergiert in dem durch $x_1, \ldots, x_n$ erzeugten endlichen und damit vollständigen Oberkörper von K.

Beweis. Es ist

$$\Lambda_{f,n} = \{\lambda \in \mathfrak{p}_{L_{f,n}} \mid f^n(\lambda) = (\pi^n)_f(\lambda) = 0\} = \{\lambda \in \mathfrak{p}_{L_{f,n}}^{(f)} \mid \pi^n \cdot \lambda = 0\},$$

d.h. $\Lambda_{f,n}$ ist der Annullator des Elementes $\pi^n \in \mathcal{O}$.

(7.5) Satz. *Sind $f, g \in \xi_\pi$ und $a \in \mathcal{O}$, so liefert die Zuordnung*

$$\lambda \longmapsto a_{g,f}(\lambda)$$

einen Homomorphismus von $\Lambda_{f,n}$ in $\Lambda_{g,n}$. Dieser Homomorphismus ist ein Isomorphismus, wenn a eine Einheit in $\mathcal{O}$ ist.

Beweis. Die Homomorphieeigenschaft folgt unmittelbar aus den Formeln (3) und (4). Ist a eine Einheit, so ist auf Grund von (4) und (6)

$$(a^{-1})_{f,g}(a_{g,f}(\lambda)) = 1_f(\lambda) = \lambda \text{ für } \lambda \in \Lambda_{f,n},$$

und umgekehrt

$$a_{g,f}((a^{-1})_{f,g}(\lambda)) = 1_g(\lambda) = \lambda \text{ für } \lambda \in \Lambda_{g,n}.$$

Also ist die Abbildung $a_{g,f} : \Lambda_{f,n} \to \Lambda_{g,n}$ bijektiv mit der Umkehrabbildung $(a^{-1})_{f,g}$.

(7.6) Korollar. *Ist $f \in \xi_\pi$, so ist der $\mathcal{O}$-Modul $\Lambda_{f,n}$ isomorph zum $\mathcal{O}$-Modul $\mathcal{O}/\pi^n \cdot \mathcal{O}$.*

Beweis. Nach (7.5) sind zwei Moduln $\Lambda_{f,n}$ und $\Lambda_{g,n}$ für $f, g \in \xi_\pi$ durch die Abbildung $1_{g,f} : \Lambda_{f,n} \to \Lambda_{g,n}$ isomorph. Es genügt also, den Modul $\Lambda_{f,n}$ mit $f(Z) = \pi Z + Z^q \in \xi_\pi$ zu betrachten.

Der $\mathcal{O}$-Modul $\Lambda_{f,1}$ besteht aus den Nullstellen der Gleichung $f(Z) = \pi Z + Z^q = 0$, hat also q Elemente und ist daher ein eindimensionaler Vektorraum über dem Körper $\mathcal{O}/\pi \cdot \mathcal{O}$. Für $n = 1$ ergibt sich daraus die Isomorphie $\Lambda_{f,1} \cong \mathcal{O}/\pi \cdot \mathcal{O}$.

Nehmen wir an, es ist $\Lambda_{f,n} \cong \mathcal{O}/\pi^n \cdot \mathcal{O}$. Das Element π definiert nach (7.5) den Homomorphismus $\pi_f : \Lambda_{f,n+1} \to \Lambda_{f,n}$, aus dem sich die exakte Sequenz

$$0 \longrightarrow \Lambda_{f,1} \longrightarrow \Lambda_{f,n+1} \xrightarrow{\pi_f} \Lambda_{f,n} \longrightarrow 0$$

ergibt. In der Tat ist einerseits $\pi_f(\lambda) \in \Lambda_{f,n}$ für $\lambda \in \Lambda_{f,n+1}$ wegen $f^n(\pi_f(\lambda)) = f^n(f(\lambda)) = f^{n+1}(\lambda) = 0$. Andererseits ist der Homomorphismus π_f surjektiv. Ist nämlich $\lambda \in \Lambda_{f,n}$ und $\lambda^*(\in \Omega)$ eine Nullstelle der Gleichung $f(Z) - \lambda = Z^q + \pi Z - \lambda = 0$, so ist $\lambda^* \in \Lambda_{f,n+1}$ wegen $f^{n+1}(\lambda^*) = f^n(f(\lambda^*)) = f^n(\lambda) = 0$, d.h. $\pi_f(\lambda^*) = f(\lambda^*) = \lambda$. Der Kern von π_f besteht aus den Elementen λ mit $\pi_f(\lambda) = f(\lambda) = 0$, d.h. aus dem Modul $\Lambda_{f,1} \subseteq \Lambda_{f,n+1}$.

Die Ordnung von $\Lambda_{f,n+1}$ ist wegen $\Lambda_{f,1} \cong \mathcal{O}/\pi \cdot \mathcal{O}$ und $\Lambda_{f,n} \cong \mathcal{O}/\pi^n \cdot \mathcal{O}$ gleich q^{n+1}. Ist $\lambda \in \Lambda_{f,n+1}$ aber $\lambda \notin \Lambda_{f,n}$, so ist ersichtlich $\pi^{n+1} \cdot \mathcal{O}$ der Annullator von λ. Die Zuordnung $a \mapsto a\lambda$ liefert daher einen Isomorphismus zwischen $o/\pi^{n+1} \cdot o$ und dem durch λ erzeugten o-Untermodul von $\Lambda_{f,n+1}$, der mit $\Lambda_{f,n+1}$ übereinstimmen muss, da $o/\pi^{n+1} \cdot o$ und $\Lambda_{f,n+1}$ beide die Ordnung q^{n+1} haben. Daher ist $\Lambda_{f,n+1} \cong o/\pi^{n+1} \cdot o$.

(7.7) Korollar. *Jeden Automorphismus des o-Moduls $\Lambda_{f,n}$ erhält man durch $u_f : \Lambda_{f,n} \to \Lambda_{f,n}$ mit einer Einheit $u \in U_K$. Genau dann ist u_f die Identität von $\Lambda_{f,n}$, wenn $u \in U_K^n$. Die Gruppe U_K/U_K^n stellt also die volle Automorphismengruppe von $\Lambda_{f,n}$ dar.*

Der Beweis ist wegen der Isomorphie $\Lambda_{f,n} \cong o/\pi^n \cdot o$ elementar und mag dem Leser überlassen bleiben.

(7.8) Satz. *Der Körper $L_{f,n}$ hängt nur von dem Primelement π, nicht aber von der Auswahl der Potenzreihe $f \in \xi_\pi$ ab.*

Beweis. Sind $f, g \in \xi_\pi$ und $\lambda \in \Lambda_{f,n}$, so ist mit λ auch $1_{g,f}(\lambda) \in L_{f,n}$, und wegen der Surjektivität von $1_{g,f} : \Lambda_{f,n} \to \Lambda_{g,n}$ ist $\Lambda_{g,n} \subseteq L_{f,n}$, d.h. $L_{g,n} \subseteq L_{f,n}$. Aus Symmetriegründen ist $L_{g,n} = L_{f,n}$.

Wir wollen auf Grund dieses Resultates den Körper $L_{f,n}$ mit $L_{\pi,n}$ bezeichnen und setzen $L_\pi = \bigcup_{n=1}^\infty L_{\pi,n}$. Wir können uns $L_{\pi,n}$ stets durch die Nullstellen des Polynoms $f^n(Z)$ mit $f(Z) = \pi \cdot Z + Z^q \in \xi_\pi$ erzeugt denken. $L_{\pi,n}|K$ ist daher eine endliche normale Erweiterung. Ihre Galoisgruppe bezeichnen wir mit $G_{\pi,n}$. Der projektive Limes $G_\pi = \varprojlim G_{\pi,n}$ ist die Galoisgruppe der Erweiterung $L_\pi|K$. Jedes Element $\sigma \in G_{\pi,n}$ liefert durch die gewöhnliche Operation von $G_{\pi,n}$ auf der Menge $\Lambda_{f,n} \subseteq L_{\pi,n}$ einen Automorphismus des o-Moduls $\Lambda_{f,n}$. Dies rührt daher, dass σ stetig auf $L_{\pi,n}$ operiert, und dass die Operationen des o-Moduls $\Lambda_{f,n}$ durch konvergente Potenzreihen definiert sind, deren Koeffizienten im Grundkörper K liegen, also von σ festgelassen werden. Andererseits liefert nach (7.7) jede Klasse $u \cdot U_K^n \in U_K/U_K^n$ den Automorphismus $u_f : \Lambda_{f,n} \to \Lambda_{f,n}$, und wir erhalten den folgenden

(7.9) Satz. *Zu jedem $\sigma \in G_{\pi,n}$ gibt es eine eindeutig bestimmte Klasse $u \cdot U_K^n \in U_K/U_K^n$, derart dass*

$$\sigma(\lambda) = u_f(\lambda) \qquad \text{für alle } \lambda \in \Lambda_{f,n},$$

und durch die Zuordnung $\sigma \mapsto u \cdot U_K^n$ erhält man einen Isomorphismus

$$G_{\pi,n} \cong U_K/U_K^n.$$

Beweis. Jedes $\sigma \in G_{\pi,n}$ induziert einen Automorphismus des $\mathcal{o}$-Moduls $\Lambda_{f,n}$. Da U_K/U_K^n nach (7.7) die volle Automorphismengruppe von $\Lambda_{f,n}$ darstellt, muss es eine (natürlich eindeutig bestimmte) Klasse $u \cdot U_K^n \in U_K/U_K^n$ geben, derart dass $\sigma(\lambda) = u_f(\lambda)$ für alle $\lambda \in \Lambda_{f,n}$ ist.

Die Zuordnung $\sigma \mapsto u \cdot U_K^n$ ist injektiv, da die Menge $\Lambda_{f,n}$ den Körper $L_{\pi,n}$ erzeugt und somit aus $\sigma(\lambda) = u_f(\lambda) = \lambda$ für alle $\lambda \in \Lambda_{f,n}$ sofort $\sigma = 1$ folgt.

Um die Surjektivität zu beweisen, haben wir noch zu zeigen, dass die Ordnung von $G_{\pi,n}$ nicht kleiner ist, als die Ordnung $q^{n-1}(q-1)$ von U_K/U_K^n (vgl. (3.2)). Es ist

$$f^n(Z) = f(f^{n-1}(Z)) = f^{n-1}(Z) \cdot \phi_n(Z) \quad \text{mit}$$
$$\phi_n(Z) = (f^{n-1}(Z))^{q-1} + \pi \in \mathcal{o}[Z].$$

Das Polynom $f^{n-1}(Z) = Z^{q^{n-1}} + \cdots + \pi^{n-1}Z$ hat lauter Koeffizienten positiven Wertes, so dass $\phi_n(Z)$ ein Eisensteinsches Polynom ist und als solches irreduzibel über K ist. Ist λ eine Nullstelle von $\phi_n(Z)$, also eine Nullstelle von $f^n(Z)$, so ist $K(\lambda)$ ein rein verzweigter Unterkörper von $L_{\pi,n}$. Sein Grad $[K(\lambda) : K]$ ist gleich dem Grad $q^n - q^{n-1} = q^{n-1}(q-1)$ des Polynoms $\phi_n(Z) = f^n(Z)/f^{n-1}(Z)$, und daher ist die Ordnung von $G_{\pi,n}$ jedenfalls nicht kleiner als $q^{n-1}(q-1) = |U_K/U_K^n|$. Wir erhalten also $G_{\pi,n} \cong U_K/U_K^n$ und $L_{\pi,n} = K(\lambda)$, wobei λ eine Nullstelle des Eisensteinschen Polynoms $\phi_n(Z) = (f^{n-1}(Z))^{q-1} + \pi$ ist. Damit ergibt sich gleichzeitig der

(7.10) Satz. *$L_{\pi,n}|K$ ist eine abelsche, rein verzweigte Erweiterung vom Grade $q^{n-1}(q-1)$. Sie wird erzeugt durch eine Nullstelle der Eisensteinschen Gleichung*

$$\phi_n(Z) = (f^{n-1}(Z))^{q-1} + \pi = 0.$$

Der letzten Aussage entnehmen wir, dass das Primelement π ein Normelement für jede Erweiterung $L_{\pi,n}|K$ ist. Ist nämlich λ eine Nullstelle von $\phi_n(Z)$, so ist $L_{\pi,n} = K(\lambda)$ und $\pi = N_{L_{\pi,n}|K}(-\lambda)$.

In unseren bisherigen Ausführungen war π stets ein fest gewähltes Primelement von K. Wir haben daher zu untersuchen, was geschieht, wenn wir von π zu einem anderen Primelement π' übergehen. Wir benötigen hierzu einen Hilfssatz über die Komplettierung $\hat{T}$ des maximal unverzweigten Körpers T über K. Mit φ bezeichnen wir wieder den (universellen) Frobeniusautomorphismus von $T|K$, dessen Einschränkung auf eine unverzweigte endliche Erweiterung $L|K$ den Frobeniusautomorphismus $\varphi_{L|K}$ liefert (vgl. §4, S. 97). Denken wir uns φ stetig auf die Komplettierung $\hat{T}$ fortgesetzt, so gilt der

Hilfssatz. *Es ist* $U_{\widehat{T}}^{\varphi-1} = U_{\widehat{T}}$ *und* $(\varphi - 1)\mathfrak{o}_{\widehat{T}} = \mathfrak{o}_{\widehat{T}}$.

Beweis. Es folgt sofort aus der Definition des Frobeniusautomorphismus φ, dass für den durch φ induzierten Automorphismus $\bar{\varphi}$ des algebraisch abgeschlossenen Restklassenkörpers $\overline{\widehat{T}} = \overline{T}$ die Gleichungen

$$(*) \qquad (\overline{\widehat{T}}^{\times})^{\bar{\varphi}-1} = \overline{\widehat{T}}^{\times} \quad \text{und} \quad (\bar{\varphi} - 1)(\overline{\widehat{T}}^{+}) = \overline{\widehat{T}}^{+}$$

gelten, wobei $\overline{\widehat{T}}^{\times}$ bzw. $\overline{\widehat{T}}^{+}$ die multiplikative bzw. additive Gruppe des Körpers $\overline{\widehat{T}}$ bedeutet. Ferner ist

$$(**) \quad U_{\widehat{T}}/U_{\widehat{T}}^1 \cong \overline{\widehat{T}}^{\times}, \; U_{\widehat{T}}^n/U_{\widehat{T}}^{n+1} \cong \overline{\widehat{T}}^{+} \quad \text{und} \quad \mathfrak{o}_{\widehat{T}}/\mathfrak{p}_{\widehat{T}} \cong \mathfrak{p}_{\widehat{T}}^n/\mathfrak{p}_{\widehat{T}}^{n+1} \cong \overline{\widehat{T}}^{+}.$$

Ist nun $x \in U_{\widehat{T}}$ bzw. $x \in \mathfrak{o}_{\widehat{T}}$, so ist $\bar{x} = \bar{\varphi}\bar{y}_1/\bar{y}_1$ bzw. $\bar{x} = \bar{\varphi}\bar{y}_1 - \bar{y}_1$ in $\overline{\widehat{T}}^{\times}$ bzw. $\overline{\widehat{T}}^{+}$, so dass

$$x = \frac{\varphi y_1}{y_1} a_1, \; y_1 \in U_{\widehat{T}}, \; a_1 \in U_{\widehat{T}}^1 \quad \text{bzw.} \quad x = \varphi y_1 - y_1 + a_1, \; y_1 \in \mathfrak{o}_{\widehat{T}}, \; a_1 \in \mathfrak{p}_{\widehat{T}}.$$

Wegen $(*)$ und $(**)$ ist weiter

$$a_1 = \frac{\varphi y_2}{y_2} a_2, \; y_2 \in U_{\widehat{T}}^1, \; a_2 \in U_{\widehat{T}}^2 \quad \text{bzw.} \quad a_1 = \varphi y_2 - y_2 + a_2, \; y_2 \in \mathfrak{p}_{\widehat{T}}, \; a_2 \in \mathfrak{p}_{\widehat{T}}^2,$$

also

$$x = \frac{\varphi(y_1 \cdot y_2)}{y_1 \cdot y_2} \cdot a_2 \quad \text{bzw.} \quad x = \varphi(y_1 + y_2) - (y_1 + y_2) + a_2.$$

Schreiten wir so fort, so wird

$$x = \frac{\varphi(y_1 \cdots y_n)}{y_1 \cdots y_n} \cdot a_n, \; y_n \in U_{\widehat{T}}^{n-1}, \; a_n \in U_{\widehat{T}}^n \quad \text{bzw.}$$

$$x = \varphi(y_1 + \cdots + y_n) - (y_1 + \cdots + y_n) + a_n, \; y_n \in \mathfrak{p}_{\widehat{T}}^{n-1}, \; a_n \in \mathfrak{p}_{\widehat{T}}^n,$$

und wenn wir zur Grenze übergehen

$$x = \frac{\varphi y}{y}, \; y = \prod_{n=1}^{\infty} y_n \in U_{\widehat{T}} \quad \text{bzw.} \quad x = \varphi y - y, \; y = \sum_{n=1}^{\infty} y_n \in \mathfrak{o}_{\widehat{T}}.$$

Mit diesem Hilfssatz beweisen wir ein Lemma von ähnlichem Typus wie (7.1).

(7.11) Lemma. *Seien π und $\pi' = u \cdot \pi$ $(u \in U_K)$ zwei Primelemente von K und $f \in \xi_\pi$, $f' \in \xi_{\pi'}$. Dann gibt es eine Potenzreihe*

$$\theta(Z) \equiv \varepsilon Z \quad \mathrm{mod}\ \mathrm{Grad}\, 2, \quad \varepsilon\ Einheit,$$

mit Koeffizienten im Ring $\mathcal{O}_{\widehat{T}}$ der ganzen Elemente von $\widehat{T}$ mit den folgenden Eigenschaften:

$$(1) \qquad\qquad \theta^\varphi(Z) = \theta(u_f(Z)), \quad ^{15)}$$

$$(2) \qquad \theta(F_f(X,Y)) = F_{f'}(\theta(X), \theta(Y)),$$

$$(3) \qquad\qquad \theta(a_f(Z)) = a_{f'}(\theta(Z)) \quad \text{für alle } a \in \mathcal{O}.$$

Beweis. Nach dem Hilfssatz ist $u = \varphi\varepsilon/\varepsilon$, $\varepsilon \in U_{\widehat{T}}$, und wir setzen $\theta_1(Z) = \varepsilon Z$. Wir nehmen an, wir hätten ein Polynom $\theta_r(Z)$ vom Grade r konstruiert, derart dass

$$\theta_r^\varphi(Z) \equiv \theta_r(u_f(Z)) \quad \mathrm{mod}\ \mathrm{Grad}\,(r+1),$$

und suchen ein Polynom $\theta_{r+1}(Z) = \theta_r(Z) + bZ^{r+1}$, welches die gleiche Kongruenz für $r+1$ an Stelle von r erfüllt. Setzen wir $b = a \cdot \varepsilon^{r+1}$, so ergibt sich für a die Forderung $a - \varphi a = c/(\varphi\varepsilon)^{r+1}$, wobei c der Koeffizient von Z^{r+1} der Reihe $\theta_r^\varphi(Z) - \theta_r(u_f(Z))$ ist. Wegen des Hilfssatzes existiert ein solches a stets, wir erhalten θ_{r+1} und also die Reihe $\theta(Z) = \lim_{r\to\infty} \theta_r(Z)$ mit der Bedingung $\theta^\varphi(Z) = \theta(u_f(Z))$.

Um die Bedingungen (2) und (3) zu erhalten, haben wir das so gewonnene θ etwas abzuändern. Dazu betrachten wir die Reihe

$$h = \theta^\varphi \circ f \circ \theta^{-1} = \theta \circ u_f \circ f \circ \theta^{-1} = \theta \circ \pi'_f \circ \theta^{-1},$$

wobei das Zeichen $\circ$ für die Einsetzung steht. Ihre Koeffizienten liegen in $\mathcal{O}_{\widehat{T}}$ und wegen $h^\varphi = \theta^\varphi \circ \pi'^\varphi_f \circ \theta^{-\varphi} = \theta^\varphi \circ f \circ u_f \circ \theta^{-\varphi} = h$ sogar in $\mathcal{O}$, denn ein Element aus $\widehat{T}$, welches durch φ festgelassen wird, liegt, was man mühelos einsieht, in K. Darüber hinaus gilt

$$h(Z) \equiv \varepsilon \cdot \pi' \cdot \varepsilon^{-1} Z = \pi' Z \quad \mathrm{mod}\ \mathrm{Grad}\, 2 \quad \text{und}$$

$$h(Z) = \theta^\varphi(f(\theta^{-1}(Z))) \equiv \theta^\varphi(\theta^{-1}(Z)^q) \equiv \theta^\varphi(\theta^{-\varphi}(Z^q)) \equiv Z^q \quad \mathrm{mod}\ \pi',$$

so dass $h \in \xi_{\pi'}$ ist. Wir ersetzen nun θ durch $1_{f',h} \circ \theta$, wobei die Bedingung (1) erhalten bleibt. Es gilt dann $f' = \theta^\varphi \circ f \circ \theta^{-1} = \theta \circ \pi'_f \circ \theta^{-1}$.

Zum Beweis von (2) haben wir uns nun zu überlegen, dass die Reihe

$$F(X,Y) = \theta(F_f(\theta^{-1}(X), \theta^{-1}(Y)))$$

die Bedingungen von (7.1) erfüllt, welche die Reihe $F_{f'}(X,Y)$ charakterisieren. Es ist klar, dass $F(X,Y) \equiv X+Y \bmod \mathrm{Grad}\, 2$; die Bedingung $F(f'(X), f'(Y)) = f'(F(X,Y))$ folgt auf Grund von $f' = \theta \circ \pi'_f \circ \theta^{-1}$ durch

---

$^{15)}$ θ^φ bedeutet die Potenzreihe, die wir aus θ durch Anwendung von φ auf die Koeffizienten von θ erhalten.

eine triviale Rechnung, und die Bemerkung im Anschluss an (7.1) zeigt, dass die Koeffizienten von $F(X, Y)$ in $\mathcal{O}$ liegen.

Genauso folgt (3), indem man zeigt, dass die Reihe $\theta \circ a_f \circ \theta^{-1}$ die Bedingungen von (7.1) erfüllt, welche die Reihe $a_{f'}$ charakterisieren.

(7.12) Korollar. *Sind* $\pi, \pi' = u \cdot \pi$ *zwei Primelemente von* K *und* $f \in \xi_\pi$, $f' \in \xi_{\pi'}$, *so ist die Zuordnung*

$$\lambda \longmapsto \theta(\lambda)$$

ein Isomorphismus zwischen dem $\mathcal{O}$*-Modul* $\Lambda_{f,n}$ *und dem* $\mathcal{O}$*-Modul* $\Lambda_{f',n}$.

Beweis. Ist $\lambda \in \Lambda_{f,n}$, so ist

$$f'^n(\theta(\lambda)) = (\pi'^n)_{f'}(\theta(\lambda)) = \theta((u^n \cdot \pi^n)_f(\lambda)) = \theta(0) = 0,$$

also ist $\theta(\lambda) \in \Lambda_{f',n}$. Die Homomorphieeigenschaft der Abbildung $\lambda \mapsto \theta(\lambda)$ folgt unmittelbar aus den Formeln (2) und (3) des Lemmas (7.11). Ist $\theta(\lambda) = 0$, so ist notwendig $\lambda = 0$, da sonst $0 = \varepsilon + a_1\lambda + \cdots$, was unmöglich ist, weil ε eine Einheit ist. Also ist die Abbildung injektiv. Sie ist auch surjektiv, da nach (7.6) beide $\Lambda_{f,n}$ und $\Lambda_{f',n}$ isomorph zu $\mathcal{O}/\pi^n \cdot \mathcal{O} = \mathcal{O}/\pi'^n \cdot \mathcal{O}$ sind, also gleiche Ordnungen haben.

Für zwei verschiedene Primelemente π und π' von K sind die Körper $L_{\pi,n}$ und $L_{\pi',n}$ i.a. sehr wohl verschieden. Aus dem vorstehenden Korollar ziehen wir jedoch sofort die folgende Konsequenz:

(7.13) Satz. *Es ist stets* $T \cdot L_{\pi,n} = T \cdot L_{\pi',n}$.

Beweis. Nach (7.12) ist $\Lambda_{f',n} = \theta(\Lambda_{f,n}) \subseteq \widehat{T \cdot L_{\pi,n}}$ (Komplettierung von $T \cdot L_{\pi,n}$). Da $\Lambda_{f',n}$ den Körper $L_{\pi',n}$ erzeugt, ist $\widehat{T \cdot L_{\pi',n}} \subseteq \widehat{T \cdot L_{\pi,n}}$ und aus Symmetriegründen $\widehat{T \cdot L_{\pi',n}} = \widehat{T \cdot L_{\pi,n}}$. Hieraus ergibt sich $T \cdot L_{\pi',n} = T \cdot L_{\pi,n}$, da beide Körper die algebraisch abgeschlossene Hülle von K im Körper $\widehat{T \cdot L_{\pi,n}}$ darstellen.

Da T unverzweigt, $L_{\pi,n}$ rein verzweigt über K ist, ist $T \cap L_{\pi,n} = K$. Die Galoisgruppe $G_{T \cdot L_{\pi,n}|K}$ von $T \cdot L_{\pi,n}|K$ ist daher das direkte Produkt

$$G_{T \cdot L_{\pi,n}|K} = G_{T|K} \times G_{\pi,n}.$$

Wir definieren nun einen Homomorphismus

$$\omega_\pi : K^\times \longrightarrow G_{T \cdot L_{\pi,n}|K}$$

in der folgenden Weise: Ist $a = u \cdot \pi^m \in K^\times$, $u \in U_K$, so sei

$$\omega_\pi(a)\big|_T = \varphi^m \in G_{T|K},$$
$$\omega_\pi(a)\big|_{L_{\pi,n}} = \sigma_u \in G_{\pi,n},$$

wobei σ_u den der Klasse $u^{-1} \cdot U_K^n \in U_K/U_K^n$ nach (7.9) zugeordneten Automorphismus von $L_{\pi,n}$ bedeutet, mit anderen Worten, die Einschränkung $\omega_\pi(a)\big|_{L_{\pi,n}}$ ist durch $\omega_\pi(a)\lambda = (u^{-1})_f(\lambda)$, $\lambda \in \Lambda_{f,n}$ bestimmt.

Wir kommen nun zu dem eigentlichen Ziel unserer Ausführungen in diesem Paragraphen, indem wir nämlich zeigen, dass der Homomorphismus ω_π mit demjenigen übereinstimmt, den wir durch das universelle Normrestsymbol $(\ , K)$ erhalten.

(7.14) Satz. *Für jedes $a \in K^\times$ ist*

$$\omega_\pi(a) = (a, K)\big|_{T \cdot L_{\pi,n}}$$

Beweis. Es genügt, den Satz für den Fall zu beweisen, dass a ein Primelement ist, denn die Primelemente von K erzeugen offensichtlich die Gruppe $K^\times$. Sei zunächst $a = \pi$. Dann ist

$$\omega_\pi(\pi)|_T = \varphi = (\pi, T|K) = (\pi, K)|_T \qquad \text{(vgl. (4.10))}$$

und andererseits

$$\omega_\pi(\pi)|_{L_{\pi,n}} = \sigma_1 = \mathrm{Id}_{L_{\pi,n}} = (\pi, L_{\pi,n}|K) = (\pi, K)|_{L_{\pi,n}},$$

da π nach (7.10) ein Normelement von $L_{\pi,n}$ ist. Also ist

$$\omega_\pi(\pi) = (\pi, K)|_{T \cdot L_{\pi,n}}.$$

Sei $\pi' = u \cdot \pi$, $u \in U_K$, ein weiteres Primelement von K. Nach (7.13) ist $T \cdot L_{\pi,n} = T \cdot L_{\pi',n}$. Wieder ist

$$\omega_\pi(\pi')|_T = \varphi = (\pi', T|K) = (\pi', K)|_T \qquad \text{(vgl. (4.10))}.$$

Es bleibt also zu zeigen, dass

$$\omega_\pi(\pi')|_{L_{\pi',n}} = (\pi', K)|_{L_{\pi',n}}.$$

Nun ist einerseits $(\pi', K)|_{L_{\pi',n}} = (\pi', L_{\pi',n}|K) = \mathrm{Id}_{L_{\pi',n}}$, da π' nach (7.10) ein Normelement von $L_{\pi',n}$ ist. Daher haben wir nachzuweisen, dass

$$\omega_\pi(\pi')|_{L_{\pi',n}} = \mathrm{Id}_{L_{\pi',n}},$$

mit anderen Worten, dass $\omega_\pi(\pi')\lambda' = \lambda'$ für $\lambda' \in \Lambda_{f',n}$, wobei $f' \in \xi_{\pi'}$ ist. Nach (7.12) ist $\Lambda_{f',n} = \theta(\Lambda_{f,n})$, so dass die Identität

$$\omega_\pi(\pi')\theta(\lambda) = \theta(\lambda) \quad \text{für } \lambda \in \Lambda_{f,n}$$

zu zeigen ist. Dazu nehmen wir die Aufspaltung

$$\omega_\pi(\pi') = \omega_\pi(u \cdot \pi) = \omega_\pi(u) \circ \omega_\pi(\pi)$$

vor. Nach unseren obigen Ausführungen ist

$$\omega_\pi(\pi)\lambda = \lambda \quad (\lambda \in \Lambda_{f,n}), \quad \omega_\pi(\pi)|_T = \varphi, \quad \omega_\pi(u)|_T = \mathrm{Id}_T.$$

Denken wir uns die letzten beiden Automorphismen stetig auf $\widehat{T}$ fortgesetzt, so erhalten wir mit (7.11)

$$\omega_\pi(\pi')\theta(\lambda) = (\omega_\pi(u) \circ \omega_\pi(\pi))\theta(\lambda) = \omega_\pi(u)\theta^\varphi(\lambda) = \theta^\varphi(\omega_\pi(u)\lambda)$$
$$= \theta^\varphi((u^{-1})_f(\lambda)) = \theta(\lambda),$$

womit alles gezeigt ist.

Für die abelschen, rein verzweigten Körper $L_{\pi,n}|K$ können wir hiernach das Normrestsymbol $(\ ,L_{\pi,n}|K)$ in der folgenden Weise explizit beschreiben.

(7.15) Satz. *Ist $a = u \cdot \pi^m \in K^\times$, $u \in U_K$, so ist*

$$(a, L_{\pi,n}|K)\lambda = (u^{-1})_f(\lambda) \quad \text{für alle } \lambda \in \Lambda_{f,n} \subseteq L_{\pi,n}.$$

Die Normengruppe der Erweiterung $L_{\pi,n}|K$ ist die Gruppe

$$U_K^n \times (\pi).$$

Beweis. Nach (7.14) ist $(a, K)|_{T \cdot L_{\pi,n}} = \omega_\pi(a)$, also $(a, K)\lambda = (a, L_{\pi,n}|K)\lambda = \omega_\pi(a)\lambda = (u^{-1})_f(\lambda)$.

Ein Element $a = u \cdot \pi^m \in K^\times$, $u \in U_K$, ist hiernach genau dann ein Normelement der Erweiterung $L_{\pi,n}|K$, wenn $(a, L_{\pi,n}|K)\lambda = (u^{-1})_f(\lambda) = \lambda$ ist, für alle $\lambda \in \Lambda_{f,n}$. Nach (7.7) trifft dies genau dann zu, wenn $u \in U_K^n$ ist, wenn also $a \in U_K^n \times (\pi)$.

Als Anwendung des Satzes (7.15) wollen wir ein Beispiel besprechen, das man einerseits als den Ausgangspunkt der in diesem Paragraphen ausgeführten Überlegungen ansehen darf, und das andererseits für die globale Klassenkörpertheorie von besonderem Interesse ist (vgl. den Beweis zu (5.5) in Teil III).

Für K legen wir den Körper $\mathbb{Q}_p$ der p-adischen Zahlen zugrunde. In ihm ist p ein Primelement, und wir wählen für $f \in \xi_p$ das Polynom

$$f(Z) = (1 + Z)^p - 1 = pZ + \binom{p}{2}Z^2 + \cdots + Z^p$$

aus. Dann ist offenbar

$$f^n(Z) = (1 + Z)^{p^n} - 1,$$

und die Nullstellenmenge $\Lambda_{f,n}$ besteht aus den Elementen $\lambda = \zeta - 1$, wobei ζ die p^n-ten Einheitswurzeln durchläuft. Der Körper $L_{p,n}$ ist also gerade der Körper der p^n-ten Einheitswurzeln über $\mathbb{Q}_p$, und wir erhalten den folgenden

(7.16) Satz. *Ist $a = u \cdot p^m \in \mathbb{Q}_p^\times$, u Einheit, und ζ eine primitive p^n-te Einheitswurzel, so ist*
$$(a, \mathbb{Q}_p(\zeta)|\mathbb{Q}_p)\zeta = \zeta^r,$$
wobei r eine mod p^n durch die Kongruenz
$$r \equiv u^{-1} \bmod p^n$$
bestimmte natürliche Zahl ist.

Beweis. Setzen wir $\lambda = \zeta - 1 \in \Lambda_{f,n}$, so ist wegen $r \cdot u \equiv 1 \bmod p^n$ nach (7.15) und (7.7)
$$(a, \mathbb{Q}_p(\zeta)|\mathbb{Q}_p)\lambda = (u^{-1})_f(\lambda) = r_f(\lambda).$$
Andererseits ist
$$r_f(Z) = (1 + Z)^r - 1,$$
denn dieses Polynom genügt offenbar den Definitionsbedingungen
$$r_f(Z) \equiv r\,Z \bmod \mathrm{Grad}\,2 \quad \text{und} \quad f(r_f(Z)) = r_f(f(Z)).$$
Daher ergibt sich
$$(a, \mathbb{Q}_p(\zeta)|\mathbb{Q}_p)\zeta = r_f(\lambda) + 1 = r_f(\zeta - 1) + 1 = \zeta^r.$$

Nach diesem Beispiel wenden wir uns wieder dem allgemeinen Fall zu. Haben wir die Normengruppen der unverzweigten Erweiterungen $L|K$ in (4.9) als die Gruppen $U_K \times (\pi^f)$ bestimmt, so lassen sich die Normengruppen der rein verzweigten Erweiterungen in der folgenden Weise charakterisieren.

(7.17) Satz. *Die Normengruppen der rein verzweigten (abelschen) Erweiterungen $L|K$ sind gerade die Obergruppen der Gruppen*
$$U_K^n \times (\pi) \qquad (\pi \text{ Primelement}).$$

Beweis. Zu einer Obergruppe von $U_K^n \times (\pi)$ gehört nach (7.15) ein Unterkörper von $L_{\pi,n}$, also eine rein verzweigte Erweiterung $L|K$. Ist andererseits $L|K$ eine rein verzweigte Erweiterung, so wird diese durch eine Nullstelle λ einer Eisensteinschen Gleichung
$$X^e + \cdots + \pi = 0$$

erzeugt, so dass das Primelement π die Norm des Elementes $\pm\lambda$ ist. Also ist $(\pi) \subseteq N_{L|K}L^{\times}$. Wegen der Offenheit von $N_{L|K}L^{\times}$ in $K^{\times}$ ist weiter $U_K^n \subseteq N_{L|K}L^{\times}$ für passendes n, also ist $N_{L|K}L^{\times}$ Obergruppe der Gruppe $U_K^n \times (\pi)$.

(7.18) Korollar. *Jeder rein verzweigte abelsche Körper $L|K$ ist Unterkörper eines Körpers $L_{\pi,n}$.*

Im Hinblick auf den Satz (6.4) sei die folgende Tatsache noch bemerkt:

(7.19) Satz. *Die Gruppe*
$$U_K^n \times (\pi^f)$$
ist die Normengruppe des Körpers $K' \cdot L_{\pi,n}$, wobei $K'|K$ die unverzweigte Erweiterung vom Grade f ist.

Offenbar ist nämlich $U_K^n \times (\pi^f) = (U_K \times (\pi^f)) \cap (U_K^n \times (\pi)) = N_{K'|K}K'^{\times} \cap N_{L_{\pi,n}|K}L_{\pi,n}^{\times} = N_{K' \cdot L_{\pi,n}|K}(K' \cdot L_{\pi,n})^{\times}$.

(7.20) Definition. *Ist $L|K$ eine abelsche Erweiterung und n die kleinste Zahl ≥ 0, derart dass $U_K^n \subseteq N_{L|K}L^{\times}$, so heißt das Ideal*
$$\mathfrak{f} = \mathfrak{p}_K^n$$
der **Führer von $L|K$** [16].

Der Führer der Erweiterung $L_{\pi,n}|K$ ist also das Ideal $\mathfrak{f} = \mathfrak{p}_K^n$. Für die unverzweigten Erweiterungen $L|K$ haben wir den

(7.21) Satz. *Eine abelsche Erweiterung $L|K$ ist genau dann unverzweigt, wenn der Führer $\mathfrak{f} = 1$ ist.*

Der Beweis folgt unmittelbar aus (4.9). Danach ist $L|K$ genau dann unverzweigt, wenn die Normengruppe $N_{L|K}L^{\times}$ die Gestalt $U_K^0 \times (\pi^f)$ hat, also genau dann, wenn $\mathfrak{f} = \mathfrak{p}_K^0 = 1$ ist.

Der Begriff des Führers steht im engen Zusammenhang mit der Diskriminante und spielt auch in der globalen Klassenkörpertheorie eine Rolle[17].

---

[16] Wir setzen dabei $U_K^0 = U_K$.

[17] Vgl. [3], [20].

Wir wollen uns zum Schluss dieses Paragraphen noch kurz dem universellen Normrestsymbol ($\ ,K$) zuwenden. Dieses wird durch den folgenden Satz charakterisiert.

(7.22) Satz. *Sei π ein Primelement von K, $f \in \xi_\pi$, $\Lambda_f = \bigcup_{n=1}^{\infty} \Lambda_{f,n}$, $L_\pi = \bigcup_{n=1}^{\infty} L_{\pi,n} = K(\Lambda_f)$ und $G_\pi = G_{L_\pi|K}$.*

Der Körper $T{\cdot}L_\pi$ ist (unabhängig von π) der maximal abelsche Körper über K. Es ist also

$$G_K^{\mathrm{ab}} = G_{T|K} \times G_\pi.$$

Ist $a = u \cdot \pi^m \in K^\times$, $u \in U_K$, so ist das Normrestsymbol (a,K) bestimmt durch

$$(a,K)|_T = \varphi^m, \quad (a,K)\lambda = (u^{-1})_f(\lambda) \ \ \text{für } \lambda \in \Lambda_f.$$

Beweis. Jeder abelsche Körper $L|K$ hat nach (6.4) als Normengruppe eine Obergruppe einer Gruppe $U_K^n \times (\pi^f)$ und ist daher nach (7.19) Unterkörper eines Körpers $K'{\cdot}L_{\pi,n}$, $K' \subseteq T$, also Unterkörper von $T{\cdot}L_\pi$. Also ist $T{\cdot}L_\pi$ der maximale abelsche Oberkörper von K.

Wegen $G_K^{\mathrm{ab}} = G_{T|K} \times G_\pi$ ist das Normrestsymbol (a,K) durch die Gleichungen

$$(a,K)|_T = \varphi^m, \ (a,K)\lambda = (u^{-1})_f(\lambda) \ \text{für } \lambda \in \Lambda_f$$

bestimmt, die nach (4.10) und (7.15) gelten.

Teil III

Globale Klassenkörpertheorie

J. Neukirch, *Klassenkörpertheorie*, Springer-Lehrbuch, DOI 10.1007/978-3-642-17325-7_3,
© Springer-Verlag Berlin Heidelberg 2011

§ 1. Zahlentheoretische Vorbereitungen

Wir setzen die grundlegenden Begriffe und Sätze der algebraischen Zahlentheorie als bekannt voraus und verweisen dazu auf die einschlägigen Lehrbücher wie etwa [6], [21], [30]. In diesem Paragraphen wollen wir jedoch die für uns wesentlichen Tatsachen in einer kurzen Übersicht zusammenstellen.

Ist K ein endlicher algebraischer Zahlkörper, so verstehen wir unter den Primstellen $\mathfrak{p}$ von K die Klassen äquivalenter Bewertungen von K und unterscheiden zwischen den endlichen und den unendlichen Primstellen $\mathfrak{p}$. Die endlichen Primstellen $\mathfrak{p}$ gehören zu den nicht-archimedischen Bewertungen von K und entsprechen umkehrbar eindeutig den Primidealen des Körpers K, für die wir die gleiche Bezeichnung $\mathfrak{p}$ verwenden. Bei den unendlichen Primstellen haben wir wieder zu unterscheiden zwischen den reellen und den komplexen unendlichen Primstellen. Die reellen Primstellen entsprechen umkehrbar eindeutig den verschiedenen Einbettungen von K in den Körper $\mathbb{R}$ der reellen Zahlen, während die komplexen Primstellen eineindeutig den Paaren konjugiertkomplexer Einbettungen von K in den Körper $\mathbb{C}$ der komplexen Zahlen zugeordnet sind, wobei zu beachten ist, dass zwei konjugierte Einbettungen von K in $\mathbb{C}$ die gleiche Bewertung von K liefern. Wir schreiben $\mathfrak{p} \nmid \infty$ bzw. $\mathfrak{p} \mid \infty$, wenn $\mathfrak{p}$ endlich bzw. unendlich ist.

Ist $\mathfrak{p}$ eine endliche Primstelle, so bedeutet $v_{\mathfrak{p}}$ die zu $\mathfrak{p}$ gehörige auf den kleinsten Wert 1 normierte Exponentialbewertung von K. Eine weitere Bewertungsnormierung erhalten wir, wenn wir jeder Primstelle $\mathfrak{p}$ ihren $\mathfrak{p}$-Betrag $\mid \mid_{\mathfrak{p}}$ zuordnen. Dies geschieht in der folgenden Weise:

1) Ist $\mathfrak{p}$ endlich und p die unter $\mathfrak{p}$ liegende rationale Primzahl, so sei für $a \in K$, $a \neq 0$, $|a|_{\mathfrak{p}} = \mathfrak{N}(\mathfrak{p})^{-v_{\mathfrak{p}}(a)} = p^{-f_{\mathfrak{p}} \cdot v_{\mathfrak{p}}(a)}$. Dabei bedeutet $\mathfrak{N}(\mathfrak{p})$ die Absolutnorm des Ideals $\mathfrak{p}$, also die Anzahl $p^{f_{\mathfrak{p}}}$ der im Restklassenkörper von $\mathfrak{p}$ gelegenen Elemente; $f_{\mathfrak{p}}$ ist der Trägheitsgrad, d.h. der Grad des Restklassenkörpers von $\mathfrak{p}$ über seinem Primkörper (vgl. II, §3, S. 87).

2) Ist $\mathfrak{p}$ reell-unendlich und ι die zu $\mathfrak{p}$ gehörige Einbettung von K in den Körper $\mathbb{R}$ der reellen Zahlen, so bedeutet $|a|_{\mathfrak{p}} = |\iota a|$, $a \in K$.

3) Ist $\mathfrak{p}$ komplex-unendlich und ι eine der beiden zu $\mathfrak{p}$ gehörigen konjugierten Einbettungen von K in den Körper $\mathbb{C}$ der komplexen Zahlen, so sei $|a|_{\mathfrak{p}} = |\iota a|^2$, $a \in K$.

Haben wir die (multiplikativen) Bewertungen des Körpers K in dieser Weise normiert, so ist $|a|_{\mathfrak{p}} = 1$ ($a \, (\neq 0) \in K$) für fast alle Primstellen $\mathfrak{p}$, und es gilt die fundamentale **Geschlossenheitsrelation**

$$\prod_{\mathfrak{p}} |a|_{\mathfrak{p}} = 1 \qquad \text{für} \quad a \in K^{\times \, [1]}.$$

---

[1] Vgl. [21], III, §20, S. 314. $K^{\times}$ bedeutet wie immer die multiplikative Gruppe des Körpers K.

Ist S eine endliche Menge von Primstellen des Körpers K, die alle unendlichen Primstellen von K enthält, so bezeichnet

$$K^S = \{a \in K^\times \mid v_\mathfrak{p}(a) = 0 \text{ (d.h. } |a|_\mathfrak{p} = 1) \text{ für alle } \mathfrak{p} \notin S\}$$

die Gruppe der **S-Einheiten** von K. Ist speziell $S = S_\infty$ die Menge aller unendlichen Primstellen von K, so ist K^{S_∞} die gewöhnliche Einheitengruppe des Körpers K. Es gilt der verallgemeinerte Dirichletsche

(1.1) Einheitensatz[2]. *Die Gruppe K^S ist endlich erzeugt, und ihr Rang ist gleich $|S| - 1$, wobei $|S|$ die Anzahl der in S gelegenen Primstellen bedeutet.*

Mit J_K bezeichnen wir die Gruppe der Ideale von K und mit $H_K \subseteq J_K$ die Gruppe der Hauptideale. Die Faktorgruppe J_K/H_K heißt die **Idealklassengruppe** von K. Es gilt der

(1.2) Satz[3]. *Die Idealklassengruppe J_K/H_K ist endlich; ihre Ordnung h heißt die* **Klassenzahl** *des Körpers K.*

Zu jeder Primstelle $\mathfrak{p}$ von K betrachten wir die Komplettierung $K_\mathfrak{p}$ von K durch die zu $\mathfrak{p}$ gehörige Bewertung. Ist $\mathfrak{p}$ endlich, so ist $K_\mathfrak{p}$ ein $\mathfrak{p}$-adischer Zahlkörper. Genau dann ist $\mathfrak{p}$ reell- bzw. komplex-unendlich, wenn $K_\mathfrak{p} = \mathbb{R}$ bzw. $K_\mathfrak{p} = \mathbb{C}$. Wir setzen

$$U_\mathfrak{p} = \begin{cases} \text{Einheitengruppe des Körpers } K_\mathfrak{p}, \text{ wenn } \mathfrak{p} \text{ endlich ist,} \\ K_\mathfrak{p}^\times, \text{ wenn } \mathfrak{p} \text{ unendlich ist.} \end{cases}$$

Die Einführung der Einheitengruppe $U_\mathfrak{p}$ auch für die unendlichen Primstellen ist deswegen nützlich, da wir später nicht immer zwischen endlichen und unendlichen Primstellen zu unterscheiden brauchen.

Ist $L|K$ eine endliche Erweiterung des Zahlkörpers K, so werden die Primstellen des Oberkörpers L mit $\mathfrak{P}$ bezeichnet. Ist $\mathfrak{P}$ eine über der Primstelle $\mathfrak{p}$ von K liegende Primstelle von L, so schreiben wir kurz $\mathfrak{P} \mid \mathfrak{p}$. In diesem Fall enthält die Komplettierung $L_\mathfrak{P}$ von L durch $\mathfrak{P}$ den Körper $K_\mathfrak{p}$, da die Einschränkung der zu $\mathfrak{P}$ gehörigen Bewertung von L auf K die zu $\mathfrak{p}$ gehörige Bewertung des Körpers K liefert.

---

[2] Vgl. [21], III, §28, S. 528.
[3] Vgl. [21], III. §29, S. 542.

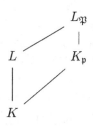

Wir haben diese Situation in dem nebenstehenden Diagramm veranschaulicht. Der Übergang von der „globalen" Erweiterung $L|K$ zu den „lokalen" Erweiterungen $L_{\mathfrak{P}}|K_{\mathfrak{p}}$ an den einzelnen Primstellen ist das den gesamten Aufbau der Klassenkörpertheorie kennzeichnende Prinzip.

Ist $\mathfrak{p}$ ein Primideal von K und $\mathfrak{p} = \mathfrak{P}^e \cdots \mathfrak{P}'^{e'}$ die Primidealzerlegung von $\mathfrak{p}$ im Oberkörper L, so ist $\widehat{\mathfrak{p}} = \widehat{\mathfrak{P}}^e$, wenn $\widehat{\mathfrak{p}}$ bzw. $\widehat{\mathfrak{P}}$ das Primideal des Körpers $K_{\mathfrak{p}}$ bzw. des Oberkörpers $L_{\mathfrak{P}}$ bedeutet. Darüber hinaus hat $\widehat{\mathfrak{P}}$ über $\widehat{\mathfrak{p}}$ den gleichen Grad wie $\mathfrak{P}$ über $\mathfrak{p}$. Durchläuft $\mathfrak{P}$ alle über $\mathfrak{p}$ liegenden Primstellen von L, so erhalten wir die fundamentale Gleichung der Zahlentheorie

$$\sum_{\mathfrak{P}|\mathfrak{p}} [L_{\mathfrak{P}} : K_{\mathfrak{p}}] = [L : K].$$

Sei $L|K$ eine normale endliche Körpererweiterung mit der Galoisgruppe $G = G_{L|K}$. Ist $\sigma \in G$, so ist mit $\mathfrak{P} \mid \mathfrak{p}$ auch $\sigma\mathfrak{P} \mid \mathfrak{p}$, wobei $\sigma\mathfrak{P}$ die zu $\mathfrak{P}$ hinsichtlich σ konjugierte Primstelle von L ist.

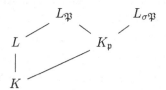

Komplettieren wir L einmal hinsichtlich $\mathfrak{P}$, zum anderen hinsichtlich $\sigma\mathfrak{P}$, so ist der Körper $K_{\mathfrak{p}}$ sowohl in $L_{\mathfrak{P}}$ als auch in $L_{\sigma\mathfrak{P}}$ enthalten, da $\mathfrak{p}$ sowohl unter $\mathfrak{P}$ als auch unter $\sigma\mathfrak{P}$ liegt. Zwischen $L_{\mathfrak{P}}$ und $L_{\sigma\mathfrak{P}}$ besteht ein kanonischer $K_{\mathfrak{p}}$-Isomorphismus

$$L_{\mathfrak{P}} \xrightarrow{\ \sigma\ } L_{\sigma\mathfrak{P}},$$

den wir wieder mit σ bezeichnen wollen. Ist nämlich $\alpha \in L_{\mathfrak{P}}$, also $\alpha = \mathfrak{P}\text{-}\lim \alpha_i$ mit einer Folge $\alpha_i \in L$, so konvergiert die Folge $\sigma\alpha_i \in L$ in $L_{\sigma\mathfrak{P}}$ hinsichtlich $\sigma\mathfrak{P}$, und wir erhalten den kanonischen Isomorphismus durch die Zuordnung

$$\alpha = \mathfrak{P}\text{-}\lim \alpha_i \in L_{\mathfrak{P}} \longmapsto \sigma\alpha = \sigma\mathfrak{P}\text{-}\lim \sigma\alpha_i \in L_{\sigma\mathfrak{P}}.$$

Dabei wird der Körper $K_{\mathfrak{p}}$ ersichtlich elementweise in sich überführt. Ist speziell $\mathfrak{P} = \sigma\mathfrak{P}$, so erhalten wir einen $K_{\mathfrak{p}}$-Automorphismus

$$L_{\mathfrak{P}} \xrightarrow{\ \sigma\ } L_{\mathfrak{P}}$$

von $L_{\mathfrak{P}}$, also ein Element der Galoisgruppe $G_{L_{\mathfrak{P}}|K_{\mathfrak{p}}}$ von $L_{\mathfrak{P}}|K_{\mathfrak{p}}$. Dieser Automorphismus ist einfach die stetige Fortsetzung des Automorphismus σ von L auf die Komplettierung $L_{\mathfrak{P}}$. Beachten wir, dass genau dann $\mathfrak{P} = \sigma\mathfrak{P}$ ist, wenn σ ein Element der Zerlegungsgruppe $G_{\mathfrak{P}} \subseteq G$ von $\mathfrak{P}$ über K ist, so ist jedem $\sigma \in G_{\mathfrak{P}}$ ein Element aus $G_{L_{\mathfrak{P}}|K_{\mathfrak{p}}}$ zugeordnet. Umgekehrt liefert jeder Automorphismus von $G_{L_{\mathfrak{P}}|K_{\mathfrak{p}}}$ durch seine Einschränkung auf den Körper L einen Automorphismus aus $G_{\mathfrak{P}}$. Durch diese Zuordnung erhalten wir einen kanonischen Isomorphismus zwischen der Galoisgruppe $G_{L_{\mathfrak{P}}|K_{\mathfrak{p}}}$ der lokalen Erweiterung $L_{\mathfrak{P}}|K_{\mathfrak{p}}$ und der Zerlegungsgruppe $G_{\mathfrak{P}}$, so dass wir $G_{L_{\mathfrak{P}}|K_{\mathfrak{p}}}$ und $G_{\mathfrak{P}}$ identifizieren können, $G_{L_{\mathfrak{P}}|K_{\mathfrak{p}}}$ also als Untergruppe von G auffassen können: $G_{L_{\mathfrak{P}}|K_{\mathfrak{p}}} = G_{\mathfrak{P}} \subseteq G$. Diese Identifizierung denken wir uns im folgenden stets vollzogen.

Die Theorie der Kummerschen Körper. Die folgenden Betrachtungen werden wir an späterer Stelle auf die algebraischen Zahlkörper anwenden. Sie gelten jedoch für beliebige Körper und sollen in voller Allgemeinheit entwickelt werden.

Sei K ein Körper, der die n-ten Einheitswurzeln enthält, dessen Charakteristik aber n nicht teilt. Unter einem allgemeinen **Kummerschen Körper** über K verstehen wir einen (endlichen oder unendlichen) galoisschen Oberkörper L von K, dessen Galoisgruppe $G_{L|K}$ abelsch und vom Exponenten n ist, also die Eigenschaft hat, dass $\sigma^n = 1$ für alle $\sigma \in G_{L|K}$ ist. Es ist unmittelbar klar, dass das Kompositum zweier Kummerscher Körper L_1 und L_2 über K wieder ein Kummerscher Körper ist. Die Vereinigung N aller abelschen Erweiterungen von K mit einer Galoisgruppe vom Exponenten n ist daher der größte Kummersche Körper über K. Der folgende Satz zeigt nun, dass man den Aufbau der Kummerschen Körper über K schon in der multiplikativen Gruppe $K^\times$ des Grundkörpers K ablesen kann.

(1.3) Satz. *Es besteht ein inklusionstreuer Isomorphismus zwischen dem Verband der Kummerschen Körper L über K und dem Verband der $(K^\times)^n$ umfassenden Untergruppen Δ von $K^\times$; und zwar ist dem Kummerschen Körper L die Gruppe $\Delta = (L^\times)^n \cap K^\times \supseteq (K^\times)^n$ zugeordnet, während umgekehrt der Gruppe $\Delta, (K^\times)^n \subseteq \Delta \subseteq K^\times$, der Körper $L = K(\sqrt[n]{\Delta})$ entspricht:*

$$L \longmapsto \Delta = (L^\times)^n \cap K^\times,$$
$$\Delta \longmapsto L = K(\sqrt[n]{\Delta}).$$

Die Faktorgruppe $\Delta/(K^\times)^n$ ist isomorph zur Charaktergruppe $\chi(G_{L|K})$ der Galoisgruppe $G_{L|K}$.

Beweis. Sei L ein Kummerscher Körper über K und $G = G_{L|K}$ seine Galoisgruppe. G ist vom Exponenten n und operiert in trivialer Weise auf der in K gelegenen Gruppe μ_n der n-ten Einheitswurzeln, so dass die Charaktergruppe $\chi(G) = \mathrm{Hom}(G, \mu_n) = H^1(G, \mu_n)$ ist. Ordnen wir jedem $x \in L^\times$ seine n-te Potenz $x^n \in (L^\times)^n$ zu, so haben wir die Sequenz

$$1 \longrightarrow \mu_n \longrightarrow L^\times \overset{n}{\longrightarrow} (L^\times)^n \longrightarrow 1$$

und erhalten hieraus die exakte Kohomologiesequenz

$$L^{\times G} = K^{\times} \overset{n}{\to} ((L^{\times})^n)^G = (L^{\times})^n \cap K^{\times} \overset{\delta}{\to} H^1(G, \mu_n) \to H^1(G, L^{\times}) = 1 \ ^{4)},$$

die den Isomorphismus

$$((L^{\times})^n \cap K^{\times})/(K^{\times})^n \cong H^1(G, \mu_n) = \chi(G)$$

liefert. Dabei geht, wie man sofort nachprüft, die Klasse $a \cdot (K^{\times})^n \in ((L^{\times})^n \cap K^{\times})/(K^{\times})^n$ in den Charakter $\chi_a \in H^1(G, \mu_n)$ mit $\chi_a(\sigma) = \sigma(\sqrt[n]{a})/\sqrt[n]{a}$ über.

Fassen wir insbesondere den größten Kummerschen Körper N über K mit der Galoisgruppe $G = G_{N|K}$ ins Auge, so ist $(N^{\times})^n \cap K^{\times} = (K^{\times})^n$, da im Falle $(K^{\times})^n \subset (N^{\times})^n \cap K^{\times}$ noch ein Element $a \in K^{\times}$ existierte, dessen n-te Wurzel $\sqrt[n]{a}$ nicht in $N^{\times}$ läge, also über N einen noch größeren Kummerschen Körper über K erzeugen würde. Wir haben infolgedessen die Isomorphie

$$K^{\times}/(K^{\times})^n \cong H^1(G, \mu_n) = \chi(G).$$

Nach dem Dualitätssatz von Pontrjagin besteht zwischen dem Verband der abgeschlossenen Untergruppen von G und dem Verband der Untergruppen von $\chi(G)$ ein inklusionsumkehrender Verbandsisomorphismus. Mit der galoisschen Theorie und auf Grund von $\chi(G) \cong K^{\times}/(K^{\times})^n$, erhalten wir daher einen inklusionserhaltenden Isomorphismus zwischen dem Verband der Kummerschen Körper und dem Verband der $(K^{\times})^n$ umfassenden Untergruppen von $K^{\times}$. Ist der Körper L der Gruppe Δ in diesem Sinne zugeordnet, so ist

1. $\Delta = (L^{\times})^n \cap K^{\times}$. Denn für $a \in K^{\times}$ ist nach den obigen Überlegungen $a \in \Delta \Leftrightarrow \chi_a(\sigma) = 1(\chi_a \in \chi(G_{N|K}))$ für alle $\sigma \in G_{N|L} \Leftrightarrow \sigma(\sqrt[n]{a}) = \sqrt[n]{a}$ für alle $\sigma \in G_{N|L} \Leftrightarrow \sqrt[n]{a} \in L \Leftrightarrow a \in (L^{\times})^n$.

2. Andererseits ist $L = K(\sqrt[n]{\Delta})$. Für $\sigma \in G = G_{N|K}$ ist nämlich $\sigma \in G_{N|L} \Leftrightarrow \chi_a(\sigma) = 1$ für alle $a \in \Delta \Leftrightarrow \sigma(\sqrt[n]{a}) = \sqrt[n]{a}$ für alle $a \in \Delta \Leftrightarrow \sigma|_{K(\sqrt[n]{\Delta})} = \mathrm{Id}_{K(\sqrt[n]{\Delta})} \Leftrightarrow \sigma \in G_{N|K(\sqrt[n]{\Delta})}$.

§ 2. Idele und Idelklassen

Anstelle der Ideale eines Körpers werden wir im folgenden die zuerst von C. CHEVALLEY eingeführten **Idele** betrachten[5]. Der Begriff des Idels ist eine leichte Abwandlung des Idealbegriffs, oder besser gesagt des Divisorbegriffs. Seine Bedeutung liegt im wesentlichen darin, dass er in vorzüglicher Weise den Übergang von der globalen zur lokalen Zahlentheorie ermöglicht, also das geeignete Mittel zur Anwendung des Lokal-Global-Prinzips darstellt,

---

[4] $H^1(G, L^{\times}) = 1$ nach dem Hilbert-Noetherschen Satz (vgl. II, (2.2)). Man kann die Exaktheit dieser Sequenz natürlich auch direkt und ohne Erwähnung der Kohomologie beweisen, ist also bei dieser Herleitung der Theorie der Kummerschen Körper keineswegs auf den kohomologischen Kalkül angewiesen.

[5] Die Idele wurden zunächst als **ideale Elemente** bezeichnet. Sie wurden mit id. el. abgekürzt, und durch Zusammenziehung entstand der Name Idel (frz. idèle).

jener Methode, Sätze und Definitionen der Klassenkörpertheorie im Großen aus der Klassenkörpertheorie im Kleinen zu gewinnen. Der Aufbau der globalen Theorie auf der Grundlage dieses Idelbegriffs und mit Hilfe des kohomologischen Kalküls ist von besonderer Durchsichtigkeit und hat zu einer Fülle weitreichender Resultate und Untersuchungen geführt. Die bei der klassischen idealtheoretischen Behandlung der Klassenkörpertheorie notwendigen analytischen Methoden, also die Heranziehung der Dirichlet-Reihen und ihrer Verallgemeinerungen sind dabei verschwunden[6].

Sei K ein algebraischer Zahlkörper. Ein **Idel** $\mathfrak{a}$ von K ist eine Familie $\mathfrak{a} = (\mathfrak{a}_\mathfrak{p})$ von Zahlen $\mathfrak{a}_\mathfrak{p} \in K_\mathfrak{p}^\times$, wobei $\mathfrak{p}$ alle Primstellen von K durchläuft, aber $\mathfrak{a}_\mathfrak{p}$ eine Einheit in $K_\mathfrak{p}$ für fast alle Primstellen $\mathfrak{p}$ ist. Wir erhalten diese Idele auch durch die folgende

(2.1) Definition. *Sei S eine endliche Menge von Primstellen des Körpers K. Die Gruppe*

$$I_K^S = \prod_{\mathfrak{p} \in S} K_\mathfrak{p}^\times \times \prod_{\mathfrak{p} \notin S} U_\mathfrak{p} \subseteq \prod_\mathfrak{p} K_\mathfrak{p}^\times$$

heißt **Gruppe der S-Idele** *von K. Die Vereinigung*

$$I_K = \bigcup_S I_K^S \subseteq \prod_\mathfrak{p} K_\mathfrak{p}^\times,$$

wobei S alle endlichen Mengen von Primstellen von K durchläuft, heißt **Idelgruppe** *von K.*

Ist $\mathfrak{a} = (\mathfrak{a}_\mathfrak{p}) \in I_K$, $\mathfrak{a}_\mathfrak{p} \in K_\mathfrak{p}^\times$, so heißen die Zahlen $\mathfrak{a}_\mathfrak{p}$ die **lokalen Komponenten** des Idels $\mathfrak{a}$. $\mathfrak{a}_\mathfrak{p} \in K_\mathfrak{p}^\times$ wird eine **wesentliche Komponente** von $\mathfrak{a}$ genannt, wenn $\mathfrak{a}_\mathfrak{p}$ keine Einheit ist.

Ein Idel hat also höchstens endlich viele wesentliche Komponenten. Die S-Idele sind gerade diejenigen Idele, die höchstens an den Primstellen aus der Menge S wesentliche Komponenten besitzen.

Der Grund, dass man bei den Idelen an fast allen Primstellen Einheiten als „unwesentliche" Komponenten zulässt, liegt darin, dass sich unter diesen Umständen die multiplikative Gruppe $K^\times$ des Körpers K in kanonischer Weise in die Idelgruppe I_K von K einbetten lässt:

Ist $x \in K^\times$, so sei $(x) \in I_K$ dasjenige Idel, dessen sämtliche Komponenten $(x)_\mathfrak{p} = x \in K_\mathfrak{p}^\times$ sind. Dabei beachte man, dass x für fast alle Primstellen $\mathfrak{p}$ eine Einheit in $K_\mathfrak{p}$ ist. Wir denken uns $K^\times$ in dieser Weise stets in I_K

---

[6] Gleichwohl stellen diese Methoden auch heute noch ein wesentliches Seitenstück zu den hier niedergelegten Ausführungen dar und haben ihre Bedeutung keineswegs verloren.

eingebettet, fassen also $K^\times$ als Untergruppe von I_K auf. Die Idele aus $K^\times$ heißen **Hauptidele** von K.

Ist S eine endliche Menge von Primstellen des Körpers K, so bezeichnen wir mit

$$K^S = K^\times \cap I_K^S \subseteq I_K^S$$

die Gruppe der S-Hauptidele. Die Elemente aus K^S werden auch **S-Einheiten** von K genannt, da sie Einheiten für jede Primstelle $\mathfrak{p} \notin S$ sind (vgl. §1, S. 126). Ist speziell $S = S_\infty$ die Menge aller unendlichen Primstellen von K, so ist K^{S_∞} die gewöhnliche Einheitengruppe des Körpers K.

(2.2) Definition. *Die Faktorgruppe*

$$C_K = I_K/K^\times$$

*heißt die **Idelklassengruppe** des Körpers K.*

Die Gruppe C_K steht für die zu entwickelnde Klassenkörpertheorie im Vordergrund des Interesses. Die Beziehung zwischen den Idelen und den Idealen eines Körpers K geht aus dem folgenden Satz hervor.

(2.3) Satz. *Sei S_∞ die Menge aller unendlichen Primstellen des Körpers K, $I_K^{S_\infty}$ die Gruppe der Idele, die an allen endlichen Primstellen Einheiten als Komponenten haben. Dann ist in kanonischer Weise*

$$I_K/I_K^{S_\infty} \cong J_K, \ \ I_K/I_K^{S_\infty} \cdot K^\times \cong J_K/H_K \ ,$$

wobei J_K bzw. H_K die Gruppe der Ideale bzw. der Hauptideale bedeutet.

Beweis. Ist $\mathfrak{p}$ eine endliche Primstelle von K, so sei $v_\mathfrak{p}$ die auf den kleinsten Wert 1 normierte Bewertung von $K_\mathfrak{p}$. Ist $\mathfrak{a} \in I_K$ ein Idel von K, so ist $\mathfrak{a}_\mathfrak{p} \in U_\mathfrak{p}$, also $v_\mathfrak{p}\mathfrak{a}_\mathfrak{p} = 0$ für fast alle endlichen Primstellen. Durch die Zuordnung

$$\mathfrak{a} \longmapsto \prod_{\mathfrak{p} \nmid \infty} \mathfrak{p}^{v_\mathfrak{p}\mathfrak{a}_\mathfrak{p}} \ ,$$

wobei $\mathfrak{p}$ alle endlichen Primstellen von K durchläuft, erhalten wir einen kanonischen Homomorphismus von I_K auf J_K. Dabei wird $\mathfrak{a}$ genau dann auf das Einsideal abgebildet, wenn $v_\mathfrak{p}\mathfrak{a}_\mathfrak{p} = 0$, d.h. $\mathfrak{a}_\mathfrak{p} \in U_\mathfrak{p}$ für alle $\mathfrak{p} \nmid \infty$ ist, wenn also $\mathfrak{a} \in I_K^{S_\infty}$. $I_K^{S_\infty}$ ist also der Kern dieses Homomorphismus.

Andererseits haben wir den Homomorphismus

$$\mathfrak{a} \longmapsto \prod_{\mathfrak{p} \nmid \infty} \mathfrak{p}^{v_\mathfrak{p}\mathfrak{a}_\mathfrak{p}} \cdot H_K$$

von I_K auf J_K/H_K, und $\mathfrak{a}$ liegt genau dann in dessen Kern, wenn $\prod_{\mathfrak{p} \nmid \infty} \mathfrak{p}^{v_\mathfrak{p}\mathfrak{a}_\mathfrak{p}} \in H_K$, d.h. $\prod_{\mathfrak{p} \nmid \infty} \mathfrak{p}^{v_\mathfrak{p}\mathfrak{a}_\mathfrak{p}} = (x) = \prod_{\mathfrak{p} \nmid \infty} \mathfrak{p}^{v_\mathfrak{p}x}$ mit $x \in K^\times$, also genau dann, wenn

$v_\mathfrak{p} \mathfrak{a}_\mathfrak{p} = v_\mathfrak{p} x$, $v_\mathfrak{p}(\mathfrak{a}_\mathfrak{p} \cdot x^{-1}) = 0$ für alle $\mathfrak{p} \nmid \infty$. Dies ist wiederum genau dann der Fall, wenn $\mathfrak{a} \cdot x^{-1} \in I_K^{S\infty}$, also $\mathfrak{a} \in x \cdot I_K^{S\infty}$, d.h. wenn $\mathfrak{a} \in I_K^{S\infty} \cdot K^\times$.

Die Gruppe $I_K / I_K^{S\infty}$ ist nichts anderes als die wohlbekannte Divisorengruppe von K. Man überlegt sich leicht, dass die S-Idele beim Übergang zu den Idealen gerade in diejenigen Ideale übergehen, die sich nur aus den in S gelegenen Primidealen zusammensetzen.

Die Idelklassengruppe $C_K = I_K / K^\times$ ist im Gegensatz zur Idealklassengruppe J_K / H_K nicht endlich. Die Endlichkeit der Idealklassenzahl spiegelt sich jedoch in der für das weitere sehr wichtigen Tatsache, dass man alle Idelklassen aus C_K schon durch S-Idele $\mathfrak{a} \in I_K^S$ repräsentieren kann mit einer festen endlichen Primstellenmenge S. Dies ist die Aussage des folgenden Satzes.

(2.4) Satz. *Es ist*

$$I_K = I_K^S \cdot K^\times, \quad \text{also} \quad C_K = I_K^S \cdot K^\times / K^\times,$$

wenn S eine hinreichend große endliche Menge von Primstellen ist.

Beweis. Die Idealklassengruppe J_K / H_K ist endlich (vgl. (1.2)). Wir können daher endlich viele Ideale $\mathfrak{A}_1, \ldots, \mathfrak{A}_n$ auswählen, die die Klassen aus J_K / H_K repräsentieren. Die Ideale $\mathfrak{A}_1, \ldots, \mathfrak{A}_n$ setzen sich wiederum aus nur endlich vielen Primidealen $\mathfrak{p}_1, \ldots, \mathfrak{p}_s$ zusammen. Ist nun S irgendeine endliche Menge von Primstellen, die die Primstellen $\mathfrak{p}_1, \ldots, \mathfrak{p}_s$ und alle unendlichen Stellen von K umfasst, so ist in der Tat

$$I_K = I_K^S \cdot K^\times.$$

Um dies einzusehen, beachten wir die Isomorphie $I_K / I_K^{S\infty} \cong J_K$ (vgl. (2.3)). Ist $\mathfrak{a} \in I_K$, so liegt das zugehörige Ideal $\mathfrak{A} = \prod_{\mathfrak{p} \nmid \infty} \mathfrak{p}^{v_\mathfrak{p} \mathfrak{a}_\mathfrak{p}}$ in einer Klasse $\mathfrak{A}_i \cdot H_K$, d.h. $\mathfrak{A} = \mathfrak{A}_i \cdot (x)$, wobei $(x) \in H_K$ das durch $x \in K^\times$ gegebene Hauptideal bedeutet. Das Idel $\mathfrak{a}' = \mathfrak{a} \cdot x^{-1}$ wird durch den Homomorphismus $I_K \to J_K$ auf das Ideal $\mathfrak{A}' = \prod_{\mathfrak{p} \nmid \infty} \mathfrak{p}^{v_\mathfrak{p} \mathfrak{a}'_\mathfrak{p}} = \mathfrak{A}_i$ abgebildet. Da die Primidealkomponenten von $\mathfrak{A}_i$ in der Menge S liegen, ist jedenfalls $v_\mathfrak{p} \mathfrak{a}'_\mathfrak{p} = 0$, d.h. $\mathfrak{a}'_\mathfrak{p} \in U_\mathfrak{p}$ für alle $\mathfrak{p} \notin S$; also ist $\mathfrak{a}' = \mathfrak{a} \cdot x^{-1} \in I_K^S$, $\mathfrak{a} \in I_K^S \cdot K^\times$.

Wir wollen nun untersuchen, welche Situation entsteht, wenn wir von einem Körper K zu einem Oberkörper L übergehen.

Sei $L|K$ eine endliche Erweiterung algebraischer Zahlkörper. Ist $\mathfrak{p}$ eine Primstelle von K, $\mathfrak{P}$ eine darüberliegende Primstelle von L, so schreiben wir kurz $\mathfrak{P} \mid \mathfrak{p}$. Die Idelgruppe I_K von K wird in der folgenden Weise in die Idelgruppe

I_L von L eingebettet: Ordnen wir einem Idel $\mathfrak{a} \in I_K$ das Idel $\mathfrak{a}' \in I_L$ mit den Komponenten

$$\mathfrak{a}'_{\mathfrak{P}} = \mathfrak{a}_{\mathfrak{p}} \in K_{\mathfrak{p}} \subseteq L_{\mathfrak{P}} \qquad \text{für} \quad \mathfrak{P} \mid \mathfrak{p}$$

zu, so erhalten wir einen injektiven Homomorphismus

$$I_K \longrightarrow I_L \,.$$

Durch diesen Homomorphismus denken wir uns I_K stets in I_L eingebettet, fassen also I_K als Untergruppe von I_L auf. Danach gehört ein Idel $\mathfrak{a} \in I_L$ genau dann der Gruppe I_K an, wenn seine Komponenten $\mathfrak{a}_{\mathfrak{P}}$ in $K_{\mathfrak{p}}$ liegen ($\mathfrak{P} \mid \mathfrak{p}$), und wenn darüberhinaus zwei über ein und derselben Primstelle $\mathfrak{p}$ von K liegende Primstellen $\mathfrak{P}$ und $\mathfrak{P}'$ die gleichen Komponenten $\mathfrak{a}_{\mathfrak{P}} = \mathfrak{a}_{\mathfrak{P}'} \in K_{\mathfrak{p}}$ haben.

Ist $L|K$ normal und $G = G_{L|K}$ die Galoisgruppe von $L|K$, so wird I_L in der folgenden kanonischen Weise zu einem G-Modul: Ein Element $\sigma \in G$ definiert einen kanonischen Isomorphismus von $L_{\sigma^{-1}\mathfrak{P}}$ auf $L_{\mathfrak{P}}$, der ebenfalls mit σ bezeichnet werden möge (vgl. §1, S. 127). Einem Idel $\mathfrak{a} \in I_L$ mit den Komponenten $\mathfrak{a}_{\mathfrak{P}} \in L_{\mathfrak{P}}^{\times}$ werde das Idel $\sigma\mathfrak{a} \in I_L$ mit den Komponenten

$$(\sigma\mathfrak{a})_{\mathfrak{P}} = \sigma\mathfrak{a}_{\sigma^{-1}\mathfrak{P}} \in L_{\mathfrak{P}}$$

zugeordnet. Man beachte dabei, dass $\mathfrak{a}_{\sigma^{-1}\mathfrak{P}} \in L_{\sigma^{-1}\mathfrak{P}}$ die $\sigma^{-1}\mathfrak{P}$-Komponente von $\mathfrak{a}$ ist, die durch σ in $L_{\mathfrak{P}}$ abgebildet wird. Berücksichtigt man, dass die $\mathfrak{P}$-Komponente $(\sigma\mathfrak{a})_{\mathfrak{P}}$ von $\sigma\mathfrak{a}$ genau dann wesentlich ist, wenn die $\sigma^{-1}\mathfrak{P}$-Komponente $\mathfrak{a}_{\sigma^{-1}\mathfrak{P}}$ von $\mathfrak{a}$ wesentlich ist, so erkennt man sofort, dass die Zuordnung $\mathfrak{a} \mapsto \sigma\mathfrak{a}$ beim Übergang zu den Idealen die gewöhnliche Konjugiertenbildung in der Idealgruppe J_L induziert.

(2.5) Satz. *Ist $L|K$ normal und $G = G_{L|K}$ die Galoisgruppe von $L|K$, so ist der Fixmodul $I_L^G = I_K$.*

Beweis. Die Inklusion $I_K \subseteq I_L^G$ ist trivial. Ist nämlich $\sigma \in G$, so ist der Isomorphismus $L_{\sigma^{-1}\mathfrak{P}} \overset{\sigma}{\to} L_{\mathfrak{P}}$ ein $K_{\mathfrak{p}}$-Isomorphismus ($\mathfrak{P} \mid \mathfrak{p}$), und wenn $\mathfrak{a} \in I_K$ als Idel von I_L aufgefasst wird, so haben wir $(\sigma\mathfrak{a})_{\mathfrak{P}} = \sigma\mathfrak{a}_{\sigma^{-1}\mathfrak{P}} = \sigma\mathfrak{a}_{\mathfrak{P}} = \mathfrak{a}_{\mathfrak{P}} \in K_{\mathfrak{p}}$, d.h. $\sigma\mathfrak{a} = \mathfrak{a}$.

Sei umgekehrt $\mathfrak{a} \in I_L$ und $\sigma\mathfrak{a} = \mathfrak{a}$ für alle $\sigma \in G$. Dann ist $(\sigma\mathfrak{a})_{\mathfrak{P}} = \sigma\mathfrak{a}_{\sigma^{-1}\mathfrak{P}} = \mathfrak{a}_{\mathfrak{P}}$ für alle Primstellen $\mathfrak{P}$ von L. Die Zerlegungsgruppe $G_{\mathfrak{P}}$ von $\mathfrak{P}$ über K können wir nach §1, S. 128 auch als Galoisgruppe der Erweiterung $L_{\mathfrak{P}}|K_{\mathfrak{p}}$ auffassen. Für jedes $\sigma \in G_{\mathfrak{P}}$ haben wir $\sigma^{-1}\mathfrak{P} = \mathfrak{P}$, und aus $\mathfrak{a}_{\mathfrak{P}} = \sigma\mathfrak{a}_{\sigma^{-1}\mathfrak{P}} = \sigma\mathfrak{a}_{\mathfrak{P}}$ erhalten wir $\mathfrak{a}_{\mathfrak{P}} \in K_{\mathfrak{p}}$ ($\mathfrak{P} \mid \mathfrak{p}$). Ist σ beliebig aus G, so ist danach $(\sigma\mathfrak{a})_{\mathfrak{P}} = \mathfrak{a}_{\mathfrak{P}} = \sigma\mathfrak{a}_{\sigma^{-1}\mathfrak{P}} = \mathfrak{a}_{\sigma^{-1}\mathfrak{P}} \in K_{\mathfrak{p}}$, d.h. zwei über ein und derselben Primstelle $\mathfrak{p}$ von K liegende Primstellen $\mathfrak{P}$ und $\sigma^{-1}\mathfrak{P}$ haben gleiche Komponenten $\mathfrak{a}_{\mathfrak{p}} = \mathfrak{a}_{\sigma^{-1}\mathfrak{P}} \in K_{\mathfrak{p}}$, so dass $\mathfrak{a} \in I_K$.

Es ist bekannt, dass ein Ideal eines Körpers K in einem Oberkörper L sehr wohl ein Hauptideal werden kann, ohne es im Grundkörper K zu sein. Der folgende Satz zeigt ein demgegenüber ganz anderes Verhalten der Idele.

(2.6) Satz. *Ist $L|K$ eine beliebige endliche Erweiterung, so ist*

$$L^\times \cap I_K = K^\times .$$

Ist also $\mathfrak{a} \in I_K$ ein Idel von K, das im Oberkörper L ein Hauptidel wird, d.h. $\mathfrak{a} \in L^\times$, so ist $\mathfrak{a}$ schon in K ein Hauptidel.

Beweis. Die Inklusion $K^\times \subseteq L^\times \cap I_K$ ist trivial.

Sei $\tilde{L}$ ein L umfassender endlicher Normaloberkörper von K, $\tilde{G} = G_{\tilde{L}|K}$ die Galoisgruppe von $\tilde{L}|K$. I_K und I_L sind Untergruppen von $I_{\tilde{L}}$. Ist $\mathfrak{a} \in \tilde{L}^\times \cap I_K$, so ist nach (2.5) $\mathfrak{a} \in I_{\tilde{L}}^{\tilde{G}}$, d.h. $\sigma \mathfrak{a} = \mathfrak{a}$ für alle $\sigma \in \tilde{G}$. Wegen $\mathfrak{a} \in \tilde{L}^\times$ ist daher sogar $\mathfrak{a} \in (\tilde{L}^\times)^{\tilde{G}} = K^\times$. Also haben wir $\tilde{L}^\times \cap I_K = K^\times$, woraus sich $L^\times \cap I_K \subseteq \tilde{L}^\times \cap I_K = K^\times$ ergibt.

Der Satz (2.6) erlaubt es, die Idelklassengruppe C_K eines Körpers K in die Idelklassengruppe C_L eines endlichen Oberkörpers L einzubetten. Dies geschieht durch den kanonischen Homomorphismus

$$\iota : C_K \longrightarrow C_L \text{ mit } \iota(\mathfrak{a} \cdot K^\times) = \mathfrak{a} \cdot L^\times \qquad (\mathfrak{a} \in I_K \subseteq I_L).$$

ι ist ein injektiver Homomorphismus. Wird nämlich die Klasse $\mathfrak{a} \cdot K^\times \in C_K$ auf die Einsklasse $L^\times \in C_L$ abgebildet, ist also $\mathfrak{a} \cdot L^\times = L^\times$, $\mathfrak{a} \in L^\times$, so ist nach (2.6) $\mathfrak{a} \in L^\times \cap I_K = K^\times$, d.h. $\mathfrak{a} \cdot K^\times = K^\times$ ist die Einsklasse von C_K.

Im folgenden denken wir uns C_K in dieser kanonischen Weise in C_L eingebettet, fassen also C_K als Untergruppe von C_L auf. Ein Element $\mathfrak{a} \cdot L^\times \in C_L$ ($\mathfrak{a} \in I_L$) liegt danach genau dann in C_K, wenn es in der Klasse $\mathfrak{a} \cdot L^\times$ einen Repräsentanten $\mathfrak{a}'$ aus I_K ($\subseteq I_L$) gibt, so dass $\mathfrak{a} \cdot L^\times = \mathfrak{a}' \cdot L^\times$ ist.

(2.7) Satz. *Ist $L|K$ normal und $G = G_{L|K}$ die Galoisgruppe von $L|K$, so ist in kanonischer Weise C_L ein G-Modul, und*

$$C_L^G = C_K.$$

Beweis. Ist $\mathfrak{a} \cdot L^\times \in C_L$ ($\mathfrak{a} \in I_L$), so wird $\sigma(\mathfrak{a} \cdot L^\times) = \sigma \mathfrak{a} \cdot L^\times$ gesetzt. Diese Definition ist offenbar unabhängig von der Auswahl des Repräsentanten $\mathfrak{a} \in I_L$, und C_L wird zu einem G-Modul.

Die Gleichheit $C_L^G = C_K$ ergibt sich unmittelbar aus der zur G-Modulsequenz $1 \to L^\times \to I_L \to C_L \to 1$ gehörenden exakten Kohomologiesequenz (vgl. I, (3.4))

$$1 \longrightarrow (L^\times)^G \longrightarrow I_L^G \longrightarrow C_L^G \longrightarrow H^1(G, L^\times),$$

wenn man bedenkt, dass $(L^\times)^G = K^\times$, $I_L^G = I_K$ und $H^1(G, L^\times) = 1$ ist.

Wir wollen die wichtigsten bisher eingeführten Begriffe und Tatsachen in einer Übersicht zusammenstellen.

Ist K ein algebraischer Zahlkörper, so ist

$I_K^S = \prod_{\mathfrak{p} \in S} K_\mathfrak{p}^\times \times \prod_{\mathfrak{p} \notin S} U_\mathfrak{p}$ die Gruppe der S-Idele von K (S endliche Menge von Primstellen von K),

$I_K = \bigcup_S I_K^S$ die Idelgruppe von K,

$K^\times \subseteq I_K$ die Gruppe der Hauptidele,

$C_K = I_K / K^\times$ die Idelklassengruppe von K,

$I_K = I_K^S \cdot K^\times$ für eine genügend große endliche Menge S von Primstellen.

Ist $L|K$ eine endliche Erweiterung algebraischer Zahlkörper, so hat man

$I_K \subseteq I_L$ Einbettung der Idelgruppe,

$K^\times \subseteq L^\times$ Einbettung der Gruppe der Hauptidele,

$C_K \subseteq C_L$ Einbettung der Idelklassengruppe.

Ist $L|K$ normal und $G = G_{L|K}$ die Galoisgruppe von $L|K$, so sind $L^\times$, I_L und C_L G-Moduln, und es ist

$$L^{\times G} = K^\times, \quad I_L^G = I_K, \quad C_L^G = C_K \,.$$

§ 3. Kohomologie der Idelgruppe

Sei $L|K$ eine endliche normale Erweiterung mit der Galoisgruppe $G = G_{L|K}$. Zum G-Modul I_L betrachten wir die Kohomologiegruppen $H^q(G, I_L)$. Diese Kohomologiegruppen lassen den besonderen Vorteil des Idelbegriffs erkennen, nämlich insofern, als sie sich gewissermaßen total „lokalisieren" lassen, d.h. sie können zerlegt werden in ein direktes Produkt von Kohomologiegruppen über den lokalen Körpern $K_\mathfrak{p}$. Diesen natürlichen Lokalisierungsprozess genauer darzulegen, ist das Ziel des vorliegenden Paragraphen.

Sei S eine endliche Menge von Primstellen des Grundkörpers K und $\bar{S}$ die endliche Menge der über den Primstellen aus S liegenden Primstellen des Oberkörpers L. Der Einfachheit halber bezeichnen wir die Gruppe der $\bar{S}$-Idele $I_L^{\bar{S}}$ von L auch mit I_L^S und sprechen von den S-Idelen des Körpers L. Diese Verabredung soll auch für die weiteren Paragraphen gültig sein. Wir haben dann

$$I_L^S = \prod_{\mathfrak{P}|\mathfrak{p} \in S} L_{\mathfrak{P}}^{\times} \times \prod_{\mathfrak{P}|\mathfrak{p} \notin S} U_{\mathfrak{P}} = \prod_{\mathfrak{p} \in S} \prod_{\mathfrak{P}|\mathfrak{p}} L_{\mathfrak{P}}^{\times} \times \prod_{\mathfrak{p} \notin S} \prod_{\mathfrak{P}|\mathfrak{p}} U_{\mathfrak{P}}.$$

Die hierin auftretenden Produkte $I_L^{\mathfrak{p}} = \prod_{\mathfrak{P}|\mathfrak{p}} L_{\mathfrak{P}}^{\times}$ und $U_L^{\mathfrak{p}} = \prod_{\mathfrak{P}|\mathfrak{p}} U_{\mathfrak{P}}$ fassen wir als Untergruppen von I_L^S auf, indem wir uns die Elemente aus $I_L^{\mathfrak{p}}$ bzw. aus $U_L^{\mathfrak{p}}$ als diejenigen Idele denken, die an allen nicht über $\mathfrak{p}$ gelegenen Stellen von L die Komponente 1 haben bzw. die im Falle $U_L^{\mathfrak{p}}$ darüber hinaus an den über $\mathfrak{p}$ liegenden Primstellen von L nur Einheiten als Komponenten haben. Da die Automorphismen $\sigma \in G$ die Primstellen $\mathfrak{P}$ über $\mathfrak{p}$ nur permutieren, sind die Gruppen $I_L^{\mathfrak{p}}$ und $U_L^{\mathfrak{p}}$ ihrerseits G-Moduln. Wir haben also I_L^S in ein direktes Produkt von G-Moduln zerlegt:

$$I_L^S = \prod_{\mathfrak{p} \in S} I_L^{\mathfrak{p}} \times \prod_{\mathfrak{p} \notin S} U_L^{\mathfrak{p}}.$$

Über die G-Moduln $I_L^{\mathfrak{p}}$ und $U_L^{\mathfrak{p}}$ haben wir den

(3.1) Satz. *Ist $\mathfrak{P}$ eine über $\mathfrak{p}$ liegende Primstelle von L, so ist*

$$H^q(G, I_L^{\mathfrak{p}}) \cong H^q(G_{\mathfrak{P}}, L_{\mathfrak{P}}^{\times});$$

dabei bedeutet $G_{\mathfrak{P}}$ die Zerlegungsgruppe von $\mathfrak{P}$ über K, gleichzeitig aufgefasst als Galoisgruppe von $L_{\mathfrak{P}}|K_{\mathfrak{p}}$. Ist $\mathfrak{p}$ eine endliche in L unverzweigte Primstelle, so ist

$$H^q(G, U_L^{\mathfrak{p}}) = 1$$

für alle q.

Zusatz. *Der obige Isomorphismus wird durch*

$$H^q(G, I_L^{\mathfrak{p}}) \xrightarrow{\text{Res}} H^q(G_{\mathfrak{P}}, I_L^{\mathfrak{p}}) \xrightarrow{\bar{\pi}} H^q(G_{\mathfrak{P}}, L_{\mathfrak{P}}^{\times})$$

geliefert, wobei der Homomorphismus $\bar{\pi}$ durch die kanonische Projektion $I_L^{\mathfrak{p}} \xrightarrow{\pi} L_{\mathfrak{P}}^{\times}$ induziert wird, die jedem Idel aus $I_L^{\mathfrak{p}}$ seine $\mathfrak{P}$-Komponente zuordnet.

Beweis. Durchläuft $\sigma \in G$ ein Repräsentantensystem für die Nebenscharen aus $G/G_{\mathfrak{P}}$ – wir schreiben dafür kurz $\sigma \in G/G_{\mathfrak{P}}$ –, so durchläuft $\sigma\mathfrak{P}$ die verschiedenen über $\mathfrak{p}$ liegenden Primstellen von L. Es ist daher

$$I_L^{\mathfrak{p}} = \prod_{\sigma \in G/G_{\mathfrak{P}}} L_{\sigma\mathfrak{P}}^{\times} = \prod_{\sigma \in G/G_{\mathfrak{P}}} \sigma L_{\mathfrak{P}}^{\times} \quad \text{und} \quad U_L^{\mathfrak{p}} = \prod_{\sigma \in G/G_{\mathfrak{P}}} U_{\sigma\mathfrak{P}} = \prod_{\sigma \in G/G_{\mathfrak{P}}} \sigma U_{\mathfrak{P}}.$$

Dies zeigt, dass $I_L^{\mathfrak{p}}$ und $U_L^{\mathfrak{p}}$ $G/G_{\mathfrak{P}}$-induzierte G-Moduln sind. Wenden wir das Lemma von Shapiro I, (4.19) an, so erhalten wir

$$H^q(G, I_L^{\mathfrak{p}}) \cong H^q(G_{\mathfrak{P}}, L_{\mathfrak{P}}^{\times}) \quad \text{und} \quad H^q(G, U_L^{\mathfrak{p}}) \cong H^q(G_{\mathfrak{P}}, U_{\mathfrak{P}}).$$

Nach diesem Lemma setzt sich der Isomorphismus $H^q(G, I_L^{\mathfrak{p}}) \to H^q(G_{\mathfrak{P}}, L_{\mathfrak{P}}^{\times})$ gerade aus den im Zusatz beschriebenen Homomorphismen Res und $\bar{\pi}$ zusammen. Ist $\mathfrak{p}$ in L unverzweigt, so ist die Erweiterung $L_{\mathfrak{P}}|K_{\mathfrak{p}}$ unverzweigt, und aus der lokalen Klassenkörpertheorie (vgl. II, (4.3)) erhalten wir das Resultat $H^q(G, U_L^{\mathfrak{p}}) \cong H^q(G_{\mathfrak{P}}, U_{\mathfrak{P}}) = 1$.

Mit dem Satz (3.1) lassen sich die Kohomologiegruppen der Idelgruppen I_L^S und I_L auf Grund der Produktzerlegung $I_L^S = \prod_{\mathfrak{p} \in S} I_L^{\mathfrak{p}} \times \prod_{\mathfrak{p} \notin S} U_L^{\mathfrak{p}}$ in die G-Moduln $I_L^{\mathfrak{p}}$ und $U_L^{\mathfrak{p}}$ mühelos berechnen. Nach I, (3.8) ist nämlich

$$H^q(G, I_L^S) \cong \prod_{\mathfrak{p} \in S} H^q(G, I_L^{\mathfrak{p}}) \times \prod_{\mathfrak{p} \notin S} H^q(G, U_L^{\mathfrak{p}}).$$

Enthält nun die endliche Menge S alle in L verzweigten (endlichen) Primstellen von K, so ist nach (3.1) $H^q(G, I_L^{\mathfrak{p}}) = H^q(G_{\mathfrak{P}}, L_{\mathfrak{P}}^{\times})$ einerseits ($\mathfrak{P}$ eine ausgewählte Primstelle über $\mathfrak{p}$) und $H^q(G, U_L^{\mathfrak{p}}) = 1$ für jedes $\mathfrak{p} \notin S$ andererseits. Wir haben damit

$$H^q(G, I_L^S) \cong \prod_{\mathfrak{p} \in S} H^q(G_{\mathfrak{P}}, L_{\mathfrak{P}}^{\times}),$$

wobei $\mathfrak{P}$ eine ausgewählte Primstelle über $\mathfrak{p}$ bedeutet.

Wegen $I_L = \bigcup_S I_L^S$ erhalten wir weiter

$$H^q(G, I_L) \cong \varinjlim_S H^q(G, I_L^S) \cong \varinjlim_S \prod_{\mathfrak{p} \in S} H^q(G_{\mathfrak{P}}, L_{\mathfrak{P}}^{\times}) \cong \bigoplus_{\mathfrak{p}} H^q(G_{\mathfrak{P}}, L_{\mathfrak{P}}^{\times})\ ^{7)},$$

wenn S alle endlichen, die verzweigten Stellen enthaltenden Mengen von Primstellen von K durchläuft[8]. Insgesamt haben wir damit den folgenden Satz bewiesen:

---

[7] Mit dem Zeichen $\bigoplus$ ist die **direkte Summe** gemeint, d.h. die (hier multiplikative) Gruppe der Familien $(\ldots, c_{\mathfrak{p}}, \ldots)$, bei denen nur endlich viele von 1 verschiedene Komponenten $c_{\mathfrak{p}}$ auftreten. Dagegen bedeutet $\prod$ das **direkte Produkt**, d.h. die Gruppe aller Familien $(\ldots, c_{\mathfrak{p}}, \ldots)$.

[8] Will man die etwas unübersichtliche Bildung des direkten Limes vermeiden, so kann man den Isomorphismus $H^q(G, I_L) \cong \bigoplus_{\mathfrak{p}} H^q(G_{\mathfrak{P}}, L_{\mathfrak{P}}^{\times})$ auch direkt beweisen, indem man ein Element aus $H^q(G, I_L)$ für geeignetes S als Element von $H^q(G, I_L^S)$ auffasst und so vermöge des Isomorphismus $H^q(G, I_L^S) \cong \prod_{\mathfrak{p} \in S} H^q(G_{\mathfrak{P}}, L_{\mathfrak{P}}^{\times})$ in die Gruppe $\prod_{\mathfrak{p} \in S} H^q(G_{\mathfrak{P}}, L_{\mathfrak{P}}^{\times})$ abbildet, die als Untergruppe von $\bigoplus_{\mathfrak{p}} H^q(G_{\mathfrak{P}}, L_{\mathfrak{P}}^{\times})$ verstanden werden kann. Dass es sich bei dieser Zuordnung um einen Isomorphismus handelt, ist mit Leichtigkeit nachzuprüfen.

(3.2) Satz. *Sei S eine endliche alle in L verzweigten Stellen umfassende Menge von Primstellen von K. Dann ist*

$$H^q(G, I_L^S) \;\cong\; \prod_{\mathfrak{p} \in S} H^q(G_{\mathfrak{P}}, L_{\mathfrak{P}}^{\times}) \, ,$$

$$H^q(G, I_L) \;\cong\; \bigoplus_{\mathfrak{p}} H^q(G_{\mathfrak{P}}, L_{\mathfrak{P}}^{\times}). \qquad 7)$$

Dabei bedeutet $\mathfrak{P}$ irgendeine ausgewählte Primstelle über $\mathfrak{p}$.

Aus der Herleitung dieser Isomorphismen und aus dem Zusatz zu (3.1) erhalten wir darüber hinaus automatisch den

Zusatz. *Der Isomorphismus $H^q(G, I_L) \cong \bigoplus_{\mathfrak{p}} H^q(G_{\mathfrak{P}}, L_{\mathfrak{P}}^{\times})$ wird durch die Projektionen $H^q(G, I_L) \longrightarrow H^q(G_{\mathfrak{P}}, L_{\mathfrak{P}}^{\times})$ geliefert, die sich aus den folgenden Homomorphismen zusammensetzen:*

$$H^q(G, I_L) \xrightarrow{\text{Res}} H^q(G_{\mathfrak{P}}, I_L) \xrightarrow{\bar{\pi}} H^q(G_{\mathfrak{P}}, L_{\mathfrak{P}}^{\times}) \, ,$$

wobei $\bar{\pi}$ durch die kanonische Projektion $I_L \xrightarrow{\pi} L_{\mathfrak{P}}^{\times}$ induziert wird, die jedem Idel $\mathfrak{a}$ seine $\mathfrak{P}$-Komponente $\mathfrak{a}_{\mathfrak{P}}$ zuordnet.

Durch diese Projektionen ordnen wir jedem Element $c \in H^q(G, I_L)$ seine $\mathfrak{p}$-Komponenten $c_{\mathfrak{p}} \in H^q(G_{\mathfrak{P}}, L_{\mathfrak{P}}^{\times})$ zu ($\mathfrak{P}$ ist wie immer eine fest gewählte Primstelle über $\mathfrak{p}$). Die Elemente c sind nach dem Satz eindeutig durch ihre **lokalen Komponenten** $c_{\mathfrak{p}}$ bestimmt, von denen wegen der direkten Summe $\bigoplus$ fast alle gleich 1 sind. Für positive Dimensionen q lässt sich die Zuordnung $c \mapsto c_{\mathfrak{p}}$ in der folgenden einfachen Weise beschreiben. Ist $c \in H^q(G, I_L)$ eine Kohomologieklasse, so nehme man aus c einen Kozykel $\mathfrak{a}(\sigma_1, \ldots, \sigma_q)$ heraus. Dies ist eine Funktion mit Argumenten aus G und Werten in der Idelgruppe I_L. Man schränke diese Funktion auf die Gruppe $G_{\mathfrak{P}}$ als Argumentbereich ein, nehme die $\mathfrak{P}$-Komponente $\mathfrak{a}_{\mathfrak{P}}(\sigma_1, \ldots, \sigma_q)$ des Idels $\mathfrak{a}(\sigma_1, \ldots, \sigma_q)$ und erhält einen Kozykel mit Argumenten aus $G_{\mathfrak{P}}$ und Werten in $L_{\mathfrak{P}}^{\times}$. Geht man zu den Kohomologieklassen über, so erhält man ein Element $c_{\mathfrak{p}} \in H^q(G_{\mathfrak{P}}, L_{\mathfrak{P}}^{\times})$, die $\mathfrak{p}$-Komponente von c.

Der folgende Satz zeigt, wie sich der Übergang zu den lokalen Komponenten bei Änderung der auftretenden Körper verhält.

(3.3) Satz. *Sind $N \supseteq L \supseteq K$ normale Erweiterungen und bedeuten $\mathfrak{P}' \mid \mathfrak{P} \mid \mathfrak{p}$ Primstellen von N bzw. L bzw. K, so ist*

$$(\operatorname{Inf}_N c)_{\mathfrak{p}} = \operatorname{Inf}_{N_{\mathfrak{P}'}}(c_{\mathfrak{p}}), \qquad c \in H^q(G_{L|K}, I_L), \ q \geq 1,$$

$$(\operatorname{Res}_L c)_{\mathfrak{P}} = \operatorname{Res}_{L_{\mathfrak{P}}}(c_{\mathfrak{p}}), \qquad c \in H^q(G_{N|K}, I_N),$$

$$(\operatorname{Kor}_K c)_{\mathfrak{p}} = \sum_{\mathfrak{P}|\mathfrak{p}} \operatorname{Kor}_{K_{\mathfrak{p}}}(c_{\mathfrak{P}}), \qquad c \in H^q(G_{N|L}, I_N).$$

Bei den letzten beiden Formeln genügt es, nur die Normalität von $N|K$ vorauszusetzen.

Bei der dritten Formel ist zu beachten: Für jedes $\mathfrak{P} \mid \mathfrak{p}$ wählen wir eine über $\mathfrak{P}$ gelegene Primstelle $\mathfrak{P}'$ von N aus, so dass die Elemente $\operatorname{Kor}_{K_{\mathfrak{p}}}(c_{\mathfrak{P}})$ in zunächst verschiedenen Kohomologiegruppen $H^q(G_{N_{\mathfrak{P}'}|K_{\mathfrak{p}}}, N_{\mathfrak{P}'}^{\times})$ liegen. Diese können wir jedoch miteinander identifizieren, indem wir nämlich zwei über $\mathfrak{p}$ gelegene Primstellen von N durch einen Automorphismus $\sigma \in G_{N|K}$ ineinander überführen und durch den Isomorphismus $N_{\mathfrak{P}'}^{\times} \xrightarrow{\sigma} N_{\sigma\mathfrak{P}'}^{\times}$ zu einer kanonischen Isomorphie $H^q(G_{N_{\mathfrak{P}'}|K_{\mathfrak{p}}}, N_{\mathfrak{P}'}^{\times}) \cong H^q(G_{N_{\sigma\mathfrak{P}'}|K_{\mathfrak{p}}}, N_{\sigma\mathfrak{P}'}^{\times})$ kommen (vgl. auch (3.1)). Die $\operatorname{Kor}_{K_{\mathfrak{p}}}(c_{\mathfrak{P}})$ lassen sich danach für jedes $\mathfrak{P} \mid \mathfrak{p}$ als Elemente der Gruppe $H^q(G_{N_{\mathfrak{P}'}|K_{\mathfrak{p}}}, N_{\mathfrak{P}'}^{\times})$ mit fest gewähltem $\mathfrak{P}' \mid \mathfrak{p}$ auffassen, und in dieser Gruppe wird die Summe gebildet.

Der Beweis des Satzes (3.3) beruht auf einer allgemeinen, rein kohomologischen Vertauschbarkeitseigenschaft der Abbildungen Inf, Res und Kor mit der (hier beim Übergang zu den lokalen Komponenten auftretenden) Restriktionsabbildung. Diese Kommutativität lässt sich im Falle Inf und Res für $q \geq 1$, im Falle Kor für $q = -1, 0$ unmittelbar einsehen, wenn man verfolgt, wie sich die Kozykeln explizit unter den betreffenden Homomorphismen verhalten, und ergibt sich für beliebige Dimensionen q durch Dimensionsverschiebung. Die Einzelheiten seien dem Leser überlassen.

Mit dem Satz (3.2) haben wir eine vollständige „Lokalisierung" der Kohomologie der Idelgruppen erreicht, d.h. wir können von Betrachtungen über die Gruppen $H^q(G, I_L)$ zurückgehen auf Betrachtungen über die in der lokalen Klassenkörpertheorie im Vordergrund stehenden Kohomologiegruppen $H^q(G_{\mathfrak{P}}, L_{\mathfrak{P}}^{\times})$. Dieses Prinzip werden wir im weiteren häufig anwenden. Der Satz (3.2) ist nota bene kein tiefer liegendes zahlentheoretisches Resultat. Abgesehen von rein kohomologischen Sätzen haben wir an zahlentheoretischen Tatsachen nur die Endlichkeit der Anzahl in einer Erweiterung $L|K$ verzweigten Stellen und die triviale Kohomologie der Einheitengruppe $U_{\mathfrak{P}}$ in einer unverzweigten lokalen Erweiterung $L_{\mathfrak{P}}|K_{\mathfrak{p}}$ verwandt. Immerhin bildet der Satz (3.2) die Grundlage für den idealtheoretischen Aufbau der globalen Klassenkörpertheorie. Für die Dimension $q = 0$ erhalten wir aus ihm ein Korollar, das wir im folgenden als **Normensatz für Idele** zitieren werden:

(3.4) Korollar. *Ein Idel $\mathfrak{a} \in I_K$ ist genau dann Norm eines Idels $\mathfrak{b}$ aus I_L, wenn jede Komponente $\mathfrak{a}_\mathfrak{p} \in K_\mathfrak{p}^\times$ Norm eines Elementes $\mathfrak{b}_\mathfrak{P} \in L_\mathfrak{P}^\times$ ($\mathfrak{P} \mid \mathfrak{p}$) ist.*

Wir sagen auch kurz, ein Idel $\mathfrak{a} \in I_K$ ist Norm, wenn es überall lokal Norm ist.

Beweis. Es ist $H^0(G, I_L) = I_L^G/N_G I_L = I_K/N_G I_L$ und $H^0(G_\mathfrak{P}, L_\mathfrak{P}^\times) = K_\mathfrak{p}^\times/N_{G_\mathfrak{P}} L_\mathfrak{P}^\times$. Mit dem Satz (3.2) haben wir also $I_K/N_G I_L \cong \bigoplus_\mathfrak{p} K_\mathfrak{p}^\times/N_{G_\mathfrak{P}} L_\mathfrak{P}^\times$. Ist $\mathfrak{a} \in I_K$, so wird der 0-Kohomologieklasse $\mathfrak{a} \cdot N_G I_L = \overline{\mathfrak{a}}$ durch diesen Isomorphismus ihre Komponenten $\overline{\mathfrak{a}}_\mathfrak{p}$ zugeordnet, die sich nach dem Zusatz zu (3.2) zu $\overline{\mathfrak{a}}_\mathfrak{p} = \mathfrak{a}_\mathfrak{p} \cdot N_{G_\mathfrak{P}} L_\mathfrak{P}^\times$ berechnen. Nun ist wegen der Isomorphie $\overline{\mathfrak{a}} = 1$ genau dann, wenn $\overline{\mathfrak{a}}_\mathfrak{p} = 1$ ist, d.h. $\mathfrak{a} \in N_G I_L$ genau dann, wenn jede Komponente $\mathfrak{a}_\mathfrak{p} \in N_{G_\mathfrak{P}} L_\mathfrak{P}^\times$.

Der Normensatz für Idele ist ein Analogon zum „Hasseschen Normensatz", der besagt, dass im Falle einer zyklischen Erweiterung $L|K$ ein Element $x \in K^\times$ genau dann Norm eines Elementes $y \in L^\times$ ist, wenn dies überall lokal, d.h. für jede Erweiterung $L_\mathfrak{P}|K_\mathfrak{p}$ der Fall ist (vgl. §4, (4.8)). Im Gegensatz zum Normensatz für Idele ist der Hassesche Normensatz ein äußerst tief liegendes zahlentheoretisches Resultat, das, wie wir sehen werden, bisher nur auf Umwegen gewonnen werden kann. Das Korollar (3.4) besagt nur, dass ein Element $x \in K^\times$, als Hauptidel aufgefasst, Norm eines Idels $\mathfrak{b}$ von L ist, lässt aber die Frage offen, ob dieses Idel auch als Hauptidel $y \in L^\times$ gewählt werden kann.

(3.5) Korollar. $H^1(G, I_L) = H^3(G, I_L) = 1$.

Dies ist nach (3.2) klar, da $H^1(G_\mathfrak{P}, L_\mathfrak{P}^\times) = H^3(G_\mathfrak{P}, L_\mathfrak{P}^\times) = 1$ für alle $\mathfrak{P}$ ist (vgl. II, (2.2) und II, (5.8)).

Das Resultat $H^1(G_{L|K}, I_L) = 1$ zeigt, dass die Erweiterungen $L|K$ im Hinblick auf die Idelgruppen I_L als Moduln eine Körperformation im Sinne von II, §1, bilden. Wir können uns daher die Kohomologiegruppen $H^2(G_{L|K}, I_L)$ in der Gruppe

$$H^2(G_{\Omega|K}, I_\Omega) = \bigcup_L H^2(G_{L|K}, I_L) \quad {}^{9)}$$

---

[9] Hier bedeutet Ω den Körper aller algebraischen Zahlen; $H^2(G_{\Omega|K}, I_\Omega)$ wird jedoch nur als Bezeichnung für die rechts stehende Vereinigung benutzt. Fasst man I_Ω

vereinigt denken, indem wir die (wegen $H^1(G_{L|K}, I_L) = 1$ injektive) Inflation als Inklusion deuten. Dieser Auffassung wollen wir uns für alle weiteren Betrachtungen anschließen. Sind $N \supseteq L \supseteq K$ zwei normale Erweiterungen von K, so ist danach

$$H^2(G_{L|K}, I_L) \subseteq H^2(G_{N|K}, I_N) \subseteq H^2(G_{\Omega|K}, I_\Omega).$$

Wir haben in der lokalen Klassenkörpertheorie gesehen, dass die Brauersche Gruppe $Br(K) = \bigcup_L H^2(G_{L|K}, L^\times)$ eines $\mathfrak{p}$-adischen Zahlkörpers K schon die Vereinigung der Kohomologiegruppen $H^2(G_{L|K}, L^\times)$ der unverzweigten Erweiterungen $L|K$ ist. Für diese ergab sich das Reziprozitätsgesetz in relativ einfacher Weise. Eine ähnliche Rolle wie die unverzweigten Erweiterungen in der lokalen Theorie spielen im globalen Fall die zyklischen **Kreiskörpererweiterungen**, d.h. zyklische Erweiterungen, die enthalten sind in einem Körper, der durch Adjunktion von Einheitswurzeln entsteht. Wir beweisen daher schon an dieser Stelle den

(3.6) Satz. *Für jeden endlichen algebraischen Zahlkörper K gilt*

$$Br(K) = \bigcup_{L|K \, zykl.} H^2(G_{L|K}, L^\times) \quad und \quad H^2(G_{\Omega|K}, I_\Omega) = \bigcup_{L|K \, zykl.} H^2(G_{L|K}, I_L),$$

wobei $L|K$ nur alle zyklischen Kreiskörpererweiterungen durchläuft.

Zum Beweis benötigen wir das folgende

(3.7) Lemma. *Ist K ein endlicher algebraischer Zahlkörper, S eine endliche Primstellenmenge von K und m eine natürliche Zahl, so gibt es stets einen zyklischen Kreiskörper $L|K$, derart dass*

- $m \mid [L_\mathfrak{P} : K_\mathfrak{p}]$ *für alle endlichen $\mathfrak{p} \in S$,*
- $[L_\mathfrak{P} : K_\mathfrak{p}] = 2$ *für alle reell-unendlichen $\mathfrak{p} \in S$.*

Beweis. Es genügt, das Lemma für den Fall $K = \mathbb{Q}$ zu beweisen, aus dem sich der allgemeine Fall durch Kompositumsbildung ergibt: Ist nämlich $N|\mathbb{Q}$ ein total imaginärer zyklischer Kreiskörper derart, dass für jede Primzahl p, über der in K eine Stelle aus S liegt, der Grad $[N_\mathfrak{P} : \mathbb{Q}_p]$ durch $m \cdot [K : \mathbb{Q}]$ teilbar ist, so leistet $L = K \cdot N$ das Verlangte.

Sei l^n eine Primzahlpotenz und ζ eine primitive l^n-te Einheitswurzel. Ist $l \neq 2$, so ist die Erweiterung $\mathbb{Q}(\zeta)|\mathbb{Q}$ zyklisch vom Grade $l^{n-1} \cdot (l-1)$, und wir bezeichnen den zyklischen Teilkörper vom Grade l^{n-1} mit $L(l^n)$.

---

als Vereinigung aller I_L auf, oder genauer $I_\Omega = \varinjlim I_L$, so ist I_Ω ein $G_{\Omega|K}$-Modul, und man kann $H^2(G_{\Omega|K}, I_\Omega)$ in direkter Weise auch für den Fall der unendlichen Galoisgruppe $G_{\Omega|K}$ definieren (vgl. [41]).

Ist $l = 2$, so ist die Galoisgruppe von $\mathbb{Q}(\zeta)|\mathbb{Q}$ direktes Produkt einer zyklischen Gruppe der Ordnung 2 und einer zyklischen Gruppe der Ordnung 2^{n-2}. In diesem Fall betrachten wir den Körper $L(2^n) = \mathbb{Q}(\xi)$ mit $\xi = \zeta - \zeta^{-1}$. Die Automorphismen von $\mathbb{Q}(\zeta)$ sind durch $\sigma_\nu : \zeta \mapsto \zeta^\nu$, ν ungerade, definiert, und es ist $\sigma_\nu(\xi) = \zeta^\nu - \zeta^{-\nu}$. Wegen $\zeta^{2^{n-1}} = -1$ ist $\sigma_\nu(\xi) = \sigma_{-\nu+2^{n-1}}(\xi)$, und da entweder ν oder $-\nu + 2^{n-1} \equiv 1 \bmod (4)$ ist, werden die Automorphismen von $L(2^n) = \mathbb{Q}(\xi)$ von solchen σ_ν mit $\nu \equiv 1 \bmod (4)$ induziert. Eine elementare Rechnung zeigt nun, dass sich die Galoisgruppe von $L(2^n)|\mathbb{Q}$ damit als zyklisch von der Ordnung 2^{n-2} erweist. Überdies ist $L(l^n)$ für großes n wegen $\sigma_{-1}\xi = -\xi$ total imaginär.

Ist p eine Primzahl, so wird der lokale Grad $[L(l^n)_\mathfrak{P} : \mathbb{Q}_p]$ mit wachsendem n eine beliebig hohe l-Potenz, da jedenfalls $[\mathbb{Q}_p(\zeta) : \mathbb{Q}_p]$ beliebig groß wird und $[\mathbb{Q}_p(\zeta) : L(l^n)_\mathfrak{P}] \leq l - 1$ bzw. ≤ 2 im Falle $l = 2$ ist.

Ist nun $m = l_1^{r_1} \cdots l_s^{r_s}$, so leistet ersichtlich der Körper

$$L = L(l_1^{n_1}) \cdots L(l_s^{n_s}) \cdot L(2^t)$$

das Verlangte, wenn die n_i, t genügend groß gewählt werden. Für die endlich vielen Primzahlen $p \in S$ sind dann nämlich die lokalen Grade $[L_\mathfrak{P} : \mathbb{Q}_p]$ durch jede Potenz $l_i^{r_i}$, also durch m teilbar; L ist wegen des Faktors $L(2^t)$ total imaginär und über $\mathbb{Q}$ zyklisch, da die $L(l^n)$ über $\mathbb{Q}$ zyklisch von teilerfremdem Grad sind.

Beweis zu (3.6). Wir führen den Beweis nur für den Fall der Gruppe $H^2(G_{\Omega|K}, I_\Omega)$, da sich der Fall $Br(K)$ wörtlich genauso ergibt, wenn man nur die Idelgruppen I_L jeweils durch die multiplikativen Gruppen $L^\times$ der auftretenden Körper L ersetzt.

Sei also $c \in H^2(G_{\Omega|K}, I_\Omega)$, etwa $c \in H^2(G_{L'|K}, I_{L'})$, sei m die Ordnung von c und S die (endliche) Menge der Primstellen $\mathfrak{p}$ von K, für die die lokalen Komponenten $c_\mathfrak{p}$ von c von 1 verschieden sind. Aufgrund des obigen Lemmas finden wir einen zyklischen Kreiskörper $L|K$ mit $m \mid [L_\mathfrak{P} : K_\mathfrak{p}]$ für die endlichen $\mathfrak{p} \in S$ und $[L_\mathfrak{P} : K_\mathfrak{p}] = 2$ für die reell-unendlichen $\mathfrak{p} \in S$. Bilden wir das Kompositum $N = L' \cdot L$, so ist

$$H^2(G_{L'|K}, I_{L'}) \quad \text{und} \quad H^2(G_{L|K}, I_L) \subseteq H^2(G_{N|K}, I_N),$$

und wir werden zeigen, dass c in der Gruppe $H^2(G_{L|K}, I_L)$ liegt. Wegen der Exaktheit der Sequenz

$$1 \longrightarrow H^2(G_{L|K}, I_L) \longrightarrow H^2(G_{N|K}, I_N) \xrightarrow{\mathrm{Res}_L} H^2(G_{N|L}, I_N)$$

genügt es zu zeigen, dass $\mathrm{Res}_L c = 1$ ist. Mit der lokalen Klassenkörpertheorie und mit (3.2) und (3.3) haben wir aber $\mathrm{Res}_L c = 1 \iff (\mathrm{Res}_L c)_\mathfrak{P} = \mathrm{Res}_{L_\mathfrak{P}} c_\mathfrak{p} = 1$ für alle Primstellen $\mathfrak{P}$ von $L \iff \mathrm{inv}_{N_{\mathfrak{P}'}|L_\mathfrak{P}} (\mathrm{Res}_{L_\mathfrak{P}} c_\mathfrak{p}) = [L_\mathfrak{P} : K_\mathfrak{p}] \cdot \mathrm{inv}_{N_{\mathfrak{P}'}|K_\mathfrak{p}} c_\mathfrak{p} = \mathrm{inv}_{N_{\mathfrak{P}'}|K_\mathfrak{p}} c_\mathfrak{p}^{[L_\mathfrak{P}:K_\mathfrak{p}]} = 0$ für alle Primstellen $\mathfrak{p}$ von $K \iff c_\mathfrak{p}^{[L_\mathfrak{P}:K_\mathfrak{p}]} = 1$ für alle $\mathfrak{p} \in S$.

Das letztere aber trifft wegen $c_{\mathfrak{p}}^m = 1$ und $m \mid [L_{\mathfrak{P}} : K_{\mathfrak{p}}]$ für die endlichen und $[L_{\mathfrak{P}} : K_{\mathfrak{p}}] = 2$ für die reell-unendlichen $\mathfrak{p} \in S$ zu.

§ 4. Kohomologie der Idelklassengruppe

Die Rolle, die in der lokalen Theorie die multiplikative Gruppe eines Körpers spielt, wird in der globalen Klassenkörpertheorie von der Idelklassengruppe eingenommen. Unsere Überlegungen laufen also darauf hinaus zu zeigen, dass zwischen der Faktorkommutatorgruppe der Galoisgruppe $G = G_{L|K}$ einer normalen Erweiterung $L|K$ endlicher algebraischer Zahlkörper und der Normrestgruppe $C_K/N_G C_L$ ein kanonischer Reziprozitätsisomorphismus besteht, mit anderen Worten, dass die endlichen normalen Erweiterungen $L|K$ eines algebraischen Zahlkörpers K im Hinblick auf die Idelklassengruppen C_L eine Klassenformation im Sinne von II, §1 bilden. Insbesondere werden wir daher zu beweisen haben, dass $H^1(G, C_L) = 1$ und $H^2(G, C_L)$ zyklisch von der Ordnung $[L : K]$ ist. Dies ergibt sich aus der sogenannten ersten und der zweiten fundamentalen Ungleichung, die wir im folgenden in Angriff nehmen wollen. Diese Ungleichungen lagen in idealtheoretischer Fassung schon den von TAKA-GI bewiesenen Hauptsätzen der Klassenkörpertheorie zugrunde (vgl. [17], Teil I), ihre Beweise bedurften jedoch eines erheblich größeren Aufwandes, wobei der Beweis der zweiten dieser Ungleichungen weitgehend durch die Heranziehung der Dirichlet-Reihen, also durch analytische Methoden bestimmt war, die sich durch die Einführung der Idele erübrigen.

Für das folgende fassen wir eine feste normale Erweiterung $L|K$ mit einer zyklischen Galoisgruppe $G = G_{L|K}$ von Primzahlordnung p ins Auge. Unter der **ersten fundamentalen Ungleichung** versteht man die Relation

$$(C_K : N_G C_L) \geq p.$$

Sie ergibt sich unmittelbar aus dem folgenden

(4.1) Satz. *Die Idelklassengruppe C_L ist ein Herbrandmodul mit dem Herbrandquotienten*

$$h(C_L) = \frac{|H^0(G, C_L)|}{|H^1(G, C_L)|} = p \quad {}^{10)}.$$

Hieraus erhalten wir als

(4.2) Korollar.

$$|H^0(G, C_L)| = (C_K : N_G C_L) = |H^2(G, C_L)| = p \cdot |H^1(G, C_L)| \geq p.$$

---

[10] Über den Herbrandquotienten siehe I, §6.

Bemerkung. Der Satz (4.1) würde unmittelbar $|H^2(G, C_L)| = p$ nach sich ziehen, also die Tatsache, dass $H^2(G, C_L)$ zyklisch ist von der Ordnung $[L : K]$, wenn wir wüssten, dass $H^1(G, C_L) = 1$ ist. Dies zu zeigen ist jedoch alles andere als einfach, im Gegensatz zum Fall, dass anstelle von C_L die Idelgruppe I_L (vgl. (3.5)) oder die multiplikative Gruppe $L^\times$ tritt (Hilbert-Noetherscher Satz). Erst aus der im nächsten Abschnitt zu beweisenden zweiten fundamentalen Ungleichung $(C_K : N_G C_L) = |H^0(G, C_L)| \leq p$ wird sich $H^1(G, C_L) = 1$ ergeben. Man kann sich leicht überlegen, dass $H^1(G, C_L) = 1$ wegen der Isomorphie $H^1(G, C_L) \cong H^{-1}(G, C_L)$ gleichbedeutend ist mit dem im vorigen Paragraphen erwähnten Hasseschen Normensatz (vgl. (4.8)). Ein direkter Beweis des Hasseschen Normensatzes wäre also sehr wünschenswert, liegt zur Zeit jedoch nicht vor.

Beweis zu Satz (4.1). Sei S eine endliche Menge von Primstellen von K mit den Eigenschaften

1. S enthält alle unendlichen und alle in L verzweigten Primstellen,
2. $I_L = I_L^S \cdot L^\times$,
3. $I_K = I_K^S \cdot K^\times$.

Eine solche Menge S existiert nach (2.4) sicher. Wir haben dann

$$C_L = I_L^S \cdot L^\times / L^\times \cong I_L^S / L^S,$$

wobei $L^S = L^\times \cap I_L^S$ die Gruppe der S-Einheiten, d.h. die Gruppe aller derjenigen Elemente aus $L^\times$ ist, welche Einheiten sind für alle nicht über den Primstellen aus S liegenden Primstellen $\mathfrak{P}$ von L (vgl. §2, S. 131 und §1, S. 126). Nach I, (6.4) erhalten wir

$$h(C_L) = h(I_L^S) \cdot h(L^S)^{-1},$$

in dem Sinne, dass, wenn zwei dieser Herbrandquotienten definiert sind, auch der dritte definiert ist und die Gleichheit gilt.

Danach zerfällt der Beweis in zwei Teile, in die Berechnung von $h(I_L^S)$ und von $h(L^S)$.

Die Berechnung von $h(I_L^S)$ ist wegen des Satzes (3.2) eine rein lokale Angelegenheit. Sei

$\quad n$ die Anzahl der Stellen in S,
$\quad N$ die Anzahl der Stellen von L, die über S liegen, und
$\quad n_1$ die Anzahl der Stellen aus S, die in L unzerlegt sind.

Beachten wir, dass wegen des Primzahlgrades eine Stelle von K, die nicht unzerlegt ist, total, d.h. in genau p Primstellen von L zerfällt, so sehen wir, dass $N = n_1 + p \cdot (n - n_1)$.

Um den Quotienten $h(I_L^S) = |H^0(G, I_L^S)| / |H^1(G, I_L^S)|$ zu berechnen, haben wir die Ordnungen $|H^0(G, I_L^S)|$ und $|H^1(G, I_L^S)|$ zu bestimmen. Nach Satz (3.2) ist $H^q(G, I_L^S) \cong \prod_{\mathfrak{p} \in S} H^q(G_{\mathfrak{P}}, L_{\mathfrak{P}}^\times)$.

Für $q = 1$ ergibt dies $H^1(G, I_L^S) = 1$ wegen $H^1(G_{\mathfrak{P}}, L_{\mathfrak{P}}^\times) = 1$. Wegen $H^0(G, I_L^S) \cong \prod_{\mathfrak{p} \in S} H^0(G_{\mathfrak{P}}, L_{\mathfrak{P}}^\times)$ haben wir nur noch die Ordnungen der $H^0(G_{\mathfrak{P}}, L_{\mathfrak{P}}^\times)$ anzugeben, die sich aus der lokalen Klassenkörpertheorie ergeben. Danach ist nämlich $H^0(G_{\mathfrak{P}}, L_{\mathfrak{P}}^\times) \cong G_{\mathfrak{P}}$ (vgl. II, (5.9)), so dass

$$|H^0(G_{\mathfrak{P}}, L_{\mathfrak{P}}^\times)| = \begin{cases} 1, & \text{wenn die unter } \mathfrak{P} \text{ liegende Primstelle } \mathfrak{p} \text{ zerfällt} \\ & \text{(wegen } G_{\mathfrak{P}} = 1), \\ p, & \text{wenn } \mathfrak{p} \text{ nicht zerfällt (wegen } G_{\mathfrak{P}} = G). \end{cases}$$

Also ergibt sich unmittelbar $|H^0(G, I_L^S)| = p^{n_1}$, und mit $H^1(G, I_L^S) = 1$ ist $h(I_L^S) = p^{n_1}$.

Zur Berechnung von $h(L^S)$ verwenden wir den Satz I, (6.10) über den Herbrandquotienten. Die Gruppe $L^S = L^\times \cap I_L^S$ der S-Einheiten von L ist nach (1.1) endlich erzeugt vom Range $N - 1$. Die Fixgruppe $(L^S)^G = K^S = K^\times \cap L^S$ ist die Gruppe der S-Einheiten von K. Sie ist nach (1.1) endlich erzeugt vom Range $n - 1$. Der Satz I, (6.10) liefert

$$h(L^S) = p^{(p(n-1) - N + 1)/(p-1)} = p^{n_1 - 1}.$$

Da die beiden Herbrandquotienten $h(I_L^S)$ und $h(L^S)$ definiert sind, ist auch $h(C_L)$ definiert, und es gilt $h(C_L) = h(I_L^S) \cdot h(L^S)^{-1} = p$.

Aus dem Satz (4.1) erhalten wir das folgende

(4.3) Korollar. *Ist $L|K$ eine zyklische Erweiterung von Primzahlpotenzgrad, so besitzt K unendlich viele in L unzerlegte Primstellen.*

Beweis. Sei zunächst der Grad $[L : K] = p$ eine Primzahl. Wir nehmen an, die Menge $\mathfrak{U}$ der in L unzerlegten Primstellen von K ist endlich. Wir zeigen, dass unter dieser Voraussetzung $C_K = N_G C_L$ ($G = G_{L|K}$) ist, was im Widerspruch zur ersten fundamentalen Ungleichung (4.2) steht. Sei $\bar{a} \in C_K$ und $a \in I_K$ ein repräsentierendes Idel von $\bar{a}$ mit den lokalen Komponenten $a_{\mathfrak{p}} \in K_{\mathfrak{p}}^\times$. Die Gruppe der p-ten Potenzen $(K_{\mathfrak{p}}^\times)^p$ ist nach II, (3.6) hinsichtlich der Bewertungstopologie offen in $K_{\mathfrak{p}}^\times$. Für jedes $\mathfrak{p} \in \mathfrak{U}$ ist also $a_{\mathfrak{p}} \cdot (K_{\mathfrak{p}}^\times)^p$ eine offene Umgebung des Elementes $a_{\mathfrak{p}}$, und da der Körper K dicht in seiner Komplettierung $K_{\mathfrak{p}}$ liegt, können wir ein $x_{\mathfrak{p}} \in K^\times$ finden, welches in diese Umgebung hineinfällt: $x_{\mathfrak{p}} \in a_{\mathfrak{p}} \cdot (K_{\mathfrak{p}}^\times)^p$. Nach dem Approximationssatz der Bewertungstheorie gibt es weiter ein $x \in K$, das $x_{\mathfrak{p}}$ hinsichtlich der Primstelle $\mathfrak{p}$ beliebig genau approximiert, und zwar für alle $\mathfrak{p} \in \mathfrak{U}$. Insbesondere können wir es einrichten, dass mit $x_{\mathfrak{p}}$ auch $x \in a_{\mathfrak{p}} \cdot (K_{\mathfrak{p}}^\times)^p$, d.h. $a_{\mathfrak{p}} \cdot x^{-1} \in (K_{\mathfrak{p}}^\times)^p$ für alle $\mathfrak{p} \in \mathfrak{U}$ ist. Wir behaupten nun, dass das Idel $a' = a \cdot x^{-1}$ Norm eines Idels b aus I_L ist. Nach (3.4) ist dies genau dann der Fall, wenn jede Komponente $a'_{\mathfrak{p}} \in K_{\mathfrak{p}}^\times$ Norm eines Elementes $b_{\mathfrak{P}} \in L_{\mathfrak{P}}^\times$ ($\mathfrak{P} \mid \mathfrak{p}$) ist. Für $\mathfrak{p} \in \mathfrak{U}$ ist dies richtig, weil $[L_{\mathfrak{P}} : K_{\mathfrak{p}}] = p$ und $\mathfrak{a}_{\mathfrak{p}}' = \mathfrak{a}_{\mathfrak{p}} \cdot x^{-1} \in (K_{\mathfrak{p}}^{\times})^p$ ist, und für $\mathfrak{p} \notin \mathfrak{U}$ trivialerweise, da $\mathfrak{p}$ wegen des Primzahlgrades total zerfällt, also $L_{\mathfrak{P}} = K_{\mathfrak{p}}$ ist. In der Tat ist also $\mathfrak{a}' = \mathfrak{a} \cdot x^{-1} = N_G \mathfrak{b}$, $\mathfrak{b} \in I_L$, woraus sich $\bar{\mathfrak{a}} = \mathfrak{a} \cdot K^{\times} = \mathfrak{a}' \cdot K^{\times} = N_G \mathfrak{b} \cdot K^{\times} = N_G(\mathfrak{b} \cdot L^{\times})$ und somit $C_K = N_G C_L$ ergibt.

Sei nun $L|K$ zyklisch vom Grade p^r. Wir nehmen an, fast alle Primstellen von K zerfallen in L. Dies bedeutet, dass die Zerlegungskörper $Z_{\mathfrak{P}}$ fast aller Primstellen $\mathfrak{P}$ von L echte Oberkörper von K sind, also jeweils einen Körper L_0 zwischen K und L vom Grade p umfassen. Es gibt in der zyklischen Erweiterung $L|K$ aber nur einen Körper L_0 vom Grade p, der somit in fast allen Zerlegungskörpern $Z_{\mathfrak{P}}$ liegt. Dies aber hat zur Folge, dass fast alle Primstellen $\mathfrak{p}$ von K im zyklischen Körper L_0 des Grades p zerfallen, was im Widerspruch zum obigen Teil des Beweises steht.

Wir wollen nun daran gehen, die **zweite fundamentale Ungleichung** $(C_K : N_G C_L) \leq p$ im Falle einer primzyklischen Erweiterung $L|K$ zu beweisen, setzen aber dazu voraus, dass der Körper K die p-ten Einheitswurzeln enthält. L ist dann ein Kummerscher Körper: $L = K(\sqrt[p]{x_0})$, $x_0 \in K^{\times}$. Wir schicken das folgende Lemma voraus:

(4.4) Lemma. *Ist $N = K(\sqrt[p]{x})$, $x \in K^{\times}$, irgendein Kummerscher Körper über K und $\mathfrak{p}$ eine nicht über der Primzahl p gelegene endliche Primstelle von K, so ist $\mathfrak{p}$ unverzweigt in N genau dann, wenn $x \in U_{\mathfrak{p}} \cdot (K_{\mathfrak{p}}^{\times})^p$, und $\mathfrak{p}$ zerfällt vollständig in N genau dann, wenn $x \in (K_{\mathfrak{p}}^{\times})^p$.*

Beweis. Sei $\mathfrak{P}$ eine über $\mathfrak{p}$ gelegene Primstelle von N. Dann ist $N_{\mathfrak{P}} = K_{\mathfrak{p}}(\sqrt[p]{x})$. Ist $x = u \cdot y^p$, $u \in U_{\mathfrak{p}}$, $y \in K_{\mathfrak{p}}^{\times}$, so ist $N_{\mathfrak{P}} = K_{\mathfrak{p}}(\sqrt[p]{x}) = K_{\mathfrak{p}}(\sqrt[p]{u})$. Ist die Gleichung $X^p - u = 0$ über dem Restklassenkörper von $K_{\mathfrak{p}}$ irreduzibel, so ist sie es auch über $K_{\mathfrak{p}}$, und $N_{\mathfrak{P}}|K_{\mathfrak{p}}$ ist eine unverzweigte Erweiterung vom Grade p. Ist aber $X^p - u = 0$ über dem Restklassenkörper von $K_{\mathfrak{p}}$ reduzibel, so zerfällt sie dort in p verschiedene Linearfaktoren, da die Primzahl p von der Restkörpercharakteristik verschieden ist, und nach dem Henselschen Lemma zerfällt $X^p - u = 0$ auch über $K_{\mathfrak{p}}$ in Linearfaktoren, so dass $N_{\mathfrak{P}} = K_{\mathfrak{p}}$ ist. In beiden Fällen ist $N_{\mathfrak{P}}|K_{\mathfrak{p}}$ unverzweigt, d.h. $\mathfrak{p}$ ist unverzweigt in N.

Ist umgekehrt $\mathfrak{p}$ unverzweigt in N, so ist $N_{\mathfrak{P}} = K_{\mathfrak{p}}(\sqrt[p]{x})$ unverzweigt über $K_{\mathfrak{p}}$, und wir haben $\sqrt[p]{x} = u \cdot \pi^k$, wobei $u \in U_{\mathfrak{P}}$ und $\pi \in K_{\mathfrak{p}}$ ein Primelement (vom kleinsten Wert 1) ist. Daraus ergibt sich $x = u^p \cdot \pi^{k \cdot p}$, also $u^p \in U_{\mathfrak{p}}$, $\pi^{k \cdot p} \in (K_{\mathfrak{p}}^{\times})^p$, d.h. $x \in U_{\mathfrak{p}} \cdot (K_{\mathfrak{p}}^{\times})^p$.

Die Primstelle $\mathfrak{p}$ zerfällt in N genau dann, wenn $N_{\mathfrak{P}} = K_{\mathfrak{p}}(\sqrt[p]{x}) = K_{\mathfrak{p}}$, wenn also $x \in (K_{\mathfrak{p}}^{\times})^p$ ist.

(4.5) Satz. *Ist $L|K$ eine zyklische Erweiterung vom Primzahlgrade p, und enthält der Körper K die p-ten Einheitswurzeln, so ist*

$$|H^0(G, C_L)| = (C_K : N_G C_L) \leq p.$$

Die Schwierigkeit, die man beim Beweis des Satzes zu überwinden hat, liegt darin, dass man keinen unmittelbaren Zugang zur Normengruppe $N_G C_L$ hat, d.h. man kann von vornherein nicht entscheiden, welche Idelklassen aus C_K durch ein Normidel repräsentiert werden, also in $N_G C_L$ liegen, ganz im Gegensatz zur Idelgruppe, wo nach dem Normensatz für Idele ein $\mathfrak{a} \in I_K$ genau dann ein Normelement ist, wenn es überall lokal Norm ist (vgl. (3.4)). Wir helfen uns über diese Schwierigkeit hinweg, indem wir anstelle von $N_G C_L$ eine „handliche" Gruppe $\bar{F} \subseteq C_K$ betrachten, die wir einerseits so konstruieren, dass ihre Elemente durch Normidele repräsentiert werden, so dass $\bar{F} \subseteq N_G C_L$, und die andererseits so einfach gebaut ist, dass ihr Index $(C_K : \bar{F})$ tatsächlich zu p berechnet werden kann. Daraus erhalten wir dann

$$(C_K : N_G C_L) \leq (C_K : \bar{F}) = p.$$

Sei $L = K(\sqrt[p]{x_0})$, $x_0 \in K^\times$. Sei S eine endliche Menge von Primstellen von K mit den Eigenschaften

1. S enthält alle über p liegenden und alle unendlichen Primstellen von K,
2. $I_K = I_K^S \cdot K^\times$,
3. $x_0 \in K^S = I_K^S \cap K^\times$ (d.h. x_0 ist S-Einheit).

Die Bedingung 2. kann nach (2.4) erfüllt werden und 3., weil x_0 für fast alle Primstellen eine Einheit ist.

Neben S wählen wir weitere m Primstellen $\mathfrak{q}_1, \dots, \mathfrak{q}_m \notin S$, die in L vollständig zerfallen und über die wir nach Anzahl und Art später noch verfügen wollen. Wir setzen $S^* = S \cup \{\mathfrak{q}_1, \dots, \mathfrak{q}_m\}$. Um nun die Gruppe $\bar{F}$ zu konstruieren, haben wir eine Idelgruppe $F \subseteq I_K$ anzugeben, deren Elemente die Idelklassen von $\bar{F}$ repräsentieren sollen. Sie muss aus lauter Normidelen bestehen, damit $\bar{F} \subseteq N_G C_L$ ist, sie muss groß genug sein, um einen endlichen Index $(C_K : \bar{F})$ zu gewährleisten, und sie muss einfach genug sein, um eine Berechnung dieses Indexes zu ermöglichen. Diese Eigenschaften hat die Idelgruppe

$$F = \prod_{\mathfrak{p} \in S} (K_\mathfrak{p}^\times)^p \times \prod_{i=1}^m K_{\mathfrak{q}_i}^\times \times \prod_{\mathfrak{p} \notin S^*} U_\mathfrak{p} \qquad \text{11)}.$$

---

11) Zur Betrachtung gerade dieser Idelgruppe führen die folgenden Überlegungen: Geht man einmal heuristisch von dem noch nicht bewiesenen Reziprozitätsgesetz aus, so erkennt man, dass der Kummersche Körper $T = K(\sqrt[p]{K^S})$ die mit den Idelen $E = \prod_{\mathfrak{p} \in S}(K_\mathfrak{p}^\times)^p \times \prod_{\mathfrak{p} \notin S} U_\mathfrak{p}$ gebildete Idelklassengruppe $\bar{E} = E \cdot K^\times / K^\times$ als Normengruppe besitzt (vgl. (7.7)). Durch Einfügung weiterer Faktoren $K_{\mathfrak{q}_i}^\times$, also durch geeignete Wahl von Primstellen $\mathfrak{q}_i$, versucht man die Gruppe $\bar{E}$ zu einer Gruppe $\bar{F}$ so zu vergrößern, dass $\bar{F}$ die Normengruppe des in T enthaltenen Körpers $L = K(\sqrt[p]{x_0}) \subseteq T$ wird.

Um einzusehen, dass $F \subseteq N_G I_L$ ist, hat man sich nach dem Normensatz für Idele (3.4) nur davon zu überzeugen, dass die Komponenten $\mathfrak{a}_\mathfrak{p}$ eines jeden Idels $\mathfrak{a} \in F$ Normelemente der Erweiterungen $L_\mathfrak{P}|K_\mathfrak{p}$ ($\mathfrak{P} \mid \mathfrak{p}$) sind.

Für $\mathfrak{p} \in S$ ist dies richtig, weil $\mathfrak{a}_\mathfrak{p} \in (K_\mathfrak{p}^\times)^p \subseteq N_{L_\mathfrak{P}|K_\mathfrak{p}} L_\mathfrak{P}^\times$ (gleichgültig ob $[L_\mathfrak{P} : K_\mathfrak{p}] = p$ oder $= 1$), für $\mathfrak{p} = \mathfrak{q}_i$ trivialerweise, weil $\mathfrak{q}_i$ total zerfällt, so dass $L_\mathfrak{P} = K_\mathfrak{p}$, und für $\mathfrak{p} \notin S^*$ deswegen, weil nach 3. $x_0 \in U_\mathfrak{p}$ und also nach dem Lemma (4.4) jedes $\mathfrak{p} \notin S^*$ unverzweigt in $L = K(\sqrt[p]{x_0})$ ist, so dass $\mathfrak{a}_\mathfrak{p} \in U_\mathfrak{p} \subseteq N_{L_\mathfrak{P}|K_\mathfrak{p}} L_\mathfrak{P}^\times$ nach II, (4.4).

Setzen wir nun $\bar{F} = F \cdot K^\times / K^\times$, so ist $\bar{F} \subseteq N_G C_L$, da jede Idelklasse $\bar{\mathfrak{a}}$ durch ein Normidel $\mathfrak{a} \in F$ repräsentiert wird. Um den Index $(C_K : \bar{F})$ zu berechnen, nehmen wir die folgende Aufspaltung vor

$$(C_K : \bar{F}) = (I_K^{S^*} \cdot K^\times / K^\times : F \cdot K^\times / K^\times) = (I_K^{S^*} \cdot K^\times : F \cdot K^\times) =$$
$$(I_K^{S^*} : F) / ((I_K^{S^*} \cap K^\times) : (F \cap K^\times)) \quad {}^{12)}.$$

Danach zerfällt die Berechnung von $(C_K : \bar{F})$ in zwei Teile, in die Berechnung von $(I_K^{S^*} : F)$, die rein lokaler Natur ist, und die Berechnung von $((I_K^{S^*} \cap K^\times) : (F \cap K^\times))$, hinter der die globalen Überlegungen stehen.

I. Es ist $(I_K^{S^*} : F) = \prod_{\mathfrak{p} \in S} (K_\mathfrak{p}^\times : (K_\mathfrak{p}^\times)^p)$, denn die Abbildung

$$I_K^{S^*} \longrightarrow \prod_{\mathfrak{p} \in S} K_\mathfrak{p}^\times / (K_\mathfrak{p}^\times)^p \quad \text{mit} \quad \mathfrak{a} \longmapsto \prod_{\mathfrak{p} \in S} \mathfrak{a}_\mathfrak{p} \cdot (K_\mathfrak{p}^\times)^p$$

ist wegen $S \subseteq S^*$ trivialerweise surjektiv, und im Kern liegen genau diejenigen Idele $\mathfrak{a} \in I_K^{S^*}$, für die $\mathfrak{a}_\mathfrak{p} \in (K_\mathfrak{p}^\times)^p$ für $\mathfrak{p} \in S$ ist; dies sind aber gerade die Idele aus F. Aus der lokalen Theorie erhalten wir

$$(K_\mathfrak{p}^\times : (K_\mathfrak{p}^\times)^p) = p^2 \cdot |p|_\mathfrak{p}^{-1} \quad \text{(vgl. II, (3.7))},$$

so dass $(I_K^{S^*} : F) = p^{2n} \cdot \prod_{\mathfrak{p} \in S} |p|_\mathfrak{p}^{-1}$, wobei n die Anzahl der in S gelegenen Primstellen bedeutet. Da die Stellen $\mathfrak{p} \notin S$ nicht über der Primzahl p liegen, ist $|p|_\mathfrak{p} = 1$ für $\mathfrak{p} \notin S$, und mit der Geschlossenheitsrelation ist $\prod_{\mathfrak{p} \in S} |p|_\mathfrak{p} = \prod_\mathfrak{p} |p|_\mathfrak{p} = 1$, mithin $(I_K^{S^*} : F) = p^{2n}$.

II. Durch elementare Umformungen erhalten wir

$$((I_K^{S^*} \cap K^\times) : (F \cap K^\times)) = (K^{S^*} : (F \cap K^\times))$$
$$= (K^{S^*} : (K^{S^*})^p) / ((F \cap K^\times) : (K^{S^*})^p).$$

K^{S^*} ist die Gruppe der S^*-Einheiten. Sie ist nach (1.1) endlich erzeugt vom Range $n + m - 1$ ($n + m$ ist die Anzahl der Primstellen in S^*). K^{S^*} enthält darüber hinaus die p-ten Einheitswurzeln, und es ergibt sich mühelos: $(K^{S^*} : (K^{S^*})^p) = p^{n+m}$.

${}^{12)}$ Die letzte dieser Gleichungen beruht auf einer allgemeinen elementaren gruppentheoretischen Tatsache: Sind $B \subseteq A$, C Untergruppen irgendeiner abelschen Gruppe, so hat der kanonische surjektive Homomorphismus $A/B \to A \cdot C / B \cdot C$ den Kern $A \cap B \cdot C / B \cong A \cap C / B \cap C$.

Zusammengenommen haben wir also

$$(C_K : N_G C_L) \leq (C_K : \bar{F}) = p^{n-m} \cdot ((F \cap K^\times) : (K^{S^*})^p),$$

und die zweite fundamentale Ungleichung ist bewiesen, wenn wir die in L zerfallenden Primstellen $\mathfrak{q}_1, \ldots, \mathfrak{q}_m$ so wählen können, dass $m = n - 1$ und

$$K^\times \cap F = K^\times \cap (\prod_{\mathfrak{p} \in S} (K_\mathfrak{p}^\times)^p \times \prod_{i=1}^m K_{\mathfrak{q}_i}^\times \times \prod_{\mathfrak{p} \notin S^*} U_\mathfrak{p}) =$$

$$= K^\times \cap \bigcap_{\mathfrak{p} \in S} (K_\mathfrak{p}^\times)^p \cap \bigcap_{i=1}^m K_{\mathfrak{q}_i}^\times \cap \bigcap_{\mathfrak{p} \notin S^*} U_\mathfrak{p} =$$

$$= K^\times \cap \bigcap_{\mathfrak{p} \in S} (K_\mathfrak{p}^\times)^p \cap \bigcap_{\mathfrak{p} \notin S^*} U_\mathfrak{p} = (K^{S^*})^p;$$

oder mit Hilfe des Lemmas (4.4) anders ausgedrückt:

Hilfssatz. *Es gibt $n - 1$ Primstellen $\mathfrak{q}_1, \ldots, \mathfrak{q}_{n-1} \notin S$ von K, die in L vollständig zerfallen, und die der folgenden Bedingung genügen:*

Ist $N = K(\sqrt[p]{x})$ ein Kummerscher Körper über K, in dem alle $\mathfrak{p} \in S$ vollständig zerfallen und alle $\mathfrak{p} \neq \mathfrak{q}_1, \ldots, \mathfrak{q}_{n-1}$ unverzweigt sind, so ist notwendig $N = K(\sqrt[p]{x}) = K$.

In der Tat folgt aus diesem Hilfssatz sofort die Gleichheit

$$K^\times \cap \bigcap_{\mathfrak{p} \in S} (K_\mathfrak{p}^\times)^p \cap \bigcap_{\mathfrak{p} \notin S^*} U_\mathfrak{p} = (K^{S^*})^p.$$

Die Inklusion $\supseteq$ ist trivial. Sei $x \in K^\times \cap \bigcap_{\mathfrak{p} \in S}(K_\mathfrak{p}^\times)^p \cap \bigcap_{\mathfrak{p} \notin S^*} U_\mathfrak{p}$ und $N = K(\sqrt[p]{x})$. Nach (4.4) zerfällt jedes $\mathfrak{p} \in S$ in N, da $x \in (K_\mathfrak{p}^\times)^p$ ist. Für $\mathfrak{p} \notin S^*$ ist $x \in U_\mathfrak{p} \subseteq U_\mathfrak{p} \cdot (K_\mathfrak{p}^\times)^p$, so dass nach (4.4) jedes $\mathfrak{p} \notin S^*$ in L unverzweigt ist. Der Hilfssatz liefert daher $N = K(\sqrt[p]{x}) = K$, so dass $x \in (K^\times)^p$, und wegen $x \in U_\mathfrak{p}$ für $\mathfrak{p} \notin S^*$ liegt x in $(K^\times)^p \cap K^{S^*} = (K^{S^*})^p$.

Der Hilfssatz stellt mit seiner Aussage über die Primzerlegung in Kummerschen Körpern den eigentlich globalen Teil des Beweises der zweiten fundamentalen Ungleichung dar. Um ihn zu beweisen, betrachten wir den Körper T, den wir durch Adjunktion der p-ten Wurzeln aus allen Elementen der Gruppe K^S erhalten: $T = K(\sqrt[p]{K^S})$. Nach (1.3) ist

$$\chi(G_{T|K}) \cong K^S \cdot (K^\times)^p / (K^\times)^p \cong K^S / (K^S)^p.$$

Da K^S endlich erzeugt vom Range $n - 1 = |S| - 1$ ist (vgl. (1.1)) und die p-ten Einheitswurzeln enthält, so ist $K^S \cong (\zeta) \times \mathbb{Z} \times \cdots \times \mathbb{Z}$, also $K^S / (K^S)^p \cong (\zeta) \times \mathbb{Z}/p\mathbb{Z} \times \cdots \times \mathbb{Z}/p\mathbb{Z}$ (ζ primitive p-te Einheitswurzel). Die Galoisgruppe $G_{T|K}$ ist daher das direkte Produkt zyklischer Gruppen $\mathfrak{Z}_i$ der Ordnung p, $G_{T|K} = \mathfrak{Z}_1 \times \cdots \times \mathfrak{Z}_n$, und der Körpergrad $[T : K] = (K^S : (K^S)^p) = p^n$.

Der Körper $L = K(\sqrt[p]{x_0})$ liegt wegen $x_0 \in K^S$ in T, und eine leichte Überlegung zeigt, dass wir $G_{T|L} = \mathfrak{Z}_1 \times \cdots \times \mathfrak{Z}_{n-1}$ annehmen können. Sei $T_i \subseteq T$ der zur Gruppe $\mathfrak{Z}_i \subseteq G_{T|K}$ gehörende Fixkörper, also $G_{T|T_i} = \mathfrak{Z}_i$.

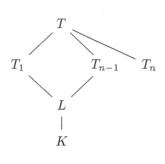

Wegen $\mathfrak{Z}_i \subseteq G_{T|L}$ ist $L \subseteq T_i$ für $i = 1, \ldots, n-1$, und die betrachteten Körper bauen sich nach dem nebenstehenden Schema auf. Wir wählen nun für jedes $i = 1, \ldots, n$ eine Primstelle $\mathfrak{Q}_i$ des Körpers T_i aus, derart dass $\mathfrak{Q}_i$ in T unzerlegt ist, und dass die unter den $\mathfrak{Q}_i$ liegenden Primstellen $\mathfrak{q}_1, \ldots, \mathfrak{q}_n$ paarweise verschieden sind und nicht in S liegen. Dies ist nach (4.3) möglich. Wir behaupten, dass die $\mathfrak{q}_1, \ldots, \mathfrak{q}_{n-1} \notin S$ die Bedingungen des Hilfssatzes erfüllen.

Zum Beweis, dass $\mathfrak{q}_1, \ldots, \mathfrak{q}_{n-1}$ in L total zerfallen, überlegen wir uns, dass T_i der Zerlegungskörper der einzigen Fortsetzung $\mathfrak{Q}_i'$ von $\mathfrak{Q}_i$ auf T über K ist, $i = 1, \ldots, n$. Einerseits ist dieser Zerlegungskörper Z_i in T_i enthalten, da $\mathfrak{Q}_i$ in T unzerlegt ist. Andererseits ist $\mathfrak{q}_i$ nach (4.4) in jedem Körper $K(\sqrt[p]{x})$, $x \in K^S$ und damit in T unverzweigt, so dass die Galoisgruppe $G_{T|Z_i}$ von $T|Z_i$ isomorph zu der Gruppe der Restkörpererweiterung von $T|Z_i$, also zyklisch ist. Ein erzeugendes Element von $G_{T|Z_i}$ hat aber als Element von $G_{T|K}$ die Ordnung p, so dass $[T : Z_i] = p$ und $Z_i = T_i$ sein muss. Da L in den Zerlegungskörpern T_i für $i = 1, \ldots, n-1$ enthalten ist, ergibt sich, dass die Primstellen $\mathfrak{q}_1, \ldots, \mathfrak{q}_{n-1}$ in L total zerfallen.

Als nächstes setzen wir zur Abkürzung $U_i = U_{\mathfrak{q}_i}$, $i = 1, \ldots, n$, und zeigen, dass der Homomorphismus

$$K^S/(K^S)^p \longrightarrow \prod_{i=1}^{n} U_i/(U_i)^p$$

mit $x \cdot (K^S)^p \mapsto \prod_{i=1}^{n} x \cdot (U_i)^p$, $x \in K^S$, bijektiv ist. Die Injektivität erkennen wir sofort, denn aus $x \in (U_i)^p \subseteq (K_{\mathfrak{q}_i}^{\times})^p$ folgt mit (4.4), dass die Primstellen $\mathfrak{q}_1, \ldots, \mathfrak{q}_n$ im Körper $K(\sqrt[p]{x})$ total zerfallen, so dass $K(\sqrt[p]{x})$ in den Zerlegungskörpern T_i, $i = 1, \ldots, n$, liegt, was $K(\sqrt[p]{x}) \subseteq \bigcap_{i=1}^{n} T_i = K$, also $x \in (K^{\times})^p \cap K^S = (K^S)^p$ nach sich zieht.

Die Surjektivität ergibt sich danach durch einen Vergleich der Ordnungen. Einerseits ist $(K^S : (K^S)^p) = p^n$; andererseits ist nach II, (3.8) $(U_i : (U_i)^p) = p \cdot |p|_{\mathfrak{q}_i}^{-1} = p$, d.h. $\prod_{i=1}^{n} U_i/(U_i)^p$ hat die gleiche Ordnung p^n.

Sei nun $N = K(\sqrt[p]{x})$, $x \in K^{\times}$ ein Kummerscher Körper, in dem alle $\mathfrak{p} \in S$ total zerfallen und alle $\mathfrak{p} \neq \mathfrak{q}_1, \ldots, \mathfrak{q}_{n-1}$ unverzweigt sind. Zum Nachweis von $N = K$ genügt es nach (4.2) $C_K = N_{N|K} C_N$ zu zeigen. Dazu sei $\bar{\mathfrak{a}} \in C_K = I_K/K^{\times} = I_K^S \cdot K^{\times}/K^{\times}$, und $\mathfrak{a} \in I_K^S$ ein Repräsentant der Klasse $\bar{\mathfrak{a}}$. Setzen wir $\bar{\mathfrak{a}}_i = \mathfrak{a}_{\mathfrak{q}_i} \cdot (U_i)^p$ $(\mathfrak{a}_{\mathfrak{q}_i} \in U_i)$, $i = 1, \ldots, n$, so gibt es wegen der Surjektivität von $K^S/(K^S)^p \longrightarrow \prod_{i=1}^{n} U_i/(U_i)^p$ ein $y \in K^S$ mit $y \cdot (U_i)^p = \bar{\mathfrak{a}}_i$, so dass

$\mathfrak{a}_{\mathfrak{q}_i} = y \cdot u_i^p$, $u_i \in U_i$ für $i = 1, \ldots, n$ ist. Das Idel $\mathfrak{a}' = \mathfrak{a} \cdot y^{-1}$ gehört der gleichen Idelklasse an wie $\mathfrak{a}$ und liegt darüber hinaus in $N_{N|K} I_N$, was sich aus dem Normensatz für Idele mühelos ergibt: Für $\mathfrak{p} \in S$ ist $\mathfrak{a}'_{\mathfrak{p}}$ ein Normelement, da $\mathfrak{p}$ in N zerlegt, also $N_{\mathfrak{P}} = K_{\mathfrak{p}}$ ($\mathfrak{P} \mid \mathfrak{p}$) ist. Für die Primstellen $\mathfrak{q}_i$, $i = 1, \ldots, n-1$, ist $\mathfrak{a}'_{\mathfrak{q}_i} = u_i^p$ als p-te Potenz ein Normelement, und für $\mathfrak{p} \notin S$, $\mathfrak{p} \neq \mathfrak{q}_1, \ldots, \mathfrak{q}_{n-1}$, folgt die Normeigenschaft von $\mathfrak{a}'_{\mathfrak{p}}$ nach II, (4.4) aus der Tatsache, dass $\mathfrak{a}'_{\mathfrak{p}} \in U_{\mathfrak{p}}$ eine Einheit und nach Voraussetzung $\mathfrak{p}$ in N, d.h. $N_{\mathfrak{P}}|K_{\mathfrak{p}}$ ($\mathfrak{P} \mid \mathfrak{p}$) unverzweigt ist. Wir erhalten also $\bar{\mathfrak{a}} = \mathfrak{a}' \cdot K^{\times} \in N_{N|K} C_N$, d.h. $N = K$. Damit ist der Hilfssatz und infolgedessen der Satz (4.5) vollständig bewiesen.

Die Sätze (4.1) und (4.5) ergeben zusammengenommen das

(4.6) Korollar. *Ist $L|K$ eine zyklische Erweiterung von Primzahlgrad p mit der Galoisgruppe $G = G_{L|K}$, und enthält K die p-ten Einheitswurzeln, so ist*

$$H^0(G, C_L) \cong H^2(G, C_L) \cong G, \quad H^1(G, C_L) = 1.$$

Wir wollen uns nun, und dies bedeutet nach dem Vorangegangenen keinerlei Schwierigkeit, von dem speziellen Fall der Kummerschen Körpererweiterungen lösen und beweisen den folgenden

(4.7) Satz. *Für jede normale Erweiterung $L|K$ mit der Galoisgruppe $G = G_{L|K}$ ist $H^1(G, C_L) = 1$.*

Den Beweis führen wir mit vollständiger Induktion nach der Gruppenordnung n von G. Der Fall $n = 1$ ist trivial. Nehmen wir an, es ist $H^1(G, C_L) = 1$ für jede Erweiterung $L|K$ vom Grade $< n$. Ist dann die Ordnung von G gleich n, aber n keine p-Potenz, so ist die Ordnung einer jeden p-Sylowgruppe G_p von G kleiner als n, so dass nach Voraussetzung $H^1(G_p, C_L) = 1$, und dies hat nach I, (4.17) $H^1(G, C_L) = 1$ zur Folge.

Wir können uns also darauf beschränken, dass G eine p-Gruppe ist. Wir wählen dann eine invariante Untergruppe $g \subseteq G$ vom Index p. g ist die Galoisgruppe eines Zwischenkörpers M, $K \subseteq M \subseteq L$, $g = G_{L|M}$. Ist nun $p < n$, so ist nach Voraussetzung $H^1(G/g, C_M) = H^1(g, C_L) = 1$, und aus der exakten Sequenz

$$1 \longrightarrow H^1(G/g, C_M) \xrightarrow{\text{Inf}} H^1(G, C_L) \xrightarrow{\text{Res}} H^1(g, C_L)$$

(vgl. I, (4.6)) folgt $H^1(G, C_L) = 1$.

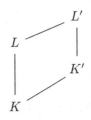

Ist aber $p = n$, so gehen wir, um das Korollar (4.6) anwenden zu können, von K zu einem Oberkörper K' über, indem wir an K eine primitive p-te Einheitswurzel adjungieren, und setzen $L' = L \cdot K'$. Offenbar ist $[K' : K] \leq p - 1 < p = n$ und $[L' : K'] = p$. Wegen $[K' : K] < n$ bzw. (4.6) ist $H^1(G_{K'|K}, C_{K'}) = H^1(G_{L'|K'}, C_{L'}) = 1$, und aus der exakten Sequenz

$$1 \longrightarrow H^1(G_{K'|K}, C_{K'}) \xrightarrow{\mathrm{Inf}} H^1(G_{L'|K}, C_{L'}) \xrightarrow{\mathrm{Res}} H^1(G_{L'|K'}, C_{L'})$$

erhalten wir $H^1(G_{L'|K}, C_{L'}) = 1$. Andererseits ist auch die Sequenz

$$1 \longrightarrow H^1(G, C_L) \xrightarrow{\mathrm{Inf}} H^1(G_{L'|K}, C_{L'}) = 1$$

exakt, was $H^1(G, C_L) = 1$ bedeutet.

Für zyklische Erweiterungen ist der Satz (4.7) nur eine andere Form des schon an früherer Stelle erwähnten **Hasseschen Normensatzes:**

(4.8) Korollar. *Ist die Erweiterung $L|K$ zyklisch, so ist ein Element $x \in K^\times$ genau dann ein Normelement, wenn es überall lokal ein Normelement ist.*

Beweis. Die G-Modulsequenz $1 \to L^\times \to I_L \to C_L \to 1$ liefert die exakte Kohomologiesequenz

$$H^{-1}(G, C_L) \longrightarrow H^0(G, L^\times) \longrightarrow H^0(G, I_L) \cong \bigoplus_{\mathfrak{p}} H^0(G_{\mathfrak{P}}, L_{\mathfrak{P}}^\times).$$

Da G zyklisch ist, ist $H^{-1}(G, C_L) \cong H^1(G, C_L) = 1$ und es ergibt sich, dass der kanonische Homomorphismus

$$K^\times / N_{L|K} L^\times \longrightarrow \bigoplus_{\mathfrak{p}} K_{\mathfrak{p}}^\times / N_{L_{\mathfrak{P}}|K_{\mathfrak{p}}} L_{\mathfrak{P}}^\times$$

injektiv ist. Dies aber ist offenbar gerade die Aussage des Hasseschen Normensatzes.

(4.9) Satz. *Ist $L|K$ eine normale Erweiterung und $G = G_{L|K}$ die Galoisgruppe von $L|K$, so ist die Ordnung von $H^2(G, C_L)$ ein Teiler des Grades $[L : K]$.*

Den Beweis führen wir am besten wieder mit vollständiger Induktion nach der Gruppenordnung n von G. Für $n = 1$ ist der Satz trivial, und wir nehmen seine Richtigkeit für jede normale Erweiterung vom Grade $< n$ an. Ist dann die Ordnung $|G| = n$ keine Primzahlpotenz, so hat jede p-Sylowgruppe G_p von G eine kleinere Ordnung als n, und nach Voraussetzung teilt die Ordnung $|H^2(G_p, C_L)|$ die Ordnung n_p von G_p, d.h. die maximale in n aufgehende p-Potenz. Bedeutet $H_p^2(G, C_L)$ die p-Sylowgruppe von $H^2(G, C_L)$ [13], so ist die Restriktionsabbildung

$$H_p^2(G, C_L) \xrightarrow{\text{Res}} H^2(G_p, C_L)$$

nach I, (4.16) injektiv. Die Ordnung $|H_p^2(G, C_L)|$ teilt also die maximale in n aufgehende p-Potenz n_p, und da $H^2(G, C_L)$ das direkte Produkt ihrer p-Sylowgruppen ist, ist $|H^2(G, C_L)|$ ein Teiler von n.

Wir können uns also wieder darauf beschränken, dass G eine p-Gruppe ist. In diesem Fall wählen wir eine invariante Untergruppe $g \subseteq G$ vom Index p. Wegen $|g| = n/p < n$ ist die Ordnung von $H^2(g, C_L)$ ein Teiler von n/p, und wenn wir berücksichtigen, dass $H^1(g, C_L) = 1$ ist, so ist nach I, (4.7) die Sequenz

$$1 \longrightarrow H^2(G/g, C_L^g) \xrightarrow{\text{Inf}} H^2(G, C_L) \xrightarrow{\text{Res}} H^2(g, C_L)$$

exakt. G/g ist aber die Galoisgruppe einer primzyklischen Erweiterung $L'|K$, $K \subseteq L' \subseteq L$, d.h. $G/g = G_{L'|K}$, $C_L^g = C_{L'}$, und nach (4.6) ist $|H^2(G/g, C_L^g)| = p$. Aus der obigen Sequenz ergibt sich nun, dass n/p durch $p^{-1}|H^2(G, C_L)|$, also n durch $|H^2(G, C_L)|$ teilbar ist.

Mit dem Satz (4.9) haben wir unser zu Anfang dieses Paragraphen erklärte Ziel noch nicht ganz erreicht, dass nämlich $H^2(G, C_L)$ sogar zyklisch von der gleichen Ordnung wie $[L : K]$ ist. Dies wird sich jedoch aus den weiteren Betrachtungen ergeben, wenn wir, wie es das Axiom II über Klassenformationen erfordert, der Gruppe $H^2(G, C_L)$ einen Invariantenhomomorphismus zuordnen.

§ 5. Idelinvarianten

Unser Ziel ist, wie schon erwähnt, der Nachweis, dass die Erweiterungen $L|K$ im Hinblick auf die Idelklassengruppe C_L als Modul eine Klassenformation im Sinne von II, §1 bilden. Mit dem Satz (4.7) haben wir gezeigt, dass das Axiom I erfüllt ist. Es wird also darauf ankommen, jeder normalen Erweiterung $L|K$ einen Invariantenisomorphismus

$$H^2(G_{L|K}, C_L) \longrightarrow \tfrac{1}{[L:K]}\mathbb{Z}/\mathbb{Z}$$

zuzuweisen, der die im Axiom II geforderten Verträglichkeitseigenschaften beim Übergang zu Ober- und Unterkörpern besitzt. Dabei ist natürlich wesentlich, dass wir den Invariantenisomorphismus in kanonischer Weise gewin-

---

[13] $H_p^2(G, C_L)$ besteht gerade aus denjenigen Elementen von $H^2(G, C_L)$, die eine p-Potenzordnung besitzen. $H_p^2(G, C_L)$ wird vielfach auch als p-primäre Komponente von $H^2(G, C_L)$ bezeichnet.

nen, um zu einem kanonischen Reziprozitätsgesetz, dem **Artinschen Reziprozitätsgesetz** zu kommen. Wir werden diese Invariantenabbildung – und
damit das Reziprozitätsgesetz – gewissermaßen aus dem Lokalen holen, indem
wir von der Gruppe $H^2(G_{L|K}, C_L)$ zurückgehen auf die mit der Idelgruppe I_L
als Modul gebildete Kohomologiegruppe $H^2(G_{L|K}, I_L)$. Für sie erhalten wir
durch die Zerlegung $H^2(G_{L|K}, I_L) \cong \bigoplus_{\mathfrak{p}} H^2(G_{L_{\mathfrak{P}}|K_{\mathfrak{p}}}, L_{\mathfrak{P}}^{\times})$ sofort eine Invari-
antenabbildung, die sich aus den durch die lokale Klassenkörpertheorie kano-
nisch gegebenen Invariantenisomorphismen der lokalen Erweiterungen $L_{\mathfrak{P}}|K_{\mathfrak{p}}$
zusammensetzt. Die Invarianten der Elemente aus $H^2(G_{L|K}, I_L)$ liefern dann,
wie wir zeigen werden, Invarianten für die Elemente aus $H^2(G_{L|K}, C_L)$.

Sei $L|K$ eine normale Erweiterung endlicher algebraischer Zahlkörper mit der
Galoisgruppe $G_{L|K}$. Nach (3.2) haben wir

$$H^2(G_{L|K}, I_L) \cong \bigoplus_{\mathfrak{p}} H^2(G_{L_{\mathfrak{P}}|K_{\mathfrak{p}}}, L_{\mathfrak{P}}^{\times}),$$

wobei $\bigoplus$ wieder die direkte Summe bedeutet. Für jede Primstelle $\mathfrak{p}$ von K
liefert die lokale Klassenkörpertheorie den Isomorphismus

$$\mathrm{inv}_{L_{\mathfrak{P}}|K_{\mathfrak{p}}} : H^2(G_{L_{\mathfrak{P}}|K_{\mathfrak{p}}}, L_{\mathfrak{P}}^{\times}) \longrightarrow \tfrac{1}{[L_{\mathfrak{P}}:K_{\mathfrak{p}}]}\mathbb{Z}/\mathbb{Z} \subseteq \tfrac{1}{[L:K]}\mathbb{Z}/\mathbb{Z} \qquad (\mathfrak{P} \mid \mathfrak{p})^{[14]}$$

(vgl. II, (5.5)). Es ist zunächst nicht nötig, den lokalen Invariantenisomorphis-
mus $\mathrm{inv}_{L_{\mathfrak{P}}|K_{\mathfrak{p}}}$, der sich aus drei Homomorphismen zusammensetzt, explizit zu
kennen. Für uns ist im Augenblick lediglich wichtig, dass er beim Übergang zu
Ober- und Unterkörpern das im Axiom II für Klassenformationen verlangte
Verhalten aufweist (vgl. II, (5.6)).

(5.1) Definition. *Ist $c \in H^2(G_{L|K}, I_L)$ mit den lokalen Komponenten $c_{\mathfrak{p}} \in$
$H^2(G_{L_{\mathfrak{P}}|K_{\mathfrak{p}}}, L_{\mathfrak{P}}^{\times})$ ($\mathfrak{P}$ eine ausgewählte Primstelle über $\mathfrak{p}$), so setzen wir*

$$\mathrm{inv}_{L|K} c = \sum_{\mathfrak{p}} \mathrm{inv}_{L_{\mathfrak{P}}|K_{\mathfrak{p}}} c_{\mathfrak{p}} \in \tfrac{1}{[L:K]}\mathbb{Z}/\mathbb{Z}.$$

Bei dieser Definition beachte man, dass fast alle $c_{\mathfrak{p}} = 1$ sind, so dass in der
Summe nur endlich viele von 0 verschiedene Summanden stehen. Wir erhalten
auf diese Weise einen Invariantenhomomorphismus

$$\mathrm{inv}_{L|K} : H^2(G_{L|K}, I_L) \longrightarrow \tfrac{1}{[L:K]}\mathbb{Z}/\mathbb{Z}.$$

---

[14] Dieser Invariantenisomorphismus ist in dem folgenden Sinne unabhängig von der
Wahl von $\mathfrak{P} \mid \mathfrak{p}$: Ist $\mathfrak{P}' \mid \mathfrak{p}$ eine weitere Primstelle von L, so liefert der kanonische $K_{\mathfrak{p}}$-Isomorphismus $L_{\mathfrak{P}} \to L_{\mathfrak{P}'}$ einen kanonischen Isomorphismus zwischen
$H^2(G_{L_{\mathfrak{P}}|K_{\mathfrak{p}}}, L_{\mathfrak{P}}^{\times})$ und $H^2(G_{L_{\mathfrak{P}'}|K_{\mathfrak{p}}}, L_{\mathfrak{P}'}^{\times})$, der die Invariantenabbildung trivialerweise erhält.

(5.2) Satz. *Sind* $N \supseteq L \supseteq K$ *normale Erweiterungen des Körpers* K, *so gilt*

$$\text{inv}_{N|K} c = \text{inv}_{L|K} c, \qquad\qquad c \in H^2(G_{L|K}, I_L) \subseteq H^2(G_{N|K}, I_N),$$

$$\text{inv}_{N|L}(\text{Res}_L c) = [L : K] \cdot \text{inv}_{N|K} c, \quad c \in H^2(G_{N|K}, I_N),$$

$$\text{inv}_{N|K}(\text{Kor}_K c) = \text{inv}_{N|L} c, \qquad\qquad c \in H^2(G_{N|L}, I_N).$$

Die letzten beiden Formeln erfordern lediglich die Normalität von $N|K$.

Dabei haben wir uns an die im Anschluss an (3.5) gemachte Verabredung gehalten, die Inflationsabbildung

$$H^2(G_{L|K}, I_L) \longrightarrow H^2(G_{N|K}, I_N) \qquad (N \supseteq L \supseteq K)$$

als Inklusion zu deuten, so dass also $H^2(G_{L|K}, I_L) \subseteq H^2(G_{N|K}, I_N)$.

Beweis. Der Satz ist eine unmittelbare Folge des Verhaltens der lokalen Invarianten unter den Abbildungen Inkl, Res und Kor. Ist $c \in H^2(G_{L|K}, I_L)$, so ist mit (3.3)

$$\text{inv}_{N|K} c = \sum_{\mathfrak{p}} \text{inv}_{N_{\mathfrak{P}'}|K_{\mathfrak{p}}} c_{\mathfrak{p}} = \sum_{\mathfrak{p}} \text{inv}_{L_{\mathfrak{P}}|K_{\mathfrak{p}}} c_{\mathfrak{p}} = \text{inv}_{L|K} c.$$

Dabei ist $\mathfrak{P}'$ eine ausgewählte Primstelle von N über $\mathfrak{p}$ und $\mathfrak{P}$ die unter $\mathfrak{P}'$ liegende Primstelle von L.

Für $c \in H^2(G_{N|K}, I_N)$ erhalten wir, wenn $\mathfrak{P}$ die Primstellen von L durchläuft,

$$\text{inv}_{N|L}(\text{Res}_L c) = \sum_{\mathfrak{P}} \text{inv}_{N_{\mathfrak{P}'}|L_{\mathfrak{P}}}(\text{Res}_L c)_{\mathfrak{P}} = \sum_{\mathfrak{P}} \text{inv}_{N_{\mathfrak{P}'}|L_{\mathfrak{P}}}(\text{Res}_{L_{\mathfrak{P}}} c_{\mathfrak{p}})$$

$$= \sum_{\mathfrak{P}} [L_{\mathfrak{P}} : K_{\mathfrak{p}}] \cdot \text{inv}_{N_{\mathfrak{P}'}|K_{\mathfrak{p}}} c_{\mathfrak{p}} = \sum_{\mathfrak{p}} \sum_{\mathfrak{P}|\mathfrak{p}} [L_{\mathfrak{P}} : K_{\mathfrak{p}}] \cdot \text{inv}_{N_{\mathfrak{P}'}|K_{\mathfrak{p}}} c_{\mathfrak{p}}.$$

Dabei bedeutet $\mathfrak{P}'$ eine ausgewählte Primstelle von N über $\mathfrak{P}$ und $\mathfrak{p}$ die unter $\mathfrak{P}$ liegende Primstelle von K. Beachten wir, dass die Invarianten $\text{inv}_{N_{\mathfrak{P}'}|K_{\mathfrak{p}}} c_{\mathfrak{p}}$ unabhängig von der Auswahl der über $\mathfrak{p}$ liegenden Primstelle $\mathfrak{P}'$ von N sind (vgl. die Fußnote [14] auf S. 154), und dass nach der fundamentalen Gleichung der Zahlentheorie

$$\sum_{\mathfrak{P}|\mathfrak{p}} [L_{\mathfrak{P}} : K_{\mathfrak{p}}] = [L : K]$$

ist (vgl. §1, S. 127), so wird ($\mathfrak{P}'$ feste Primstelle von N über $\mathfrak{p}$):

$$\text{inv}_{N|L}(\text{Res}_L c) = \sum_{\mathfrak{p}} \left(\sum_{\mathfrak{P}|\mathfrak{p}} [L_{\mathfrak{P}} : K_{\mathfrak{p}}] \right) \cdot \text{inv}_{N_{\mathfrak{P}'}|K_{\mathfrak{p}}} c_{\mathfrak{p}}$$

$$= [L : K] \cdot \sum_{\mathfrak{p}} \text{inv}_{N_{\mathfrak{P}'}|K_{\mathfrak{p}}} c_{\mathfrak{p}}$$

$$= [L : K] \cdot \text{inv}_{N|K} c.$$

Für $c \in H^2(G_{N|L}, I_N)$ ergibt sich schließlich mit (3.3)

$$\operatorname{inv}_{N|K}(\operatorname{Kor}_K c) = \sum_{\mathfrak{p}} \operatorname{inv}_{N_{\mathfrak{P}'}|K_{\mathfrak{p}}}(\operatorname{Kor}_K c)_{\mathfrak{p}}$$

$$= \sum_{\mathfrak{p}} \sum_{\mathfrak{P}|\mathfrak{p}} \operatorname{inv}_{N_{\mathfrak{P}'}|K_{\mathfrak{p}}}(\operatorname{Kor}_{K_{\mathfrak{p}}} c_{\mathfrak{P}})$$

$$= \sum_{\mathfrak{p}} \sum_{\mathfrak{P}|\mathfrak{p}} \operatorname{inv}_{N_{\mathfrak{P}'}|L_{\mathfrak{P}}} c_{\mathfrak{P}}$$

$$= \operatorname{inv}_{N|L}(c).$$

Bedenkt man, dass $H^1(G_{L|K}, I_L) = 1$ ist, so erfüllen die Erweiterungen $L|K$ im Hinblick auf die Idelgruppe I_L und dem Idelinvariantenhomomorphismus $\operatorname{inv}_{L|K}$ alle Bedingungen einer Klassenformation, mit Ausnahme der einen: der Homomorphismus $\operatorname{inv}_{L|K} : H^2(G_{L|K}, I_L) \to \frac{1}{[L:K]}\mathbb{Z}/\mathbb{Z}$ ist kein Isomorphismus. Zu einem Isomorphismus kommt man erst, wenn man von der Idelgruppe I_L zur Idelklassengruppe C_L übergeht. Bevor wir diesen Übergang vollziehen, führen wir neben der Abbildung $\operatorname{inv}_{L|K}$ für abelsche Erweiterungen noch das folgende Symbol ein.

(5.3) Definition. *Ist $L|K$ abelsch und $\mathfrak{a} \in I_K$ mit den Komponenten $\mathfrak{a}_{\mathfrak{p}} \in K_{\mathfrak{p}}^{\times}$, so setzen wir*

$$(\mathfrak{a}, L|K) = \prod_{\mathfrak{p}} (\mathfrak{a}_{\mathfrak{p}}, L_{\mathfrak{P}}|K_{\mathfrak{p}}) \in G_{L|K} .$$

Bei dieser Definition sind die folgenden Umstände zu beachten: Für jede Primstelle $\mathfrak{p}$ ist $(\mathfrak{a}_{\mathfrak{p}}, L_{\mathfrak{P}}|K_{\mathfrak{p}})$ ein Element der lokalen, abelschen Galoisgruppe $G_{L_{\mathfrak{P}}|K_{\mathfrak{p}}}$. Letztere wird aber stets als Untergruppe von $G_{L|K}$ aufgefasst, so dass

$$(\mathfrak{a}_{\mathfrak{p}}, L_{\mathfrak{P}}|K_{\mathfrak{p}}) \in G_{L_{\mathfrak{P}}|K_{\mathfrak{p}}} \subseteq G_{L|K}.$$

Da $\mathfrak{a}_{\mathfrak{p}}$ eine Einheit für fast alle Primstellen $\mathfrak{p}$ und da weiter $L_{\mathfrak{P}}|K_{\mathfrak{p}}$ ebenfalls für fast alle $\mathfrak{p}$ unverzweigt ist, wird $(\mathfrak{a}_{\mathfrak{p}}, L_{\mathfrak{P}}|K_{\mathfrak{p}}) = 1$ für fast alle $\mathfrak{p}$ nach II, (4.4). Daher ist das Produkt $\prod_{\mathfrak{p}}(\mathfrak{a}_{\mathfrak{p}}, L_{\mathfrak{P}}|K_{\mathfrak{p}}) \in G_{L|K}$ wohldefiniert und wegen der Kommutativität von $G_{L|K}$ unabhängig von der Reihenfolge der Faktoren. Zwischen dem Symbol $(\ \ , L|K)$ und der Invariantenabbildung $\operatorname{inv}_{L|K}$ besteht die folgende Beziehung.

(5.4) Lemma[15]. *Sei $L|K$ eine abelsche Erweiterung, $\mathfrak{a} \in I_K$ und $(\mathfrak{a}) =$
$\mathfrak{a} \cdot N_{L|K} I_L \in H^0(G_{L|K}, I_L)$. Dann gilt für jeden Charakter $\chi \in \chi(G_{L|K}) =$
$H^1(G_{L|K}, \mathbb{Q}/\mathbb{Z})$*

$$\chi(\mathfrak{a}, L|K) = \mathrm{inv}_{L|K}((\mathfrak{a}) \cup \delta\chi) \in \tfrac{1}{[L:K]}\mathbb{Z}/\mathbb{Z}.$$

Dies ist eine einfache Folgerung aus der analogen Formel zwischen dem lokalen
Normrestsymbol $(\ , L_\mathfrak{P}|K_\mathfrak{p})$ und der lokalen Invariantenabbildung $\mathrm{inv}_{L_\mathfrak{P}|K_\mathfrak{p}}$
(vgl. II, (5.11)). Bezeichnen wir mit $\chi_\mathfrak{p}$ die Einschränkung von χ auf $G_{L_\mathfrak{P}|K_\mathfrak{p}}$,
und mit $(\mathfrak{a}_\mathfrak{p}) = \mathfrak{a}_\mathfrak{p} \cdot N_{L_\mathfrak{P}|K_\mathfrak{p}} L_\mathfrak{P}^\times$, so wird

$$\chi(\mathfrak{a}, L|K) = \sum_\mathfrak{p} \chi_\mathfrak{p}(\mathfrak{a}_\mathfrak{p}, L_\mathfrak{P}|K_\mathfrak{p}) = \sum_\mathfrak{p} \mathrm{inv}_{L_\mathfrak{P}|K_\mathfrak{p}}((\mathfrak{a}_\mathfrak{p}) \cup \delta\chi_\mathfrak{p}).$$

Die Bemerkungen zu (3.2) zeigen, dass die Klassen

$$((\mathfrak{a}_\mathfrak{p}) \cup \delta\chi_\mathfrak{p}) \in H^2(G_{L_\mathfrak{P}|K_\mathfrak{p}}, L_\mathfrak{P}^\times)$$

die lokalen Komponenten von $(\mathfrak{a}) \cup \delta\chi \in H^2(G_{L|K}, I_L)$ sind, wobei nur zu
beachten ist, dass $\mathfrak{a}_\mathfrak{p} \cdot \delta\chi_\mathfrak{p}(\sigma, \tau)$ bzw. $\mathfrak{a} \cdot \delta\chi(\sigma, \tau)$ ein 2-Kozykel der Klasse
$((\mathfrak{a}_\mathfrak{p}) \cup \delta\chi_\mathfrak{p})$ bzw. $((\mathfrak{a}) \cup \delta\chi)$ ist (vgl. II, (5.11)). Daher ergibt sich in der Tat
$\chi(\mathfrak{a}, L|K) = \mathrm{inv}_{L|K}((\mathfrak{a}) \cup \delta\chi)$.

Für den Übergang von den Idelinvarianten zu Idelklasseninvarianten ist nun
der folgende Satz von zentraler Bedeutung. Aus der zu der Sequenz

$$1 \longrightarrow L^\times \longrightarrow I_L \longrightarrow C_L \longrightarrow 1$$

gehörigen exakten Kohomologiesequenz entnimmt man aufgrund von
$H^1(G_{L|K}, C_L) = 1$ die Injektivität des Homomorphismus

$$H^2(G_{L|K}, L^\times) \longrightarrow H^2(G_{L|K}, I_L).$$

Durch diese Injektion denken wir uns $H^2(G_{L|K}, L^\times)$ in $H^2(G_{L|K}, I_L)$ einge-
bettet, indem wir die Elemente aus $H^2(G_{L|K}, L^\times)$ als diejenigen Idelkohomo-
logieklassen auffassen, die durch Kozykeln mit Werten in der Hauptidelgruppe
$L^\times$ repräsentiert werden.

(5.5) Satz. *Ist $c \in H^2(G_{L|K}, L^\times)$, so ist $\mathrm{inv}_{L|K} c = 0$.*

Wir werden sehen, dass sich dieser Satz, wenn wir im Beweis von den rein
technischen Überlegungen absehen, im wesentlichen auf zwei Tatsachen stützt,
nämlich auf die explizite Darstellung des lokalen Normrestsymbols und auf die
Geschlossenheitsrelation für algebraische Zahlen.

---

[15] Vgl. hierzu II, (1.10).

Beweis. Wir überlegen uns zunächst sehr einfach, dass wir uns auf den Fall beschränken können, dass $K = \mathbb{Q}$ und L eine zyklische Kreiskörpererweiterung von $\mathbb{Q}$ ist. In der Tat, ist $c \in H^2(G_{L|K}, L^\times)$, und ist N ein L umfassender, über $\mathbb{Q}$ normaler Körper, so ist

$$c \in H^2(G_{L|K}, L^\times) \subseteq H^2(G_{N|K}, N^\times) \subseteq H^2(G_{N|K}, I_N),$$

$\mathrm{Kor}_\mathbb{Q} c \in H^2(G_{N|\mathbb{Q}}, N^\times)$, und nach (5.2) $\mathrm{inv}_{L|K} c = \mathrm{inv}_{N|K} c = \mathrm{inv}_{N|\mathbb{Q}}(\mathrm{Kor}_\mathbb{Q} c)$.

Zum Beweis von $\mathrm{inv}_{L|K} c = 0$ genügt es hiernach nur den Fall $K = \mathbb{Q}$ zu betrachten, und da es nach (3.6) einen zyklischen Kreiskörper $L_0|\mathbb{Q}$ mit $c \in H^2(G_{L_0|\mathbb{Q}}, L_0^\times)$ gibt, können wir sogar annehmen, dass $L|\mathbb{Q}$ selbst eine zyklische Kreiskörpererweiterung ist.

Sei χ ein erzeugendes Element der zyklischen Charaktergruppe $\chi(G_{L|\mathbb{Q}}) = H^1(G_{L|\mathbb{Q}}, \mathbb{Q}/\mathbb{Z})$. Dann ist $\delta\chi$ ein erzeugendes Element von $H^2(G_{L|\mathbb{Q}}, \mathbb{Z})$, und dem Satz von Tate I, (7.3) entnimmt man die Bijektivität des Homomorphismus

$$\delta\chi \cup \;:\; H^0(G_{L|\mathbb{Q}}, L^\times) \longrightarrow H^2(G_{L|\mathbb{Q}}, L^\times) \qquad \text{16)}.$$

Jedes Element $c \in H^2(G_{L|\mathbb{Q}}, L^\times)$ hat also die Gestalt $c = (a) \cup \delta\chi$ mit $(a) = a \cdot N_{L|\mathbb{Q}} L^\times \in H^0(G_{L|\mathbb{Q}}, L^\times)$, $a \in \mathbb{Q}^\times$. Mit (5.4) erhalten wir

$$\mathrm{inv}_{L|\mathbb{Q}} c = \mathrm{inv}_{L|\mathbb{Q}}((a) \cup \delta\chi) = \chi(a, L|\mathbb{Q}).$$

Wir haben also zu zeigen, dass $(a, L|\mathbb{Q}) = \prod_p (a, L_\mathfrak{P}|\mathbb{Q}_p) = 1$. Nun ist L ein Kreiskörper, d.h. $L \subseteq \mathbb{Q}(\zeta)$ mit einer Einheitswurzel ζ. Der Automorphismus $(a, L|\mathbb{Q})$ ist gerade die Einschränkung von $(a, \mathbb{Q}(\zeta)|\mathbb{Q})$ auf L, was einfach aus dem Verhalten des lokalen Normrestsymbols $(a, \mathbb{Q}_p(\zeta)|\mathbb{Q}_p)$ beim Übergang zu der Erweiterung $L_\mathfrak{P}|\mathbb{Q}_p$ folgt (vgl. II, (5.10a)). Es genügt daher $(a, \mathbb{Q}(\zeta)|\mathbb{Q}) = 1$ für $a \in \mathbb{Q}^\times$ zu zeigen. Da $\mathbb{Q}(\zeta)$ von Einheitswurzeln mit Primzahlpotenzordnung erzeugt wird und die Identität von $(a, \mathbb{Q}(\zeta)|\mathbb{Q})$ nur auf diesen Erzeugenden nachgeprüft zu werden braucht, können wir annehmen, dass ζ eine primitive l^n-te Einheitswurzel ist (l Primzahl). Hiermit ist der Beweis des Satzes auf den eigentlichen Kern zurückgeführt.

Sei also ζ eine primitive l^n-te Einheitswurzel (l Primzahl); wir nehmen $n \geq 2$ an, wenn $l = 2$. Durchläuft p die Primzahlen und die unendliche Primstelle $p = p_\infty$ von $\mathbb{Q}$, so sind $\mathbb{Q}_p(\zeta)|\mathbb{Q}_p$ die lokalen Erweiterungen zu $\mathbb{Q}(\zeta)|\mathbb{Q}$. $\mathbb{Q}_p(\zeta)|\mathbb{Q}_p$ ist unverzweigt für $p \neq l$ und rein verzweigt für $p = l$ (vgl. etwa [21], §5, 3.); für $p = p_\infty$ bedeutet $\mathbb{Q}_p(\zeta)|\mathbb{Q}_p$ die Erweiterung $\mathbb{C}|\mathbb{R}$. Zu zeigen ist:

Für jedes $a \in \mathbb{Q}^\times$ ist $(a, \mathbb{Q}(\zeta)|\mathbb{Q}) = \prod_p (a, \mathbb{Q}_p(\zeta)|\mathbb{Q}_p) = 1$.

Um dies zu beweisen – es genügt offenbar, a ganzzahlig anzunehmen –, geben wir die Wirkung des lokalen Normrestsymbols $(a, \mathbb{Q}_p(\zeta)|\mathbb{Q}_p)$ auf die l^n-te Einheitswurzel ζ an.

---

16) Dies läßt sich auch elementar unschwer erkennen.

1. Für $p \neq l$, $p \neq p_\infty$ ist nach II, (4.8)

$$(a, \mathbb{Q}_p(\zeta)|\mathbb{Q}_p)\zeta = \varphi^{v_p(a)}\zeta,$$

wobei v_p die Bewertung von $\mathbb{Q}_p$ und φ der Frobeniusautomorphismus von $\mathbb{Q}_p(\zeta)|\mathbb{Q}_p$ ist. Da der Restklassenkörper von $\mathbb{Q}_p$ aus p Elementen besteht, ist offenbar $\varphi\zeta = \zeta^p$, so dass

$$(a, \mathbb{Q}_p(\zeta)|\mathbb{Q}_p)\zeta = \zeta^{p^{v_p(a)}}.$$

2. Für $p = l$ erhalten wir auf Grund von II, (7.16) nach der Zerlegung $a = u \cdot p^m = u \cdot p^{v_p(a)}$, u Einheit:

$$(a, \mathbb{Q}_p(\zeta)|\mathbb{Q}_p)\zeta = \zeta^r,$$

wobei r eine mod p^n durch die Kongruenz $r \equiv u^{-1} \equiv a^{-1} \cdot p^{v_p(a)}$ mod p^n bestimmte natürliche Zahl ist.

3. Für $p = p_\infty$ ist der Automorphismus $(a, \mathbb{C}|\mathbb{R})$ die Identität, oder er bewirkt den Übergang zum konjugiert Komplexen, je nachdem $a > 0$ oder $a < 0$ ist (vgl. II, §5, S. 105). Daher wird

$$(a, \mathbb{Q}_p(\zeta)|\mathbb{Q}_p)\zeta = \zeta^{\operatorname{sgn} a}.$$

Fügen wir alles zusammen, so erhalten wir

$$(a, \mathbb{Q}(\zeta)|\mathbb{Q})\zeta = \prod_p (a, \mathbb{Q}_p(\zeta)|\mathbb{Q}_p)\zeta = \zeta^{\operatorname{sgn} a \cdot \prod_{p \neq l} p^{v_p(a)} \cdot r}.$$

Mit der Geschlossenheitsrelation ist aber

$$\operatorname{sgn} a \cdot \prod_{p \neq l} p^{v_p(a)} \cdot r \equiv \operatorname{sgn} a \cdot \prod_{p \neq l} p^{v_p(a)} l^{v_\ell(a)} a^{-1} = \frac{1}{\prod_p |a|_p} = 1 \text{ mod } l^n,$$

also $(a, \mathbb{Q}(\zeta)|\mathbb{Q})\zeta = \zeta$, d.h. in der Tat $(a, \mathbb{Q}(\zeta)|\mathbb{Q}) = 1$.

Der Satz (5.5) zeigt, dass die Gruppe $H^2(G_{L|K}, L^\times)$ im Kern des Homomorphismus $\operatorname{inv}_{L|K} : H^2(G_{L|K}, I_L) \to \frac{1}{[L:K]}\mathbb{Z}/\mathbb{Z}$ liegt. Wir haben weiter zu fragen, ob sie genau den Kern darstellt, und ob darüber hinaus $\operatorname{inv}_{L|K}$ ein surjektiver Homomorphismus ist. Im zyklischen Fall ist beides zu bejahen:

(5.6) Satz. *Ist $L|K$ eine zyklische Erweiterung, so ist die Sequenz*

$$1 \longrightarrow H^2(G_{L|K}, L^\times) \longrightarrow H^2(G_{L|K}, I_L) \xrightarrow{\operatorname{inv}_{L|K}} \frac{1}{[L:K]}\mathbb{Z}/\mathbb{Z} \longrightarrow 0$$

exakt.

Beweis. a) Um die Surjektivität von $\operatorname{inv}_{L|K}$ zu zeigen, wollen wir zunächst annehmen, dass $[L : K]$ eine Primzahlpotenz p^r ist. Da $\frac{1}{[L:K]} + \mathbb{Z}$ die Gruppe

$\frac{1}{[L:K]}\mathbb{Z}/\mathbb{Z}$ erzeugt, genügt es ein Element $c \in H^2(G_{L|K}, I_L)$ mit $\mathrm{inv}_{L|K}c = \frac{1}{[L:K]} + \mathbb{Z}$ anzugeben. Dieses Element werden wir auf Grund der Zerlegung

$$H^2(G_{L|K}, I_L) \cong \bigoplus_{\mathfrak{p}} H^2(G_{\mathfrak{P}|K_\mathfrak{p}}, L_\mathfrak{P}^\times)$$

durch seine lokalen Komponenten $c_\mathfrak{p} \in H^2(G_{\mathfrak{P}|K_\mathfrak{p}}, L_\mathfrak{P}^\times)$ bestimmen. Da $L|K$ zyklisch von Primzahlpotenzgrad ist, besitzt K nach (4.3) eine in L unzerlegte Primstelle $\mathfrak{p}_0$. Die Unzerlegtheit bedeutet, dass $[L_{\mathfrak{P}_0} : K_{\mathfrak{p}_0}] = [L : K]$ ist ($\mathfrak{P}_0|\mathfrak{p}_0$), und die lokale Klassenkörpertheorie liefert ein Element $c_{\mathfrak{p}_0} \in H^2(G_{L_{\mathfrak{P}_0}|K_{\mathfrak{p}_0}}, L_{\mathfrak{P}_0}^\times)$ mit $\mathrm{inv}_{L_{\mathfrak{P}_0}|K_{\mathfrak{p}_0}}c_{\mathfrak{p}_0} = \frac{1}{[L_{\mathfrak{P}_0}:K_{\mathfrak{p}_0}]} + \mathbb{Z} = \frac{1}{[L:K]} + \mathbb{Z}$. Ist nun c das durch die lokalen Komponenten

$$\dots, 1, 1, 1, c_{\mathfrak{p}_0}, 1, 1, 1, \dots$$

bestimmte Element aus $H^2(G_{L|K}, I_L)$, so wird

$$\mathrm{inv}_{L|K}c = \sum_{\mathfrak{p}} \mathrm{inv}_{L_\mathfrak{P}|K_\mathfrak{p}}c_\mathfrak{p} = \mathrm{inv}_{L_{\mathfrak{P}_0}|K_{\mathfrak{p}_0}}c_{\mathfrak{p}_0} = \frac{1}{[L:K]} + \mathbb{Z}.$$

Die Surjektivität im allgemeinen Fall $[L : K] = n = p_1^{r_1} \cdots p_s^{r_s}$ lässt sich hiernach sehr leicht schließen. Zu jedem $i = 1, \dots, s$ gibt es offenbar einen zyklischen Zwischenkörper L_i vom Grade $[L_i : K] = p_i^{r_i}$. Ist

$$\frac{1}{n} = \frac{n_1}{p_1^{r_1}} + \cdots + \frac{n_s}{p_s^{r_s}}$$

die Partialbruchzerlegung von $1/n$, so gibt es nach dem Vorangegangenen ein $c_i \in H^2(G_{L_i|K}, I_{L_i})$ mit

$$\mathrm{inv}_{L_i|K}c_i = \mathrm{inv}_{L|K}c_i = \frac{n_i}{p_i^{r_i}} + \mathbb{Z}.$$

Setzen wir also

$$c = c_1 \cdots c_s \in H^2(G_{L|K}, I_L),$$

so wird

$$\mathrm{inv}_{L|K}c = \sum_{i=1}^{s} \mathrm{inv}_{L|K}c_i = \sum_{i=1}^{s} \frac{n_i}{p_i^{r_i}} + \mathbb{Z} = \frac{1}{n} + \mathbb{Z},$$

und dies bedeutet, dass $\mathrm{inv}_{L|K}$ surjektiv ist.

b) Nach (5.5) ist $H^2(G_{L|K}, L^\times)$ im Kern von $\mathrm{inv}_{L|K}$ enthalten. Der Beweis, dass $H^2(G_{L|K}, L^\times)$ den ganzen Kern von $\mathrm{inv}_{L|K}$ ausmacht, ergibt sich aus einer einfachen Ordnungsbetrachtung. Da $\mathrm{inv}_{L|K}$ surjektiv ist, hat man nämlich nur zu zeigen, dass die Ordnung der Faktorgruppe

$$H^2(G_{L|K}, I_L)/H^2(G_{L|K}, L^\times)$$

die Ordnung von $\frac{1}{[L:K]}\mathbb{Z}/\mathbb{Z}$, also den Grad $[L : K]$ nicht übersteigt. Aus der Sequenz

$$1 \longrightarrow L^\times \longrightarrow I_L \longrightarrow C_L \longrightarrow 1$$

ergibt sich aber unter Beachtung von $H^1(G_{L|K}, C_L) = 1$ die exakte Kohomologiesequenz

$$1 \longrightarrow H^2(G_{L|K}, L^{\times}) \longrightarrow H^2(G_{L|K}, I_L) \longrightarrow H^2(G_{L|K}, C_L).$$

Also ist die Ordnung von $H^2(G_{L|K}, I_L)/H^2(G_{L|K}, L^{\times})$ ein Teiler der Ordnung von $H^2(G_{L|K}, C_L)$, die nach (4.9) ihrerseits den Körpergrad $[L : K]$ teilt. Damit ist alles bewiesen.

Es wäre für das weitere sehr bequem, wenn wir zeigen könnten, dass $\mathrm{inv}_{L|K}$ in jedem Fall ein surjektiver Homomorphismus ist. Dies ist leider i.a. falsch. Um jedes Element von $\frac{1}{[L:K]}\mathbb{Z}/\mathbb{Z}$ als Bild der Invariantenabbildung zu erhalten, ist es vielmehr notwendig, den Körper L durch Kompositumsbildung mit einer zyklischen Erweiterung zu vergrößern. Aus technischen Gründen geht man bei dieser Surjektivitätsfrage am besten so vor, dass man L alle normalen Erweiterungen von K durchlaufen lässt und die Vereinigung

$$H^2(G_{\Omega|K}, I_{\Omega}) = \bigcup_L H^2(G_{L|K}, I_L)$$

betrachtet (vgl. die Verabredung im Anschluss an (3.5)). Sind $N \supseteq L \supseteq K$ zwei normale Erweiterungen von K, so ist

$$H^2(G_{L|K}, I_L) \subseteq H^2(G_{N|K}, I_N),$$

und da sich nach (5.2) die Invariantenabbildung von $H^2(G_{L|K}, I_L)$ auf $H^2(G_{N|K}, I_N)$ fortsetzt, erhalten wir einen Homomorphismus

$$\mathrm{inv}_K : H^2(G_{\Omega|K}, I_{\Omega}) \longrightarrow \mathbb{Q}/\mathbb{Z},$$

dessen Einschränkung auf $H^2(G_{L|K}, I_L) \subseteq H^2(G_{\Omega|K}, I_{\Omega})$ wieder die ursprüngliche Invariantenabbildung $\mathrm{inv}_{L|K}$ liefert. Bedenken wir, dass es zu jeder natürlichen Zahl m (etwa nach (3.7)) eine zyklische Erweiterung $L|K$ mit $m \mid [L : K]$ gibt, so sehen wir, dass $\mathbb{Q}/\mathbb{Z}$ schon durch die Gruppen $\frac{1}{[L:K]}\mathbb{Z}/\mathbb{Z}$ mit zyklischer Erweiterung $L|K$ ausgeschöpft wird; und da die Abbildung $\mathrm{inv}_{L|K}$ im zyklischen Fall surjektiv ist, ergibt sich für inv_K der

(5.7) Satz. *Der Homomorphismus*

$$\mathrm{inv}_K : H^2(G_{\Omega|K}, I_{\Omega}) \longrightarrow \mathbb{Q}/\mathbb{Z}$$

ist surjektiv.

Die bisher erhaltenen Ergebnisse lassen sich in einem Satz zusammenfassen, der die Brauersche Gruppe eines algebraischen Zahlkörpers K und die seiner Komplettierungen $K_{\mathfrak{p}}$ betrifft. Die Brauersche Gruppe $Br(K)$ eines Körpers K haben wir in II, §2 als die Vereinigung (genauer den direkten Limes)

$$Br(K) = \bigcup_L H^2(G_{L|K}, L^{\times})$$

definiert, wobei L alle endlichen galoisschen Erweiterungen von K durchläuft. Ist K ein algebraischer Zahlkörper, so wählen wir über jeder Primstelle $\mathfrak{p}$ von

K eine feste Bewertung der algebraisch abgeschlossenen Hülle Ω, die ihrerseits in jeder endlichen Erweiterung $L|K$ eine Primstelle $\mathfrak{P}$ über $\mathfrak{p}$ auszeichnet. Es ist dann

$$Br(K_\mathfrak{p}) = \bigcup_L H^2(G_{L_\mathfrak{P}|K_\mathfrak{p}}, L_\mathfrak{P}^\times) \,.$$

Aus den Homomorphismen

$$H^2(G_{L|K}, L^\times) \longrightarrow H^2(G_{L|K}, I_L) \cong \bigoplus_\mathfrak{p} H^2(G_{L_\mathfrak{P}|K_\mathfrak{p}}, L_\mathfrak{P}^\times) \xrightarrow{\mathrm{inv}_{L|K}} \frac{1}{[L:K]}\mathbb{Z}/\mathbb{Z}$$

erhalten wir nun durch Übergang zum direkten Limes (d.h. in diesem Fall durch Vereinigungsbildung) die kanonischen Homomorphismen

$$Br(K) \longrightarrow H^2(G_{\Omega|K}, I_\Omega) \cong \bigoplus_\mathfrak{p} Br(K_\mathfrak{p}) \xrightarrow{\mathrm{inv}_K} \mathbb{Q}/\mathbb{Z} \,,$$

wobei sich inv_K als Summe aus den lokalen Invariantenabbildungen $\mathrm{inv}_{K_\mathfrak{p}}$: $Br(K_\mathfrak{p}) \longrightarrow \mathbb{Q}/\mathbb{Z}$ (vgl. II, §1, S. 74 und II, (5.4)) zusammensetzt.

Es ergibt sich jetzt der **Hassesche Hauptsatz der Algebrentheorie**:

(5.8) Satz. *Für jeden endlichen algebraischen Zahlkörper K hat man die kanonische exakte Sequenz*

$$1 \longrightarrow Br(K) \longrightarrow \bigoplus_\mathfrak{p} Br(K_\mathfrak{p}) \xrightarrow{\mathrm{inv}_K} \mathbb{Q}/\mathbb{Z} \longrightarrow 0 \,.$$

Beweis. Wir erhalten die Gruppen $Br(K)$, $\bigoplus_\mathfrak{p} Br(K_\mathfrak{p})$ ($\cong H^2(G_{\Omega|K}, I_\Omega)$), bzw. $\mathbb{Q}/\mathbb{Z}$ nach (3.6) und nach der zu (5.7) gemachten Bemerkung schon als Vereinigung der Gruppen $H^2(G_{L|K}, L^\times)$ bzw. $\bigoplus_\mathfrak{p} H^2(G_{L_\mathfrak{P}|K_\mathfrak{p}}, L_\mathfrak{P}^\times)$ ($\cong H^2(G_{L|K}, I_L)$) bzw. $\frac{1}{[L:K]}\mathbb{Z}/\mathbb{Z}$, wenn $L|K$ nur alle zyklischen Erweiterungen durchläuft. Für diese aber haben wir nach (5.6) die exakte Sequenz

$$1 \longrightarrow H^2(G_{L|K}, L^\times) \longrightarrow H^2(G_{L|K}, I_L) \xrightarrow{\mathrm{inv}_{L|K}} \frac{1}{[L:K]}\mathbb{Z}/\mathbb{Z} \longrightarrow 0,$$

aus der sich der Satz unmittelbar ergibt.

§ 6. Das Reziprozitätsgesetz

Nachdem wir im vorigen Paragraphen die Idelinvarianten studiert haben, wollen wir nun daran gehen, Invarianten für die Elemente aus den Gruppen $H^2(G_{L|K}, C_L)$ herzuleiten. Wir gehen dabei von der folgenden Überlegung aus:

Ist $L|K$ normal, so liefert die Sequenz

$$1 \longrightarrow L^\times \longrightarrow I_L \longrightarrow C_L \longrightarrow 1$$

unter Beachtung von $H^1(G_{L|K}, C_L) = 1$ und $H^3(G_{L|K}, I_L) = 1$ die exakte Kohomologiesequenz

$$1 \longrightarrow H^2(G_{L|K}, L^\times) \longrightarrow H^2(G_{L|K}, I_L) \xrightarrow{\ j\ } H^2(G_{L|K}, C_L)$$
$$\xrightarrow{\ \delta\ } H^3(G_{L|K}, L^\times) \longrightarrow 1.$$

Ist $\bar{c} \in H^2(G_{L|K}, C_L)$ und $c \in H^2(G_{L|K}, I_L)$, welches durch j auf $\bar{c}$ abgebildet wird, $\bar{c} = jc$, so werden wir

$$\mathrm{inv}_{L|K}\bar{c} = \mathrm{inv}_{L|K}c \in \tfrac{1}{[L:K]}\mathbb{Z}/\mathbb{Z}$$

setzen. Diese Definition ist unabhängig von der Wahl des Urbildes $c \in H^2(G_{L|K}, I_L)$, denn zwei solche Urbilder unterscheiden sich nur um ein Element aus $H^2(G_{L|K}, L^\times)$, welches nach (5.5) die Invariante 0 besitzt. Ein solches Vorgehen ist natürlich nur dann möglich, wenn das Element $\bar{c} \in H^2(G_{L|K}, C_L)$ im Bild des Homomorphismus j liegt. Dieser ist aber im allgemeinen nicht surjektiv. Die Surjektivität wäre nämlich gleichbedeutend mit der Trivialität der Gruppe $H^3(G_{L|K}, L^\times)$, und diese ist i.a. von 1 verschieden (vgl. [2], Ch. 7, Th. 12). Immerhin ist die Surjektivität von j im zyklischen Fall gewährleistet.

(6.1) Satz. *Ist $L|K$ eine zyklische Erweiterung, so ist der Homomorphismus*

$$H^2(G_{L|K}, I_L) \xrightarrow{\ j\ } H^2(G_{L|K}, C_L)$$

surjektiv.

Beweis. Im zyklischen Fall haben wir $H^3(G_{L|K}, L^\times) \cong H^1(G_{L|K}, L^\times) = 1$ (vgl. II, (2.2)).

Um auch für den Fall beliebiger normaler Erweiterungen $L|K$ zu einer Invariantendefinition zu kommen, gehen wir ähnlich vor wie am Schluss des vorigen Paragraphen bei den Gruppen $H^2(G_{L|K}, I_L)$ im Zusammenhang mit der Invariantenabbildung für Idele. Zunächst bemerken wir, dass der Homomorphismus

$$H^2(G_{L|K}, I_L) \xrightarrow{\ j\ } H^2(G_{L|K}, C_L)$$

mit den Abbildungen Inf und Res vertauschbar ist. D.h. sind $N \supseteq L \supseteq K$ zwei normale Erweiterungen von K, so haben wir

$$j \circ \mathrm{Inf}_N = \mathrm{Inf}_N \circ j \quad \text{und} \quad j \circ \mathrm{Res}_L = \mathrm{Res}_L \circ j\,,$$

wobei bei der letzten Formel nur die Normalität von $N|K$ vorausgesetzt zu werden braucht. Zur Abkürzung setzen wir

(6.2) Definition. $H^q(L|K) = H^q(G_{L|K}, C_L)$.

Wegen $H^1(L|K) = 1$ (vgl. (4.7)) bilden die Erweiterungen $L|K$ im Hinblick auf die Idelklassengruppen C_L als Modul eine Körperformation im Sinne von II, §1. Aus Gründen der formalen Vereinfachung wollen wir daher, wie bei den Idelkohomologiegruppen in §5, und wie überhaupt in jeder Körperformation, die injektive Inflation

$$H^2(L|K) \xrightarrow{\text{Inf}} H^2(N|K) \qquad (N \supseteq L \supseteq K)$$

als Inklusion deuten. Genauer geschieht dies dadurch, dass wir den direkten Limes

$$H^2(\Omega|K) = \varinjlim_L H^2(L|K) \qquad {}^{17)}$$

bilden, wobei L alle endlichen normalen Erweiterungen von K durchläuft. In diese Gruppe $H^2(\Omega|K)$ können wir durch die Inflation sämtliche Gruppen $H^2(L|K)$ einbetten. Denken wir uns diese Einbettung vollzogen, so sind die $H^2(L|K)$ Untergruppen von $H^2(\Omega|K)$, und wir haben

$$H^2(\Omega|K) = \bigcup_L H^2(L|K).$$

Sind $N \supseteq L \supseteq K$ zwei normale Erweiterungen, so ist hiernach

$$H^2(L|K) \subseteq H^2(N|K) \subseteq H^2(\Omega|K),$$

wobei wir stets bedenken wollen, dass nach dieser Auffassung ein Element $\bar{c} \in H^2(N|K)$ genau dann als Element von $H^2(L|K)$ anzusehen ist, wenn es die Inflation eines Elementes von $H^2(L|K)$ ist.

Entscheidend ist nun der folgende Satz, der hier eine ganz ähnliche Rolle spielt, wie der Satz (II, 5.2) in der lokalen Theorie.

(6.3) Satz. *Ist $L|K$ eine normale Erweiterung und $L'|K$ eine zyklische Erweiterung gleichen Grades $[L' : K] = [L : K]$, so ist*

$$H^2(L'|K) = H^2(L|K) \subseteq H^2(\Omega|K).$$

Da es zu jeder natürlichen Zahl m (etwa nach (3.7)) eine zyklische Erweiterung $L|K$ vom Grade m gibt, gewinnen wir hieraus das

(6.4) Korollar. $H^2(\Omega|K) = \bigcup_{L|K \text{ zykl.}} H^2(L|K).$

$^{17)}$ Ω bedeutet wieder den Körper aller algebraischen Zahlen, und für die Gruppe $H^2(\Omega|K)$ gilt das gleiche wie das in der Fußnote $^{9)}$ über die Gruppe $H^2(G_{\Omega|K}, I_\Omega)$ Gesagte.

Beweis zu (6.3). Wir zeigen zunächst, dass $H^2(L'|K) \subseteq H^2(L|K)$ ist. Ist $N = L \cdot L'$ das Kompositum von L und L', so zeigt eine einfache gruppentheoretische Überlegung, dass mit $L'|K$ auch die Erweiterung $N|L$ zyklisch ist. Sei nun $\bar{c} \in H^2(L'|K) \subseteq H^2(N|K)$. Da die Sequenz

$$1 \longrightarrow H^2(L|K) \longrightarrow H^2(N|K) \xrightarrow{\text{Res}_L} H^2(N|L)$$

exakt ist, ist $\bar{c} \in H^2(N|K)$ genau dann ein Element von $H^2(L|K)$, wenn $\text{Res}_L \bar{c} = 1$ ist. Um dies zu zeigen, ziehen wir die Idelinvarianten heran. Nach (6.1) ist der Homomorphismus

$$H^2(G_{L'|K}, I_{L'}) \xrightarrow{j} H^2(L'|K)$$

surjektiv, so dass $\bar{c} = jc$, $c \in H^2(G_{L'|K}, I_{L'}) \subseteq H^2(G_{N|K}, I_N)$. Da j nach der oben gemachten Bemerkung mit der hier als Inklusion gedeuteten Inflation und der Restriktion vertauschbar ist, haben wir

$$\text{Res}_L \bar{c} = \text{Res}_L(jc) = j\text{Res}_L c.$$

Daher ist $\text{Res}_L \bar{c} = 1$ genau dann, wenn $\text{Res}_L c$ im Kern von j, also in $H^2(G_{N|L}, N^\times)$ liegt. Da $N|L$ zyklisch ist, ist dies nach (5.6) genau dann der Fall, wenn $\text{inv}_{N|L}(\text{Res}_L c) = 0$, was wegen

$$\text{inv}_{N|L}(\text{Res}_L c) = [L : K] \cdot \text{inv}_{N|K} c = [L' : K] \cdot \text{inv}_{L'|K} c = 0$$

in der Tat zutrifft. Es gilt also $H^2(L'|K) \subseteq H^2(L|K)$.

Die Gleichheit ergibt sich hiernach aus einer Ordnungsbetrachtung. Wegen $H^1(L'|K) = 1$ und $H^3(G_{L'|K}, L'^\times) \cong H^1(G_{L'|K}, L'^\times) = 1$ erhalten wir die exakte Kohomologiesequenz

$$1 \longrightarrow H^2(G_{L'|K}, L'^\times) \longrightarrow H^2(G_{L'|K}, I_{L'}) \longrightarrow H^2(L'|K) \longrightarrow 1$$

und schließen mit (5.6), dass $|H^2(L'|K)| = [L' : K] = [L : K]$. Da andererseits die Ordnung von $H^2(L|K)$ nach (4.9) den Grad $[L : K]$ teilt, ergibt sich in der Tat $H^2(L'|K) = H^2(L|K)$.

Sind $N \supseteq L \supseteq K$ zwei normale Erweiterungen, so pflanzt sich die Abbildung

$$H^2(G_{L|K}, I_L) \xrightarrow{j} H^2(L|K)$$

wegen ihrer Vertauschbarkeit mit der Inflation zu dem kanonischen Homomorphismus

$$H^2(G_{N|K}, I_N) \xrightarrow{j} H^2(N|K)$$

fort. Wir erhalten daher einen Homomorphismus

$$H^2(G_{\Omega|K}, I_\Omega) \xrightarrow{j} H^2(\Omega|K),$$

dessen Einschränkung auf die Gruppen $H^2(G_{L|K}, I_L)$ die Ausgangshomomorphismen $H^2(G_{L|K}, I_L) \to H^2(L|K)$ zurückliefern. Sind diese auch nicht surjektiv, so haben wir doch den

(6.5) Satz. *Der Homomorphismus*

$$H^2(G_{\Omega|K}, I_\Omega) \xrightarrow{\ j\ } H^2(\Omega|K)$$

ist surjektiv.

Beweis. Ist $\bar{c} \in H^2(\Omega|K)$, so ist $\bar{c}$ nach (6.4) $\in H^2(L|K)$ für eine geeignete zyklische Erweiterung $L|K$. Der Homomorphismus

$$H^2(G_{L|K}, I_L) \xrightarrow{\ j\ } H^2(L|K)$$

ist nach (6.1) im zyklischen Fall surjektiv, also ist $\bar{c} = jc,\, c \in H^2(G_{L|K}, I_L) \subseteq H^2(G_{\Omega|K}, I_\Omega)$.

Nach diesem Satz ist es leicht, aus der Invariantenabbildung der Idelkohomologieklassen Invarianten für die Elemente aus $H^2(\Omega|K) = \bigcup_L H^2(L|K)$ herzuleiten. Von dem nach (5.7) surjektiven Homomorphismus

$$\mathrm{inv}_K : H^2(G_{\Omega|K}, I_\Omega) \longrightarrow \mathbb{Q}/\mathbb{Z}$$

kommen wir nämlich zu der folgenden

(6.6) Definition. *Ist* $\bar{c} \in H^2(\Omega|K)$ *und* $\bar{c} = jc$, $c \in H^2(G_{\Omega|K}, I_\Omega)$, *so setzen wir*

$$\mathrm{inv}_K \bar{c} = \mathrm{inv}_K c \in \mathbb{Q}/\mathbb{Z}.$$

Wir haben uns natürlich davon zu überzeugen, dass diese Definition unabhängig von der Auswahl des Urbildes $c \in H^2(G_{\Omega|K}, I_\Omega)$ von $\bar{c}$ ist. Ist aber c' ein weiteres Element aus $H^2(G_{\Omega|K}, I_\Omega)$ mit $\bar{c} = jc'$, so ist $c, c' \in H^2(G_{L|K}, I_L) \subseteq H^2(G_{\Omega|K}, I_\Omega)$ für eine genügend große normale Erweiterung $L|K$, die wir darüber hinaus so groß annehmen dürfen, dass $\bar{c} \in H^2(L|K)$. Wegen $\bar{c} = jc = jc'$ unterscheiden sich c und c' nur um ein Element aus dem Kern der Abbildung $H^2(G_{L|K}, I_L) \xrightarrow{\ j\ } H^2(L|K)$, also um ein Element aus $H^2(G_{L|K}, L^\times)$, welches nach (5.5) die Invariante 0 besitzt.

Bei der obigen Definition geht also entscheidend der Satz (5.5) ein, in welchem man eine wesentliche Station auf dem Weg zum Reziprozitätsgesetz zu sehen hat. Mit (6.6) erhalten wir einen Homomorphismus

$$\mathrm{inv}_K : H^2(\Omega|K) \longrightarrow \mathbb{Q}/\mathbb{Z}.$$

Die Einschränkung von inv_K auf die zu einer endlichen normalen Erweiterung $L|K$ gebildeten Gruppe $H^2(L|K)$ liefert einen Homomorphismus

$$\mathrm{inv}_{L|K} : H^2(L|K) \longrightarrow \tfrac{1}{[L:K]}\mathbb{Z}/\mathbb{Z},$$

denn die Elemente aus $H^2(L|K)$ haben eine im Körpergrad $[L : K]$ aufgehende Ordnung (vgl. I, (3.16)) und werden infolgedessen in die einzige Untergruppe $\frac{1}{[L:K]}\mathbb{Z}/\mathbb{Z}$ von $\mathbb{Q}/\mathbb{Z}$ der Ordnung $[L : K]$ abgebildet.

Wir wollen einmal kurz den Weg zurück verfolgen, der zu der Abbildung $\mathrm{inv}_{L|K} : H^2(L|K) \to \frac{1}{[L:K]}\mathbb{Z}/\mathbb{Z}$ führt. Ist $\bar{c} \in H^2(L|K)$, so erhalten wir die Invariante $\mathrm{inv}_{L|K}\bar{c}$, indem wir eine zyklische Erweiterung $L'|K$ gleichen Grades $[L' : K] = [L : K]$ wählen, für die dann $H^2(L'|K) = H^2(L|K)$ gilt ((6.3)), so dass $\bar{c} \in H^2(L'|K)$. In diesem zyklischen Fall finden wir aber auf Grund von (6.1) eine Idelkohomologieklasse $c \in H^2(G_{L'|K}, I_{L'})$ mit $\bar{c} = jc$ und erhalten $\mathrm{inv}_{L|K}\bar{c} = \mathrm{inv}_{L'|K}\bar{c} = \mathrm{inv}_{L'|K}c = \sum_{\mathfrak{p}} \mathrm{inv}_{L'_{\mathfrak{P}}|K_{\mathfrak{p}}}c_{\mathfrak{p}} \in \frac{1}{[L:K]}\mathbb{Z}/\mathbb{Z}$.

Der Umweg über die zyklischen Erweiterungen, den wir aus Gründen formaler Einfachheit durch die Einführung der Gruppen $H^2(G_{\Omega|K}, I_\Omega)$ und $H^2(\Omega|K)$ und durch die Deutung der Inflation als Inklusion beschrieben haben, war deswegen unvermeidlich, weil die Abbildung

$$H^2(G_{L|K}, I_L) \xrightarrow{\ j\ } H^2(L|K)$$

im allgemeinen nicht surjektiv ist. Für die Elemente aus dem Bild von j haben wir jedoch den einfachen sich unmittelbar aus der Definition (6.6) ergebenden

(6.7) Satz. *Ist $\bar{c} = jc$, $\bar{c} \in H^2(L|K)$, $c \in H^2(G_{L|K}, I_L)$, so ist*

$$\mathrm{inv}_{L|K}\bar{c} = \mathrm{inv}_{L|K}c.$$

(6.8) Satz. *Die Abbildungen*

$$\mathrm{inv}_K : H^2(\Omega|K) \longrightarrow \mathbb{Q}/\mathbb{Z}$$

und

$$\mathrm{inv}_{L|K} : H^2(L|K) \longrightarrow \frac{1}{[L:K]}\mathbb{Z}/\mathbb{Z}$$

sind Isomorphismen.

Beweis. Es genügt, die Bijektivität von $\mathrm{inv}_{L|K}$ nachzuweisen. Dazu bestimmen wir eine zyklische Erweiterung $L'|K$ vom Grade $[L' : K] = [L : K]$, so dass $H^2(L'|K) = H^2(L|K)$. Ist $\alpha \in \frac{1}{[L:K]}\mathbb{Z}/\mathbb{Z}$, so gibt es nach (5.6) ein $c \in H^2(G_{L'|K}, I_{L'})$ mit $\mathrm{inv}_{L'|K}c = \alpha$, und wenn wir $\bar{c} = jc \in H^2(L'|K) = H^2(L|K)$ setzen, so wird $\mathrm{inv}_{L|K}\bar{c} = \mathrm{inv}_{L'|K}\bar{c} = \mathrm{inv}_{L'|K}c = \alpha$. Also ist $\mathrm{inv}_{L|K}$ surjektiv.

Die Bijektivität folgt nun einfach aus der Tatsache, dass die Ordnung von $H^2(L|K)$ ein Teiler des Grades $[L : K]$ (vgl. (4.9)), also ein Teiler der Ordnung von $\frac{1}{[L:K]}\mathbb{Z}/\mathbb{Z}$ ist.

Wir kommen nun zum Hauptsatz der Klassenkörpertheorie. Sei K_0 ein fest zugrunde gelegter Zahlkörper, Ω der Körper aller algebraischen Zahlen und $G = G_{\Omega|K_0}$ die Galoisgruppe von $\Omega|K_0$. Wir bilden die Vereinigung $C_\Omega = \bigcup_K C_K$, wobei K alle endlichen Oberkörper von K_0 durchläuft[18]. C_Ω ist in kanonischer Weise ein G-Modul. Ist nämlich $\bar{c} \in C_\Omega$, etwa $\bar{c} \in C_L$ für eine passende normale endliche Erweiterung $L|K_0$, so setzen wir für $\sigma \in G$

$$\sigma\bar{c} = \sigma\big|_L \bar{c} \in C_L \subseteq C_\Omega.$$

Das Paar (G, C_Ω) bildet offensichtlich eine Formation im Sinne von II, §1, und das entscheidende Resultat aller unserer Ausführungen ist der

(6.9) Satz. *Die Formation (G, C_Ω) ist im Hinblick auf die in (6.6) eingeführte Invariantenabbildung eine Klassenformation.*

Zum Beweis haben wir die Axiome in II, §1, (1.3) zu verifizieren.

Axiom I: $H^1(L|K) = 1$ für jede normale Erweiterung $L|K$ endlicher Oberkörper von K_0 (vgl. (4.7)).

Axiom II: Für jede normale Erweiterung $L|K$ endlicher Oberkörper von K_0 haben wir nach (6.8) den Isomorphismus

$$\mathrm{inv}_{L|K} : H^2(L|K) \longrightarrow \tfrac{1}{[L:K]}\mathbb{Z}/\mathbb{Z}.$$

a) Sind $N \supseteq L \supseteq K$ zwei normale Erweiterungen, und ist $\bar{c} \in H^2(L|K)$, so ist $\bar{c} \in H^2(N|K)$, und wir haben

$$\mathrm{inv}_{N|K}\bar{c} = \mathrm{inv}_{L|K}\bar{c},$$

da $\mathrm{inv}_{N|K}$ bzw. $\mathrm{inv}_{L|K}$ als Einschränkung von inv_K auf $H^2(N|K)$ bzw. $H^2(L|K) \subseteq H^2(N|K)$ definiert ist (vgl. S. 166).

b) Seien $N \supseteq L \supseteq K$ zwei Erweiterungen von K, von denen $N|K$ normal ist. Ist $\bar{c} \in H^2(N|K)$, so ist $\mathrm{Res}_L\bar{c} \in H^2(N|L)$. Zum Beweis der Formel

$$\mathrm{inv}_{N|L}(\mathrm{Res}_L\bar{c}) = [L : K] \cdot \mathrm{inv}_{N|K}\bar{c}$$

verwenden wir die analoge Formel für die Idelinvarianten (vgl. (5.2)). Nach (6.5) gibt es ein $c \in H^2(G_{\Omega|K}, I_\Omega)$ mit $jc = \bar{c}$, und wir können annehmen, dass $c \in H^2(G_{M|K}, I_M)$ ist, wobei $M|K$ eine N umfassende normale Erweiterung von K ist: $M \supseteq N \supseteq L \supseteq K$. Unter Beachtung der Formeln in (5.2) und der Verabredung, dass wir die Inflation als Inklusion auffassen, erhalten wir mit (6.7)

$$\mathrm{inv}_{N|L}(\mathrm{Res}_L\bar{c}) = \mathrm{inv}_{M|L}(\mathrm{Res}_L jc) = \mathrm{inv}_{M|L}(j\mathrm{Res}_L c) =$$

$$\mathrm{inv}_{M|L}(\mathrm{Res}_L c) = [L : K] \cdot \mathrm{inv}_{M|K}c = [L : K] \cdot \mathrm{inv}_{M|K}jc = [L : K] \cdot \mathrm{inv}_{N|K}\bar{c}.$$

---

[18] Genauer müssten wir $C_\Omega = \varinjlim C_K$ schreiben. Wir denken uns jedoch die C_K in diesen direkten Limes eingebettet und können danach C_Ω als Vereinigung der C_K auffassen.

Nach diesem Satz können wir nun die gesamte abstrakte Theorie der Klassenformationen auf den Fall der algebraischen Zahlkörper anwenden. Bezeichnen wir wieder mit

$$u_{L|K} \in H^2(L|K)$$

die eindeutig durch $\mathrm{inv}_{L|K} u_{L|K} = \frac{1}{[L:K]} + \mathbb{Z}$ bestimmte **Fundamentalklasse** der normalen Erweiterung $L|K$, so haben wir zunächst den allgemeinen

(6.10) Satz. *Der durch das Cupprodukt gelieferte Homomorphismus*

$$u_{L|K} \cup : H^q(G_{L|K}, \mathbb{Z}) \longrightarrow H^{q+2}(L|K)$$

ist bijektiv.

Wir erhalten hieraus nach II, (1.8) sofort das

(6.11) Korollar. $H^3(L|K) = 1$ *und* $H^4(L|K) \cong \chi(G_{L|K})$ *(kanonisch).*

Für den Fall $q = -2$ liefert der Satz (6.10) das **Artinsche Reziprozitätsgesetz:**

(6.12) Satz. *Die Abbildung*

$$G_{L|K}^{\mathrm{ab}} \cong H^{-2}(G_{L|K}, \mathbb{Z}) \xrightarrow{u_{L|K} \cup} H^0(L|K) = C_K/N_{L|K} C_L$$

liefert einen kanonischen Isomorphismus

$$\theta_{L|K} : G_{L|K}^{\mathrm{ab}} \longrightarrow C_K/N_{L|K} C_L$$

zwischen der Faktorkommutatorgruppe $G_{L|K}^{\mathrm{ab}}$ der Galoisgruppe $G_{L|K}$ und der Normrestgruppe $C_K/N_{L|K} C_L$ der Idelklassengruppe C_K, den **Reziprozitätsisomorphismus.**

Durch Umkehrung des Reziprozitätsisomorphismus $\theta_{L|K}$ erhalten wir den durch das **Normrestsymbol** $(\ , L|K)$ bezeichneten Homomorphismus von C_K auf $G_{L|K}^{\mathrm{ab}}$ mit dem Kern $N_{L|K} C_L$.

(6.13) Satz. *Die Sequenz*

$$1 \longrightarrow N_{L|K} C_L \longrightarrow C_K \xrightarrow{(\ , L|K)} G_{L|K}^{\mathrm{ab}} \longrightarrow 1$$

ist exakt.

Aus der Verträglichkeit der Invariantenabbildung mit der Inflation (Inklusion) und der Restriktion ergibt sich das Verhalten des Normrestsymbols bei Änderung der betrachteten Körpererweiterung in der folgenden einfachen Weise (vgl. II, (1.11)):

Sind $N \supseteq L \supseteq K$ zwei Erweiterungen, von denen $N|K$ normal ist, so sind die folgenden Diagramme kommutativ:

a)

$$
\begin{array}{ccc}
C_K & \xrightarrow{(\ \ ,N|K)} & G^{\mathrm{ab}}_{N|K} \\
{\scriptstyle\mathrm{Id}}\downarrow & & \downarrow{\scriptstyle\pi} \\
C_K & \xrightarrow{(\ \ ,L|K)} & G^{\mathrm{ab}}_{L|K}
\end{array}
$$

also $(\bar{\mathfrak{a}}, L|K) = \pi(\bar{\mathfrak{a}}, N|K) \in G^{\mathrm{ab}}_{L|K}$, für $\bar{\mathfrak{a}} \in C_K$, wenn neben $N|K$ auch $L|K$ normal ist. Dabei bedeutet π die kanonische Projektion von $G^{\mathrm{ab}}_{N|K}$ auf $G^{\mathrm{ab}}_{L|K}$.

b)

$$
\begin{array}{ccc}
C_K & \xrightarrow{(\ \ ,N|K)} & G^{\mathrm{ab}}_{N|K} \\
{\scriptstyle\mathrm{Inkl}}\downarrow & & \downarrow{\scriptstyle\mathrm{Ver}} \\
C_L & \xrightarrow{(\ \ ,N|L)} & G^{\mathrm{ab}}_{N|L}
\end{array}
$$

also $(\bar{\mathfrak{a}}, N|L) = \mathrm{Ver}(\bar{\mathfrak{a}}, N|K) \in G^{\mathrm{ab}}_{N|L}$ für $\bar{\mathfrak{a}} \in C_K$. Hier sei daran erinnert, dass der Verlagerungshomomorphismus Ver durch die Restriktion induziert wird:

$$
G^{\mathrm{ab}}_{N|K} \cong H^{-2}(G_{N|K}, \mathbb{Z}) \xrightarrow{\mathrm{Res}} H^{-2}(G_{N|L}, \mathbb{Z}) \cong G^{\mathrm{ab}}_{N|L}.
$$

c)

$$
\begin{array}{ccc}
C_L & \xrightarrow{(\ \ ,N|L)} & G^{\mathrm{ab}}_{N|L} \\
{\scriptstyle N_{L|K}}\downarrow & & \downarrow{\scriptstyle\kappa} \\
C_K & \xrightarrow{(\ \ ,N|K)} & G^{\mathrm{ab}}_{N|K}
\end{array}
$$

also $(N_{L|K}\bar{\mathfrak{a}}, N|K) = \kappa(\bar{\mathfrak{a}}, N|L) \in G^{\mathrm{ab}}_{N|K}$ für $\bar{\mathfrak{a}} \in C_L$. κ ist der kanonische Homomorphismus von $G^{\mathrm{ab}}_{N|L}$ in $G^{\mathrm{ab}}_{N|K}$.

d)

$$
\begin{array}{ccc}
C_K & \xrightarrow{(\ \ ,N|K)} & G^{\mathrm{ab}}_{N|K} \\
{\scriptstyle\sigma}\downarrow & & \downarrow{\scriptstyle\sigma^*} \\
C_{\sigma K} & \xrightarrow{(\ \ ,\sigma N|\sigma K)} & G^{\mathrm{ab}}_{\sigma N|\sigma K}
\end{array}
$$

also $(\sigma\bar{\mathfrak{a}}, \sigma N|\sigma K) = \sigma(\bar{\mathfrak{a}}, N|K)\sigma^{-1}$ für $\bar{\mathfrak{a}} \in C_K$. Hier ist für $\sigma \in G$, $C_K \xrightarrow{\sigma} C_{\sigma K}$ die durch $\bar{\mathfrak{a}} \mapsto \sigma\bar{\mathfrak{a}}$ und $G^{\mathrm{ab}}_{N|K} \xrightarrow{\sigma^*} G^{\mathrm{ab}}_{\sigma N|\sigma K}$ die durch $\tau \mapsto \sigma\tau\sigma^{-1}$ induzierte Abbildung.

Die Bedeutung der in diesen Diagrammen auftretenden Homomorphismen zwischen den Galoisgruppen ist mit Ausnahme der Verlagerung unmittelbar klar, wenn $N|K$ abelsch ist, wenn also die Galoisgruppen mit ihren Faktorkommutatorgruppen übereinstimmen. In a) tritt dann die Faktorgruppenbildung auf, in c) die Inklusion und in d) der durch Konjugiertenbildung entstehende Isomorphismus.

Eine Untergruppe I der Idelklassengruppe C_K eines Zahlkörpers K heißt **Normengruppe**, wenn es eine normale Erweiterung $L|K$ gibt mit $I = N_{L|K} C_L$. Nach II, (1.14) gilt der

(6.14) Satz. *Die Zuordnung*

$$L \longmapsto I_L = N_{L|K} C_L \subseteq C_K$$

liefert einen inklusionsumkehrenden Isomorphismus zwischen dem Verband der abelschen Erweiterungen $L|K$ und dem Verband der Normengruppen I_L aus C_K. Es ist also

$$I_{L_1 \cdot L_2} = I_{L_1} \cap I_{L_2} \quad \text{und} \quad I_{L_1 \cap L_2} = I_{L_1} \cdot I_{L_2} .$$

Jede Obergruppe einer Normengruppe ist wieder eine Normengruppe. Sind L und I einander zugeordnet, so heißt L der **Klassenkörper** *zu I.*

Dieser Satz besagt, dass sich der Aufbau der abelschen Körper über K schon in der Idelklassengruppe des Grundkörpers K ablesen lässt. Man muss natürlich fragen, ob sich die Normengruppen unabhängig von den Körpererweiterungen allein durch innere Bestimmungsstücke der Gruppe C_K charakterisieren lassen, ähnlich wie die Normengruppen in der lokalen Klassenkörpertheorie als abgeschlossene Untergruppen von endlichem Index in der multiplikativen Gruppe des Grundkörpers bestimmt sind. Eine solche Charakterisierung wird im nächsten Paragraphen behandelt.

Der in (6.12) angegebene Reziprozitätsisomorphismus $\theta_{L|K}$ und mit ihm der durch das Normrestsymbol $(\ ,L|K)$ definierte Homomorphismus sind zwar in kanonischer Weise bestimmt, doch ist ihre explizite Beschreibung noch zu kompliziert und zu abstrakt. Es wird uns also daran gelegen sein, eine Möglichkeit zur expliziten Berechnung des Normrestsymbols zur Verfügung zu haben. Diese Möglichkeit wird durch den folgenden schönen, im wesentlichen auf H. HASSE zurückgehenden Satz geliefert, der in einfacher Weise den Zusammenhang zwischen der globalen und der lokalen Klassenkörpertheorie herstellt.

(6.15) Satz. *Sei $L|K$ eine abelsche Erweiterung und $\bar{\mathfrak{a}} \in C_K$, $\bar{\mathfrak{a}} = \mathfrak{a} \cdot K^\times$, $\mathfrak{a} \in I_K$. Dann gilt*

$$(\bar{\mathfrak{a}}, L|K) = \prod_{\mathfrak{p}} (\mathfrak{a}_{\mathfrak{p}}, L_{\mathfrak{P}}|K_{\mathfrak{p}}) \in G_{L|K}.$$

Man beachte hierbei, dass $(\mathfrak{a}_{\mathfrak{p}}, L_{\mathfrak{P}}|K_{\mathfrak{p}}) \in G_{L_{\mathfrak{P}}|K_{\mathfrak{p}}} \subseteq G_{L|K}$ und dass die Komponenten $\mathfrak{a}_{\mathfrak{p}}$ des repräsentierenden Idels $\mathfrak{a}$ für fast alle $\mathfrak{p}$ Einheiten sind, so dass die lokalen Normrestsymbole fast alle gleich 1 sind, da die Erweiterungen $L_{\mathfrak{P}}|K_{\mathfrak{p}}$ fast alle unverzweigt sind.

Da $(\ ,L|K)$ das **Normrestsymbol** einer Klassenformation ist, können wir zum Beweis des Satzes das Lemma II, (1.10) anwenden: Bezeichnen wir mit $(\bar{\mathfrak{a}}) = \bar{\mathfrak{a}} \cdot N_{L|K} C_L \in H^0(L|K)$, so ist für jeden Charakter $\chi \in \chi(G_{L|K}) = H^1(G_{L|K}, \mathbb{Q}/\mathbb{Z})$

$$\chi(\bar{\mathfrak{a}}, L|K) = \mathrm{inv}_{L|K}((\bar{\mathfrak{a}}) \cup \delta\chi).$$

Auf der anderen Seite haben wir für das Produkt $\prod_{\mathfrak{p}}(\mathfrak{a}_{\mathfrak{p}}, L_{\mathfrak{P}}|K_{\mathfrak{p}})$ schon in (5.3) die Bezeichnung $(\mathfrak{a}, L|K) = \prod_{\mathfrak{p}}(\mathfrak{a}_{\mathfrak{p}}, L_{\mathfrak{P}}|K_{\mathfrak{p}})$ eingeführt und in (5.4) bewiesen, dass

$$\chi(\mathfrak{a}, L|K) = \mathrm{inv}_{L|K}((\mathfrak{a}) \cup \delta\chi)$$

ist, wobei $(\mathfrak{a}) = \mathfrak{a} \cdot N_{L|K} I_L \in H^0(G_{L|K}, I_L)$ ist. Bei dem Übergang

$$H^q(G_{L|K}, I_L) \xrightarrow{j} H^q(G_{L|K}, C_L)$$

geht $(\mathfrak{a}) \in H^0(G_{L|K}, I_L)$ in $(\bar{\mathfrak{a}}) \in H^0(G_{L|K}, C_L)$, und also $(\mathfrak{a}) \cup \delta\chi \in H^2(G_{L|K}, I_L)$ in $(\bar{\mathfrak{a}}) \cup \delta\chi \in H^2(G_{L|K}, C_L) = H^2(L|K)$ über, so dass

$$j((\mathfrak{a}) \cup \delta\chi) = (\bar{\mathfrak{a}}) \cup \delta\chi.$$

Mit (6.7) erhalten wir

$$\chi(\bar{\mathfrak{a}}, L|K) = \mathrm{inv}_{L|K}((\bar{\mathfrak{a}}) \cup \delta\chi) = \mathrm{inv}_{L|K}((\mathfrak{a}) \cup \delta\chi) = \chi(\mathfrak{a}, L|K),$$

und da dies für alle Charaktere $\chi \in \chi(G_{L|K})$ gilt, ergibt sich

$$(\bar{\mathfrak{a}}, L|K) = (\mathfrak{a}, L|K) = \prod_{\mathfrak{p}}(\mathfrak{a}_{\mathfrak{p}}, L_{\mathfrak{P}}|K_{\mathfrak{p}}).$$

Aus der Kenntnis der lokalen Normrestsymbole $(\ ,L_{\mathfrak{P}}|K_{\mathfrak{p}})$ können wir nach diesem Satz auf das globale Normrestsymbol $(\ ,L|K)$ schließen. Von dieser Möglichkeit werden wir später noch Gebrauch machen, wenn wir das Reziprozitätsgesetz für die Primidealzerlegung in abelschen Erweiterungen auswerten.

Wir beschließen diesen Paragraphen mit einer Bemerkung über das **universelle Normrestsymbol** $(\ ,K)$ (vgl. hierzu II, §1, S. 83). Für jede abelsche Erweiterung haben wir den Homomorphismus

$$C_K \xrightarrow{(\ ,L|K)} G_{L|K}.$$

Der projektive Limes

$$G_K^{\mathrm{ab}} = \varprojlim G_{L|K}$$

der Galoisgruppen $G_{L|K}$ aller (endlichen) abelschen Erweiterungen L von K ist die Galoisgruppe des maximal abelschen Körpers A_K von K. Für jedes $\bar{\mathfrak{a}} \in C_K$ erhalten wir das Element

$$(\bar{\mathfrak{a}}, K) = \varprojlim (\bar{\mathfrak{a}}, L|K) \in G_K^{\mathrm{ab}}$$

als das verträgliche System, das die Elemente $(\bar{\mathfrak{a}}, L|K) \in G_{L|K}^{\mathrm{ab}}$ bilden. Wir kommen so zu einem Homomorphismus

$$C_K \xrightarrow{(\ ,K)} G_K^{\mathrm{ab}} ,$$

dessen Kern nach II, (1.15) der Durchschnitt

$$D_K = \bigcap_L N_{L|K} C_L$$

aller Normengruppen, und dessen Bild eine dichte Untergruppe von G_K^{ab} ist. Ohne dass wir näher darauf eingehen wollen, bemerken wir, dass die Produktformel (6.15) eine analoge Produktformel

$$(\bar{\mathfrak{a}}, K) = \prod_{\mathfrak{p}} (\mathfrak{a}_{\mathfrak{p}}, K_{\mathfrak{p}})$$

für das universelle Normrestsymbol liefert, wobei $(\ , K_{\mathfrak{p}})$ das universelle Normrestsymbol der lokalen Klassenkörpertheorie bedeutet, das in die Gruppe G_K^{ab} eingebettet werden kann (vgl. [2], Ch. 7, Cor. 2).

§ 7. Der Existenzsatz

Nach dem Satz (6.14) entsprechen die abelschen Erweiterungen eines Zahlkörpers K umkehrbar eindeutig den Normengruppen von C_K. In diesem Paragraphen sollen die Normengruppen – ähnlich wie in der lokalen Klassenkörpertheorie – als die in einer kanonisch gegebenen Topologie von C_K abgeschlossenen Untergruppen von endlichem Index charakterisiert werden.

Die Idelgruppe I_K eines algebraischen Zahlkörpers K ist die Vereinigung der Gruppen $I_K^S = \prod_{\mathfrak{p} \in S} K_{\mathfrak{p}}^\times \times \prod_{\mathfrak{p} \notin S} U_{\mathfrak{p}}$, wenn S alle endlichen Primstellenmengen von K durchläuft. Die Faktoren $K_{\mathfrak{p}}^\times$ und $U_{\mathfrak{p}}$ sind mit der jeweiligen Bewertungstopologie ausgestattet. Auf dem direkten Produkt

$$I_K^S = \prod_{\mathfrak{p} \in S} K_{\mathfrak{p}}^\times \times \prod_{\mathfrak{p} \notin S} U_{\mathfrak{p}}$$

wird damit die Tychonofftopologie induziert, und es wird I_K^S zu einer topologischen Gruppe[19]. Für $S \subseteq S'$ ist $I_K^S \subseteq I_K^{S'}$, und die Tychonofftopologie von

---

[19] Zur Theorie der topologischen Gruppen verweisen wir auf [9], Ch. III.

$I_K^{S'}$ induziert diejenige von I_K^S. Wir erhalten daher in kanonischer Weise eine Topologie der Idelgruppe $I_K = \bigcup_S I_K^S$, die als **Ideltopologie** bezeichnet wird. Will man die Ideltopologie in direkter Weise definieren, so hat man nur eine Umgebungsbasis des Einselementes von I_K anzugeben, und es ist unmittelbar klar, dass man eine solche Umgebungsbasis durch die Untermengen

$$\prod_{\mathfrak{p}\in S} W_{\mathfrak{p}} \times \prod_{\mathfrak{p}\notin S} U_{\mathfrak{p}} \subseteq I_K$$

erhält, wenn die $W_{\mathfrak{p}} \subseteq K_{\mathfrak{p}}^{\times}$ eine Umgebungsbasis des Einselementes von $K_{\mathfrak{p}}^{\times}$ und S alle endlichen Mengen von Primstellen von K durchläuft.

Wir denken uns im folgenden I_K stets mit dieser kanonischen Topologie ausgestattet. Grob gesagt sind danach zwei Idele benachbart, wenn sie an vielen Primstellen komponentenweise benachbart sind. Die Ideltopologie ist hausdorffsch, da die Bewertungstopologien der $K_{\mathfrak{p}}^{\times}$ und damit die Tychonofftopologie von I_K^S hausdorffsch sind.

(7.1) Satz. *Die Idelgruppe I_K ist lokal kompakt.*

Beweis. Ist $W_{\mathfrak{p}}$ eine kompakte Umgebung des Einselementes von $K_{\mathfrak{p}}^{\times}$, für die endlichen Primstellen $\mathfrak{p}$ etwa $W_{\mathfrak{p}} = U_{\mathfrak{p}}$, so ist das direkte Tychonoffprodukt $\prod_{\mathfrak{p}} W_{\mathfrak{p}}$ eine kompakte Umgebung des Einselementes von I_K. Dies zeigt die lokale Kompaktheit von I_K.

(7.2) Satz. *$K^{\times}$ ist eine diskrete, und damit abgeschlossene Untergruppe von I_K.*

Beweis. Es genügt offenbar zu zeigen, dass das Einselement $1 \in I_K$ eine offene Umgebung besitzt, die außer 1 kein weiteres Hauptidel enthält. Eine solche Umgebung stellt die Menge

$$\mathfrak{U} = \{\mathfrak{a} \in I_K \mid |\mathfrak{a}_{\mathfrak{p}} - 1|_{\mathfrak{p}} < 1 \text{ für } \mathfrak{p} \in S, |\mathfrak{a}_{\mathfrak{p}}|_{\mathfrak{p}} = 1 \text{ für } \mathfrak{p} \notin S\}$$

dar, wobei S eine alle unendlichen Primstellen umfassende endliche Primstellenmenge bedeutet. Gäbe es ein Hauptidel $x \in \mathfrak{U}$, $x \neq 1$, so wäre

$$\prod_{\mathfrak{p}} |x - 1|_{\mathfrak{p}} = \prod_{\mathfrak{p}\in S} |x - 1|_{\mathfrak{p}} \cdot \prod_{\mathfrak{p}\notin S} |x - 1|_{\mathfrak{p}} < \prod_{\mathfrak{p}\notin S} |x - 1|_{\mathfrak{p}} \leq \prod_{\mathfrak{p}\notin S} \max\{|x|_{\mathfrak{p}}, 1\} = 1,$$

was im Widerspruch zur Geschlossenheitsrelation steht.

Da $K^\times$ abgeschlossen in I_K ist, wird die Faktorgruppe $C_K = I_K/K^\times$ zu einer hausdorffschen topologischen Gruppe. Natürlich ist mit I_K auch C_K lokal kompakt. Der kanonische Homomorphismus $I_K \to C_K$ ist stetig und überführt eine offene Menge stets in eine offene Menge.

Zu jeder Primstelle $\mathfrak{p}$ betrachten wir den Homomorphismus

$$\mathfrak{n}_\mathfrak{p} : K_\mathfrak{p}^\times \longrightarrow I_K \,,$$

der jedem $x \in K_\mathfrak{p}^\times$ das Idel $\mathfrak{n}_\mathfrak{p}(x) \in I_K$ zuordnet, das an der Stelle $\mathfrak{p}$ die Komponente $x \in K_\mathfrak{p}^\times$, an allen anderen Stellen aber 1 als Komponente besitzt. Ordnen wir weiter dem Element $x \in K_\mathfrak{p}^\times$ die durch $\mathfrak{n}_\mathfrak{p}(x)$ repräsentierte Idelklasse $\overline{\mathfrak{n}}_\mathfrak{p}(x) = \mathfrak{n}_\mathfrak{p}(x) \cdot K^\times \in C_K$ zu, so erhalten wir einen Homomorphismus

$$\overline{\mathfrak{n}}_\mathfrak{p} : K_\mathfrak{p}^\times \longrightarrow C_K \,,$$

über den der folgende Satz gilt.

(7.3) Satz. *Der Homomorphismus*

$$\overline{\mathfrak{n}}_\mathfrak{p} : K_\mathfrak{p}^\times \longrightarrow C_K$$

ist eine topologische Einbettung von $K_\mathfrak{p}^\times$ in C_K.

Aus $\overline{\mathfrak{n}}_\mathfrak{p}(x) = 1$, d.h. aus $\mathfrak{n}_\mathfrak{p}(x) \in K^\times$ folgt nämlich sofort $x = 1$, so dass wir es mit einer Injektion zu tun haben, die trivialerweise topologisch ist.

Wir ordnen jedem Idel $\mathfrak{a} \in I_K$ den **Absolutbetrag**

$$|\mathfrak{a}| = \prod_\mathfrak{p} |\mathfrak{a}_\mathfrak{p}|_\mathfrak{p} \in \mathbb{R}_+$$

zu und erhalten dadurch einen (offenbar stetigen) Homomorphismus von I_K auf die Gruppe $\mathbb{R}_+$ der positiven reellen Zahlen. Natürlich ist dieser Homomorphismus surjektiv, wird doch die Gruppe $\mathbb{R}_+$ schon durch die Absolutbeträge der Idele der Form $\mathfrak{n}_\mathfrak{p}(\mathfrak{a}_\mathfrak{p}) = (\ldots, 1, 1, 1, \mathfrak{a}_\mathfrak{p}, 1, 1, 1, \ldots)$, $\mathfrak{a}_\mathfrak{p} \in K_\mathfrak{p}^\times$, $\mathfrak{p}$ unendliche Primstelle, ausgeschöpft.

Mit I_K^0 bezeichnen wir den (abgeschlossenen) Kern dieses Homomorphismus, also die Gruppe der Idele vom Absolutbetrag 1. Sie enthält auf Grund der Geschlossenheitsrelation (vgl. §1, S. 125) die Hauptidelgruppe $K^\times$. Der Absolutbetrag liefert daher einen (stetigen) Homomorphismus der Idelklassengruppe C_K auf $\mathbb{R}_+$ mit dem (abgeschlossenen) Kern $C_K^0 = I_K^0/K^\times$. Die Gruppe C_K^0 spielt in C_K eine ganz ähnliche Rolle wie die Einheitengruppe $U_\mathfrak{p} = \{x \in K_\mathfrak{p}^\times | \ |x|_\mathfrak{p} = 1\}$ in der multiplikativen Gruppe eines lokalen Körpers $K_\mathfrak{p}$. Der Zerlegung $K_\mathfrak{p}^\times \cong U_\mathfrak{p} \times \mathbb{Z}$ entspricht die folgende

(7.4) Satz. $C_K = C_K^0 \times \Gamma_K$ mit $\Gamma_K \cong \mathbb{R}_+$.

Beweis. Wir haben für die Gruppenerweiterung

$$1 \longrightarrow C_K^0 \longrightarrow C_K \overset{|\;|}{\longrightarrow} \mathbb{R}_+ \longrightarrow 1$$

eine Injektion $\mathbb{R}_+ \to C_K$ anzugeben, aus der durch Nachschaltung der Absolutbetragsabbildung $C_K \overset{|\;|}{\longrightarrow} \mathbb{R}_+$ die Identität von $\mathbb{R}_+$ entsteht. Dazu wählen wir eine unendliche Primstelle $\mathfrak{p}$ und betrachten die Einbettung

$$\overline{n}_\mathfrak{p} : K_\mathfrak{p}^\times \longrightarrow C_K.$$

$K_\mathfrak{p}^\times$ enthält als Untergruppe die Gruppe $\mathbb{R}_+$. Ist $\mathfrak{p}$ reell, so ist $\overline{n}_\mathfrak{p} : \mathbb{R}_+ \to C_K$ eine Injektion der gewünschten Art, da $|n_\mathfrak{p}(x)| = |x|_\mathfrak{p} = x \in \mathbb{R}_+$ ist, und für komplexes $\mathfrak{p}$ hat man wegen $|n_\mathfrak{p}(x)| = |x|_\mathfrak{p} = x^2$ die Abbildung $x \mapsto \overline{n}_\mathfrak{p}(\sqrt[2]{x})$ zu wählen.

Es sei erwähnt, dass wir unter den Repräsentantengruppen für die Faktorgruppe $C_K/C_K^0 \cong \mathbb{R}_+$ keine ausgezeichnete haben.

Wir werden nun zeigen, dass die Gruppe C_K^0 – analog wie im lokalen Fall die Einheitengruppe – kompakt ist. Dazu schicken wir das folgende Lemma voraus.

(7.5) Lemma. *Zu jeder Primstelle $\mathfrak{p}$ des Körpers K sei ein $\alpha_\mathfrak{p} \in |K_\mathfrak{p}^\times|_\mathfrak{p}$ (Wertegruppe von $|\;|_\mathfrak{p}$) vorgegeben, derart dass*

1) *$\alpha_\mathfrak{p} = 1$ für fast alle $\mathfrak{p}$,*
2) *$\prod_\mathfrak{p} \alpha_\mathfrak{p} \geq \sqrt{|\Delta|}$, wobei Δ die Diskriminante von K ist.*

Dann gibt es ein $x \in K^\times$ mit $|x|_\mathfrak{p} \leq \alpha_\mathfrak{p}$ für alle $\mathfrak{p}$.

Beweis. Wir setzen $\alpha_\mathfrak{p} = |\pi_\mathfrak{p}^{e_\mathfrak{p}}|_\mathfrak{p}$ für $\mathfrak{p} \nmid \infty$, wobei $\pi_\mathfrak{p} \in K_\mathfrak{p}$ ein Primelement für $\mathfrak{p}$ ist. Wegen 1) ist $e_\mathfrak{p} = 0$ für fast alle $\mathfrak{p}$, und wir können das Ideal $\mathfrak{A} = \prod_{\mathfrak{p} \nmid \infty} \mathfrak{p}^{e_\mathfrak{p}}$ betrachten, welches wegen $\alpha_\mathfrak{p} = \mathfrak{N}(\mathfrak{p}^{e_\mathfrak{p}})^{-1}$ die Absolutnorm

$$\mathfrak{N}(\mathfrak{A}) = \Big(\prod_{\mathfrak{p} \nmid \infty} \alpha_\mathfrak{p}\Big)^{-1}$$

besitzt. Sei $a_1, \ldots, a_n$ eine Ganzheitsbasis für $\mathfrak{A}, \gamma_1, \ldots, \gamma_n$ die Einbettungen von K in den Körper $\mathbb{C}$ der komplexen Zahlen und $\mathfrak{p}_i$ die zu γ_i gehörige unendliche Primstelle von K. Wir betrachten dann die Linearformen

$$L_i(x_1, \ldots, x_n) = \sum_{k=1}^n x_k \cdot \gamma_i(a_k), \quad i = 1, \ldots, n.$$

Ist γ_i reell, so setzen wir $L_i' = L_i$, $\beta_i = \alpha_{\mathfrak{p}_i}$; im anderen Fall, wenn γ_i und γ_j, $i < j$, komplex konjugiert sind, setzen wir $L_i = L_i' + \sqrt{-1} \cdot L_j'$, also $L_j = \bar{L}_i = L_i' - \sqrt{-1} \cdot L_j'$, und $\beta_i = \beta_j = \sqrt{\frac{\alpha_{\mathfrak{p}_i}}{2}}$. Bedeutet r die Anzahl der komplexen Primstellen, so ergibt sich

$$| \det(L_1', \ldots, L_n')| = \left|(\frac{1}{-2\sqrt{-1}})^r \det(L_1, \ldots, L_n)\right| = \frac{1}{2^r} \mathfrak{N}(\mathfrak{A}) \cdot \sqrt{|\Delta|}$$

$$= \frac{1}{2^r} (\prod_{\mathfrak{p} \nmid \infty} \alpha_{\mathfrak{p}})^{-1} \cdot \sqrt{|\Delta|} \leq \frac{1}{2^r} \prod_{\mathfrak{p} | \infty} \alpha_{\mathfrak{p}} = \prod_{i=1}^{n} \beta_i.$$

Der bekannte Minkowskische Linearformensatz (vgl. etwa [22], §17) liefert nun einen ganzzahligen Vektor $\mathfrak{z} = (m_1, \ldots, m_n) \in \mathbb{Z}^n$, derart dass $|L_i'(\mathfrak{z})| \leq \beta_i$, $i = 1, \ldots, n$, und daher $|L_i(\mathfrak{z})| \leq \alpha_{\mathfrak{p}_i}$ bzw. $\leq \sqrt{\alpha_{\mathfrak{p}_i}}$ je nachdem ob $\mathfrak{p}_i$ reell oder komplex ist. Setzen wir $x = m_1 a_1 + \cdots + m_n a_n \in \mathfrak{A}$, so ist $|x|_{\mathfrak{p}} \leq \alpha_{\mathfrak{p}}$ für die endlichen Primstellen wegen der Konstruktion von $\mathfrak{A}$ und für die unendlichen Primstellen wegen $|\gamma_i(x)| = |L_i(\mathfrak{z})|$.

(7.6) Satz. *Die Gruppe C_K^0 ist kompakt.*

Beweis. Der Einfachheit halber setzen wir $I = I_K$, $I^0 = I_K^0$, $C = C_K$, $C^0 = C_K^0$. Wir betrachten die Menge

$$\mathcal{K} = \prod_{\text{alle } \mathfrak{p}} \mathcal{K}_{\mathfrak{p}}, \quad \text{mit } \mathcal{K}_{\mathfrak{p}} := \{a \in K_{\mathfrak{p}}^{\times} \mid 1/\sqrt{|\Delta|} \leq |a|_{\mathfrak{p}} \leq \sqrt{|\Delta|}\},$$

die als direktes Tychonoffprodukt kompakter Räume selbst kompakt ist. Es gilt $\mathcal{K}_{\mathfrak{p}} = U_{\mathfrak{p}}$ für alle nicht-archimedischen $\mathfrak{p}$ mit $N(\mathfrak{p}) > \sqrt{|\Delta|}$, und da dies alle bis auf endlich viele sind, ist $\mathcal{K}$ eine Teilmenge von I. Da I^0 in I abgeschlossen ist, ist somit $\mathcal{K}^0 := \mathcal{K} \cap I^0$ eine kompakte Teilmenge von I^0. Zum Beweis der Kompaktheit von C^0 genügt es nun zu zeigen, dass $\mathcal{K}^0$ bei dem (stetigen) Übergang $I^0 \to C^0$ auf die ganze Gruppe $C^0 = I^0/K^{\times}$ abgebildet wird, mit anderen Worten, dass zu jedem Idel $\mathfrak{a} \in I^0$ ein $x \in K^{\times}$ mit $x\mathfrak{a}^{-1} \in \mathcal{K}^0$ existiert. Dazu wählen wir eine feste unendliche Primstelle $\mathfrak{q}$ und setzen

$$\alpha_{\mathfrak{q}} = \sqrt{|\Delta|} \cdot |a_{\mathfrak{q}}|_{\mathfrak{q}} \quad \text{und} \quad \alpha_{\mathfrak{p}} = |a_{\mathfrak{p}}|_{\mathfrak{p}} \quad \text{für alle } \mathfrak{p} \neq \mathfrak{q}.$$

Wegen $\mathfrak{a} \in I^0$ ist $\prod_{\mathfrak{p}} \alpha_{\mathfrak{p}} = \sqrt{|\Delta|}$, und nach (7.5) gibt es ein $x \in K^{\times}$ mit $|x|_{\mathfrak{p}} \leq \alpha_{\mathfrak{p}}$, so dass $|x \cdot a_{\mathfrak{p}}^{-1}|_{\mathfrak{p}} \leq 1 \, (\leq \sqrt{|\Delta|})$, $\mathfrak{p} \neq \mathfrak{q}$, bzw. $|x \cdot a_{\mathfrak{q}}^{-1}|_{\mathfrak{q}} \leq \sqrt{|\Delta|}$. Mit der Geschlossenheitsrelation erhalten wir weiter

$$1 = \prod_{\mathfrak{p}} |x \cdot a_{\mathfrak{p}}^{-1}|_{\mathfrak{p}} = |x \cdot a_{\mathfrak{q}}^{-1}|_{\mathfrak{q}} \cdot \prod_{\mathfrak{p} \neq \mathfrak{q}} |x \cdot a_{\mathfrak{p}}^{-1}|_{\mathfrak{p}},$$

also $|x \cdot a_{\mathfrak{q}}^{-1}|_{\mathfrak{q}} = (\prod_{\mathfrak{p} \neq \mathfrak{q}} |x \cdot a_{\mathfrak{p}}^{-1}|_{\mathfrak{p}})^{-1} \geq 1 \geq 1/\sqrt{|\Delta|}$; für $\mathfrak{p} \neq \mathfrak{q}$ ergibt sich $|x \cdot a_{\mathfrak{p}}^{-1}|_{\mathfrak{p}} \geq \prod_{\mathfrak{p}' \neq \mathfrak{q}} |x \cdot a_{\mathfrak{p}'}^{-1}|_{\mathfrak{p}'} = 1/|x \cdot a_{\mathfrak{q}}^{-1}|_{\mathfrak{q}} \geq 1/\sqrt{|\Delta|}$.

Insgesamt haben wir also

$$1/\sqrt{|\Delta|} \le |x \cdot \mathfrak{a}_{\mathfrak{p}}^{-1}|_{\mathfrak{p}} \le \sqrt{|\Delta|} \quad \text{für alle } \mathfrak{p},$$

d.h. $x \cdot \mathfrak{a}^{-1} \in \mathcal{K}^0$. Damit ist alles bewiesen. [*]

Ist S eine endliche Menge von Primstellen von K, so sei U_K^S die Idelgruppe

$$U_K^S = \{\mathfrak{a} \in I_K | \mathfrak{a}_{\mathfrak{p}} = 1 \text{ für } \mathfrak{p} \in S; \mathfrak{a}_{\mathfrak{p}} \in U_{\mathfrak{p}} \text{ für } \mathfrak{p} \notin S\} \subseteq I_K^S$$

und

$$\overline{U}_K^S = U_K^S \cdot K^\times / K^\times \subseteq C_K.$$

In jeder Umgebung des Einselementes von C_K gibt es eine Gruppe $\overline{U}_K^S$ [20]. Dies erhellt sich einfach durch die Überlegung, dass die Gruppen

$$\prod_{\mathfrak{p} \in S} W_{\mathfrak{p}} \times \prod_{\mathfrak{p} \notin S} U_{\mathfrak{p}} \subseteq I_K$$

eine Umgebungsbasis des Einselementes von I_K bilden, wenn $W_{\mathfrak{p}}$ eine Umgebungsbasis des Einselementes von $K_{\mathfrak{p}}^\times$ und S alle endlichen Primstellenmengen durchläuft (vgl. S. 174), dass sie stets eine der Gruppen U_K^S enthalten, und dass beim Übergang von I_K zu C_K eine Umgebungsbasis in eine Umgebungsbasis und U_K^S in $\overline{U}_K^S$ übergeht.

Den wesentlichen Kern zum Beweis des angekündigten Existenzsatzes stellt der folgende Satz über die Kummerschen Körper dar.

(7.7) Satz. *Der Körper K enthalte die n-ten Einheitswurzeln. Ist S eine endliche Menge von Primstellen von K mit den Eigenschaften*

1) *S enthält alle unendlichen und alle über den Primzahlen liegenden Primstellen, die in n aufgehen,*

2) *$I_K = I_K^S \cdot K^\times$,*

so ist $C_K^n \cdot \overline{U}_K^S$ die Normengruppe des Kummerschen Körpers $T = K(\sqrt[n]{K^S})|K$.

Zusatz. *Auch wenn K die n-ten Einheitswurzeln nicht enthält, ist $C_K^n \cdot \overline{U}_K^S$ eine Normengruppe.*

Beweis. Nach (1.4) ist $\chi(G_{T|K}) \cong K^S \cdot (K^\times)^n / (K^\times)^n \cong K^S / (K^S)^n$. Da K^S endlich erzeugt vom Range $N - 1 = |S| - 1$ ist (vgl. (1.1)) und die

---

[*] Anmerkung des Herausgebers: Im Beweis wurde kein Gebrauch von der Endlichkeit der Idealklassengruppe gemacht. Diese kann man aber nun aus (7.6) folgern: die Komposition der Homomorphismen $C_K^0 \hookrightarrow C_K \twoheadrightarrow J_K/H_K$ ist surjektiv und stetig bezüglich der diskreten Topologie auf J_K/H_K. Folglich ist J_K/H_K sowohl diskret als auch kompakt, und somit endlich.

[20] Man beachte, dass die $\overline{U}_K^S$ nicht selbst offen sind. Wegen der Abgeschlossenheit von $U_{\mathfrak{p}}$ in $K_{\mathfrak{p}}^\times$ sind sie allerdings abgeschlossen.

n-ten Einheitswurzeln enthält, ist $K^S/(K^S)^n$ das direkte Produkt von N zyklischen Gruppen der Ordnung n. Daher ist auch $G_{T|K}$ direktes Produkt von N zyklischen Gruppen der Ordnung n.

Für jedes $\bar{\mathfrak{a}}^n \in C_K^n$ ergibt sich aus diesem Grund $(\bar{\mathfrak{a}}^n, T|K) = (\bar{\mathfrak{a}}, T|K)^n = 1$, d.h. $\bar{\mathfrak{a}}^n \in N_{T|K}C_T$, so, dass $C_K^n \subseteq N_{T|K}C_T$. Weiter ist jedes Idel $\mathfrak{a} \in U_K^S$ ein Normidel der Erweiterung $T|K$. Um dies einzusehen, haben wir uns nach (3.4) davon zu überzeugen, dass $\mathfrak{a}_\mathfrak{p}$ Normelement der lokalen Erweiterung $K_\mathfrak{p}(\sqrt[n]{K^S})|K_\mathfrak{p}$ für jedes $\mathfrak{p}$ ist. Für $\mathfrak{p} \in S$ ist dies wegen $\mathfrak{a}_\mathfrak{p} = 1$ trivial. Ist $\mathfrak{p} \notin S$, so ist $\mathfrak{a}_\mathfrak{p} \in U_\mathfrak{p}$, und $\mathfrak{a}_\mathfrak{p}$ ist nach II, (4.4) ein Normelement, wenn die Erweiterung $K_\mathfrak{p}(\sqrt[n]{K^S})|K_\mathfrak{p}$ unverzweigt ist. Dies ist aber sofort klar, denn jedes $a \in K^S$ ist eine Einheit für $\mathfrak{p} \notin S$, und da n wegen $\mathfrak{p} \notin S$ teilerfremd zur Restkörpercharakteristik char $\bar{K}_\mathfrak{p}$ ist, ist die Gleichung $X^n - a = 0$ im Restkörper $\bar{K}_\mathfrak{p}$ separabel, so dass $K_\mathfrak{p}(\sqrt[n]{a})|K_\mathfrak{p}$ unverzweigt ist. Es ergibt sich $\bar{U}_K^S \subseteq N_{T|K}C_T$ und also

$$C_K^n \cdot \bar{U}_K^S \subseteq N_{T|K}C_T.$$

Aus dieser Inklusion erhalten wir die Gleichheit durch eine Indexbetrachtung. Nach dem Reziprozitätsgesetz ist

$$(C_K : N_{T|K}C_T) = |G_{T|K}| = (K^S : (K^S)^n) = n^N, \quad N = |S|.$$

Andererseits ist

$$(*) \quad (C_K : C_K^n \cdot \bar{U}_K^S) = (I_K^S \cdot K^\times : (I_K^S)^n \cdot U_K^S \cdot K^\times)$$
$$= (I_K^S : (I_K^S)^n \cdot U_K^S)/((I_K^S \cap K^\times) : ((I_K^S)^n \cdot U_K^S \cap K^\times))\ ^{21)}.$$

Hierin ist der Index im Zähler

$$(I_K^S : (I_K^S)^n \cdot U_K^S) = \prod_{\mathfrak{p} \in S}(K_\mathfrak{p}^\times : (K_\mathfrak{p}^\times)^n),$$

denn die Abbildung $I_K^S \to \prod_{\mathfrak{p} \in S} K_\mathfrak{p}^\times/(K_\mathfrak{p}^\times)^n$ mit $\mathfrak{a} \mapsto \prod_{\mathfrak{p} \in S}\mathfrak{a}_\mathfrak{p}\cdot(K_\mathfrak{p}^\times)^n$ ist trivialerweise surjektiv, und im Kern liegen diejenigen Idele $\mathfrak{a} \in I_K^S$, für die $\mathfrak{a}_\mathfrak{p} \in (K_\mathfrak{p}^\times)^n$ für $\mathfrak{p} \in S$ ist; dies sind aber gerade die Idele aus $(I_K^S)^n \cdot U_K^S$.

Mit II, (3.7) erhalten wir unter Beachtung von $|n|_\mathfrak{p} = 1$ für $\mathfrak{p} \notin S$

$$(I_K^S : (I_K^S)^n \cdot U_K^S) = \prod_{\mathfrak{p} \in S}(K_\mathfrak{p}^\times : (K_\mathfrak{p}^\times)^n) = \prod_{\mathfrak{p} \in S} n^2 \cdot |n|_\mathfrak{p} = n^{2N} \cdot \prod_\mathfrak{p} |n|_\mathfrak{p} = n^{2N}.$$

Für den im Nenner stehenden Index der Gleichung $(*)$ haben wir $I_K^S \cap K^\times = K^S$ und $(I_K^S)^n \cdot U_K^S \cap K^\times = (K^S)^n$. Ersteres ist klar. Für das zweite gilt jedenfalls die Inklusion $(K^S)^n \subseteq (I_K^S)^n \cdot U_K^S \cap K^\times$.

Sei umgekehrt $x \in (I_K^S)^n \cdot U_K^S \cap K^\times$, also $x = \mathfrak{a}^n \cdot u$, $\mathfrak{a} \in I_K^S$, $u \in U_K^S$. Wir bilden den Körper $K(\sqrt[n]{x})$ und zeigen $K(\sqrt[n]{x}) = K$. Ist $\mathfrak{b} \in I_K^S$, so ist $\mathfrak{b}$ stets ein Normidel von $K(\sqrt[n]{x})|K$. Für jedes $\mathfrak{p} \in S$ ist nämlich $\mathfrak{b}_\mathfrak{p} \in K_\mathfrak{p}^\times$ ein

---

Normelement wegen $K_{\mathfrak{p}}(\sqrt[n]{x}) = K_{\mathfrak{p}}(\sqrt[n]{\mathfrak{a}_{\mathfrak{p}}^n}) = K_{\mathfrak{p}}$. Für $\mathfrak{p} \notin S$ gilt das gleiche, da $\mathfrak{b}_{\mathfrak{p}} \in U_{\mathfrak{p}}$ und $K_{\mathfrak{p}}(\sqrt[n]{x}) = K_{\mathfrak{p}}(\sqrt[n]{u_{\mathfrak{p}}})|K_{\mathfrak{p}}$ wegen $\mathfrak{p} \nmid n$ unverzweigt ist (vgl. II, (4.4)). Berücksichtigen wir $I_K = I_K^S \cdot K^\times$, so ist damit gezeigt, dass

$$N_{K(\sqrt[n]{x})|K} C_{K(\sqrt[n]{x})} = C_K,$$

und dies bedeutet nach dem Reziprozitätsgesetz $K = K(\sqrt[n]{x})$. Also ist $\sqrt[n]{x} = y \in K^\times$, $x = y^n \in (K^\times)^n \cap K^S = (K^S)^n$.

Aus der Gleichung $(*)$ erhalten wir nun

$$(C_K : C_K^n \cdot \overline{U}_K^S) = n^{2N}/(K^S : (K^S)^n) = n^{2N}/n^N = n^N = (C_K : N_{T|K} C_T),$$

also $N_{T|K} C_T = C_K^n \cdot \overline{U}_K^S$.

Lassen wir die Einheitswurzelvoraussetzung fallen, so erweist sich $C_K^n \cdot \overline{U}_K^S$, wie es der Zusatz behauptet, dennoch als Normengruppe. Enthält nämlich der Körper K die n-ten Einheitswurzeln nicht, so adjungieren wir diese und kommen zu einem Oberkörper $K'|K$. Ist S' eine endliche Menge von Primstellen von K', die alle über den Primstellen aus S liegenden Stellen enthält und darüber hinaus so groß ist, dass $I_{K'} = I_{K'}^{S'} \cdot K'^\times$, so ist nach dem soeben Bewiesenen $C_{K'}^n \cdot \overline{U}_{K'}^{S'}$ die Normengruppe einer normalen Erweiterung $L'|K'$. Ist L der kleinste L' umfassende Normaloberkörper von K, so wird

$$N_{L|K} C_L = N_{K'|K}(N_{L'|K'}(N_{L|L'} C_L)) \subseteq N_{K'|K}(N_{L'|K'} C_{L'}) =$$

$$N_{K'|K}(C_{K'}^n \cdot \overline{U}_{K'}^{S'}) = (N_{K'|K} C_{K'})^n \cdot N_{K'|K} \overline{U}_{K'}^{S'} \subseteq C_K^n \cdot \overline{U}_K^S.$$

Daher ist $C_K^n \cdot \overline{U}_K^S$ als Obergruppe der Normengruppe $N_{L|K} C_L$ selbst eine Normengruppe (vgl. (6.14)).

(7.8) Existenzsatz. *Die Normengruppen von C_K sind gerade die abgeschlossenen Untergruppen von endlichem Index.*

Beweis. Sei $\mathcal{N}_L = N_{L|K} C_L \subseteq C_K$ die Normengruppe einer normalen Erweiterung $L|K$. Nach dem Reziprozitätsgesetz ist der Index $(C_K : \mathcal{N}_L) = |G_{L|K}^{\mathrm{ab}}|$ endlich. Die Normabbildung $N_{L|K} : C_L \to C_K$ ist offensichtlich stetig. Wir haben $C_K = C_K^0 \times \Gamma_K$, $C_L = C_L^0 \times \Gamma_L$, mit $\Gamma_K, \Gamma_L \cong \mathbb{R}_+$. Die im Beweis zu (7.4) vorgenommene Injektion $\mathbb{R}_+ \to C_K$ liefert ersichtlich auch eine Repräsentantengruppe von C_L/C_L^0; wir können also annehmen, dass $\Gamma_K = \Gamma_L \subseteq C_L$. Es ergibt sich

$$N_{L|K} C_L = N_{L|K} C_L^0 \times N_{L|K} \Gamma_K = N_{L|K} C_L^0 \times \Gamma_K^n = N_{L|K} C_L^0 \times \Gamma_K.$$

Das Bild der kompakten Gruppe C_L^0 in C_K ist kompakt, also abgeschlossen, und da auch $\Gamma_K \subseteq C_K$ abgeschlossen ist, ist in der Tat $N_{L|K} C_L$ abgeschlossen.

Sei umgekehrt $\mathcal{N} \subseteq C_K$ eine abgeschlossene Untergruppe von endlichem Index $(C_K : \mathcal{N}) = n$. Dann ist jedenfalls $C_K^n \subseteq \mathcal{N}$.

Ferner ist $\mathcal{N}$ (als Komplement ihrer endlich vielen abgeschlossenen Nebenscharen) auch offen und enthält daher eine der Gruppen $\overline{U}_K^S$ (vgl. die Bemerkung auf S. 178). $C_K^n \cdot \overline{U}_K^S$ ist aber nach dem Zusatz zu (7.7) für genügend
großes S eine Normengruppe, und nach (6.14) gilt das gleiche für die Obergruppe $\mathcal{N}$.

Wir halten fest, dass die unter Heranziehung von (7.7) zuletzt bewiesene Tatsache, dass nämlich zu jeder abgeschlossenen Untergruppe $\mathcal{N} \subseteq C_K$ von endli-
chem Index ein Normaloberkörper $L|K$ mit der Normengruppe $N_{L|K}C_L = \mathcal{N}$
existiert, die entscheidende Existenzaussage bedeutet.

Aus der im Existenzsatz ausgesprochenen Kennzeichnung der Normengruppen
erhalten wir ohne Schwierigkeit eine weitere Charakterisierung von vorwiegend
arithmetischer Natur. Sie ist die idealtheoretische Fassung des klassischen, allein auf dem Idealbegriff beruhenden Existenzsatzes[22].

Unter einem **Modul** $\mathfrak{m}$ verstehen wir ein formales Produkt

$$\mathfrak{m} = \prod_{\mathfrak{p}} \mathfrak{p}^{n_{\mathfrak{p}}}$$

von Primstellenpotenzen, derart dass $n_{\mathfrak{p}} \geq 0$ und $n_{\mathfrak{p}} = 0$ für fast alle Primstellen $\mathfrak{p}$ ist; für die unendlichen Primstellen $\mathfrak{p}$ lassen wir nur die Exponenten
$n_{\mathfrak{p}} = 0$ und 1 zu.

Für eine Primstelle $\mathfrak{p}$ von K sei

$$U_{\mathfrak{p}}^{n_{\mathfrak{p}}} = \begin{cases} \text{die } n_{\mathfrak{p}}\text{-te Einseinheitengruppe von } K_{\mathfrak{p}},\ U_{\mathfrak{p}}^0 = U_{\mathfrak{p}}, \text{ wenn } \mathfrak{p} \nmid \infty, \\ \mathbb{R}_+^\times \subseteq K_{\mathfrak{p}}^\times, \text{ wenn } \mathfrak{p} \text{ reell und } n_{\mathfrak{p}} = 1, \\ \mathbb{R}^\times = K_{\mathfrak{p}}^\times, \text{ wenn } \mathfrak{p} \text{ reell und } n_{\mathfrak{p}} = 0, \\ \mathbb{C}^\times = K_{\mathfrak{p}}^\times, \text{ wenn } \mathfrak{p} \text{ komplex ist.} \end{cases}$$

Ist $\mathfrak{a}_{\mathfrak{p}} \in K_{\mathfrak{p}}^\times$, so sei

$$\mathfrak{a}_{\mathfrak{p}} \equiv 1 \bmod \mathfrak{p}^{n_{\mathfrak{p}}} \iff \mathfrak{a}_{\mathfrak{p}} \in U_{\mathfrak{p}}^{n_{\mathfrak{p}}}.$$

Für eine endliche Primstelle $\mathfrak{p}$ und $n_{\mathfrak{p}} \geq 1$ bzw. $n_{\mathfrak{p}} = 0$ bedeutet dies die
gewöhnliche Kongruenz bzw. $\mathfrak{a}_{\mathfrak{p}} \in U_{\mathfrak{p}}$, für eine reelle Primstelle $\mathfrak{p}$ mit dem
Exponenten $n_{\mathfrak{p}} = 1$ die Positivität $\mathfrak{a}_{\mathfrak{p}} > 0$, aber für die verbleibenden Fälle,
dass $\mathfrak{p}$ reell und $n_{\mathfrak{p}} = 0$ oder $\mathfrak{p}$ komplex ist, keinerlei Einschränkung.

Ist $\mathfrak{m} = \prod_{\mathfrak{p}} \mathfrak{p}^{n_{\mathfrak{p}}}$ ein Modul, so setzen wir für ein Idel $\mathfrak{a} \in I_K$

$$\mathfrak{a} \equiv 1 \bmod \mathfrak{m} \iff \mathfrak{a}_{\mathfrak{p}} \equiv 1 \bmod \mathfrak{p}^{n_{\mathfrak{p}}} \text{ für alle } \mathfrak{p}$$

und betrachten die Gruppen

---

[22] Vgl. [17], Teil I, §4, Satz 1.

$$I_K^{\mathfrak{m}} = \{\mathfrak{a} \in I_K \mid \mathfrak{a} \equiv 1 \bmod \mathfrak{m}\} = \prod_{\mathfrak{p}} U_{\mathfrak{p}}^{n_{\mathfrak{p}}} \subseteq I_K.$$

Ist speziell $\mathfrak{m} = 1$, so ist offenbar

$$I_K^1 = I_K^{S_\infty} = \prod_{\mathfrak{p}\mid\infty} K_{\mathfrak{p}}^{\times} \times \prod_{\mathfrak{p}\nmid\infty} U_{\mathfrak{p}},$$

wobei S_∞ die Menge der unendlichen Primstellen von K ist.

Die Idelklassengruppe

$$C_K^{\mathfrak{m}} = I_K^{\mathfrak{m}} \cdot K^{\times}/K^{\times} \subseteq C_K$$

nennen wir die **Kongruenzuntergruppe mod $\mathfrak{m}$** von C_K. Die Faktorgruppe $C_K/C_K^{\mathfrak{m}}$ wird auch als **Strahlklassengruppe mod $\mathfrak{m}$** bezeichnet. Ist speziell $\mathfrak{m} = 1$, so ist

$$C_K/C_K^1 = I_K/K^{\times}/I_K^1 \cdot K^{\times}/K^{\times} \cong I_K/I_K^{S_\infty} \cdot K^{\times}.$$

Nach (2.3) ist also die Strahlklassengruppe mod 1 isomorph zur Idealklassengruppe J_K/H_K, und ihre Ordnung ist gleich der Idealklassenzahl h von K.

(7.9) Satz. *Die Normengruppen von C_K sind gerade die Obergruppen der Kongruenzuntergruppen $C_K^{\mathfrak{m}}$.*

Beweis. Der Index $(C_K : C_K^{\mathfrak{m}}) = (C_K : C_K^1) \cdot (C_K^1 : C_K^{\mathfrak{m}}) = h \cdot (C_K^1 : C_K^{\mathfrak{m}})$ $= h \cdot (I_K^1 \cdot K^{\times} : I_K^{\mathfrak{m}} \cdot K^{\times}) \leq h \cdot (I_K^1 : I_K^{\mathfrak{m}}) = h \cdot \prod_{\mathfrak{p}}(U_{\mathfrak{p}} : U_{\mathfrak{p}}^{n_{\mathfrak{p}}})$ ist endlich. Da $I_K^{\mathfrak{m}} = \prod_{\mathfrak{p}} U_{\mathfrak{p}}^{n_{\mathfrak{p}}}$ offen in I_K ist, ist auch das Bild $C_K^{\mathfrak{m}}$ offen und damit abgeschlossen in C_K. Die Kongruenzuntergruppen sind also nach (7.8) mit ihren sämtlichen Obergruppen Normengruppen.

Sei andererseits $\mathcal{N}$ eine Normengruppe von C_K, also nach (7.8) eine abgeschlossene Untergruppe von endlichem Index. Dann ist $\mathcal{N}$ auch offen und hat ein offenes Urbild $\mathcal{I}$ in I_K. $\mathcal{I}$ enthält eine offene Untermenge W vom Typ

$$W = \prod_{\mathfrak{p}\in S} W_{\mathfrak{p}} \times \prod_{\mathfrak{p}\notin S} U_{\mathfrak{p}},$$

mit einer endlichen Primstellenmenge S, wobei $W_{\mathfrak{p}}$ eine jeweils offene Umgebung des Einselementes von $K_{\mathfrak{p}}^{\times}$ ist; diese Gruppen bilden nämlich eine Umgebungsbasis des Einselementes von I_K (vgl. S. 174). Ist $\mathfrak{p}$ endlich, so können wir $W_{\mathfrak{p}} = U_{\mathfrak{p}}^{n_{\mathfrak{p}}}$ annehmen, denn die Einseinheitengruppen $U_{\mathfrak{p}}^{n_{\mathfrak{p}}} \subseteq K_{\mathfrak{p}}^{\times}$ bilden eine Umgebungsbasis. Ist $\mathfrak{p}$ unendlich, so erzeugt die offene Menge $W_{\mathfrak{p}}$ die ganze Gruppe $K_{\mathfrak{p}}^{\times}$ oder die Gruppe $\mathbb{R}_+^{\times}$ im reellen Fall. Die durch W erzeugte Gruppe ist daher eine Gruppe $I_K^{\mathfrak{m}} \subseteq \mathcal{I}$ mit passendem Modul $\mathfrak{m}$. In der Tat ist also $\mathcal{N}$ Obergruppe der Kongruenzgruppe $C_K^{\mathfrak{m}} = I_K^{\mathfrak{m}} \cdot K^{\times}/K^{\times}$.

Der zur Normengruppe $C_K^{\mathfrak{m}}$ gehörige (abelsche) Klassenkörper $L|K$ heißt **Strahlklassenkörper mod $\mathfrak{m}$**. Seine Galoisgruppe $G_{L|K}$ ist nach dem Reziprozitätsgesetz isomorph zur Strahlklassengruppe $C_K/C_K^{\mathfrak{m}}$. Legen wir für K speziell den Körper $\mathbb{Q}$ der rationalen Zahlen zugrunde, so ergibt sich:

(7.10) Satz. *Sei m eine natürliche Zahl, p_∞ die unendliche Primstelle von $\mathbb{Q}$, und $\mathfrak{m}$ der Modul $\mathfrak{m} = m \cdot p_\infty$. Der Strahlklassenkörper mod $\mathfrak{m}$ ist gerade der Körper $\mathbb{Q}(\zeta)$ der m-ten Einheitswurzeln.*

Stellen wir den Beweis für den Augenblick zurück, so erkennen wir, dass der Existenzsatz auf Grund dieses Resultats für den Körper $\mathbb{Q}$ nichts anderes bedeutet, als den berühmten KRONECKERschen

(7.11) Satz. *Jeder über dem Körper $\mathbb{Q}$ der rationalen Zahlen abelsche Körper ist ein Kreiskörper, d.h. ein Unterkörper eines Einheitswurzelkörpers $\mathbb{Q}(\zeta)$.*

Beweis zu (7.10). Sei ζ eine primitive m-te Einheitswurzel und $m = \prod_p p^{n_p}$. Dann ist $I_{\mathbb{Q}}^{\mathfrak{m}} = \prod_{p \neq p_\infty} U_p^{n_p} \times \mathbb{R}_+^\times$. Die Gruppe $U_p^{n_p} \subseteq \mathbb{Q}_p^\times$ besteht aus lauter Normelementen der Erweiterung $\mathbb{Q}_p(\zeta)|\mathbb{Q}_p$. Der Körper $\mathbb{Q}_p(\zeta)$ setzt sich nämlich zusammen aus dem Körper der p^{n_p}-ten Einheitswurzeln $\mathbb{Q}_p(\zeta_{p^{n_p}})$ und dem über $\mathbb{Q}_p$ unverzweigten Körper der m_p'-ten Einheitswurzeln $\mathbb{Q}_p(\zeta_{m_p'})$ ($m_p' = m/p^{n_p}$). Der erste Körper besitzt die Elemente aus $U_p^{n_p}$ als Normelemente wegen II, (7.15), der zweite wegen II, (4.4).

Da die Normengruppe des Kompositums $\mathbb{Q}_p(\zeta) = \mathbb{Q}_p(\zeta_{p^{n_p}})\mathbb{Q}_p(\zeta_{m_p'})$ der Durchschnitt der beiden zu $\mathbb{Q}_p(\zeta_{p^{n_p}})$ und $\mathbb{Q}_p(\zeta_{m_p'})$ gehörenden Normengruppen ist, liegt $U_p^{n_p}$ in der Tat in der Normengruppe von $\mathbb{Q}_p(\zeta)|\mathbb{Q}_p$. Aus (3.4) ergibt sich, dass $I_{\mathbb{Q}}^{\mathfrak{m}}$ aus lauter Normidelen der Erweiterung $\mathbb{Q}(\zeta)|\mathbb{Q}$ besteht, d.h. $C_{\mathbb{Q}}^{\mathfrak{m}} \subseteq N_{\mathbb{Q}(\zeta)|\mathbb{Q}} C_{\mathbb{Q}(\zeta)}$.

Andererseits ist

$$(C_{\mathbb{Q}} : C_{\mathbb{Q}}^{\mathfrak{m}}) = (C_{\mathbb{Q}} : C_{\mathbb{Q}}^1) \cdot (C_{\mathbb{Q}}^1 : C_{\mathbb{Q}}^{\mathfrak{m}}) = (I_{\mathbb{Q}}^1 \cdot \mathbb{Q}^\times : I_{\mathbb{Q}}^{\mathfrak{m}} \cdot \mathbb{Q}^\times)$$
$$= (I_{\mathbb{Q}}^1 : I_{\mathbb{Q}}^{\mathfrak{m}})/((I_{\mathbb{Q}}^1 \cap \mathbb{Q}^\times) : (I_{\mathbb{Q}}^{\mathfrak{m}} \cap \mathbb{Q}^\times)).$$

Es ist $I_{\mathbb{Q}}^1 = \prod_{p \neq p_\infty} U_p \times \mathbb{R}^\times$ und $I_{\mathbb{Q}}^{\mathfrak{m}} = \prod_{p \neq p_\infty} U_p^{n_p} \times \mathbb{R}_+^\times$, also $I_{\mathbb{Q}}^1 \cap \mathbb{Q}^\times = \{1, -1\}$ und $I_{\mathbb{Q}}^{\mathfrak{m}} \cap \mathbb{Q}^\times = \{1\}$. Wir erhalten daher

$$(C_{\mathbb{Q}} : C_{\mathbb{Q}}^{\mathfrak{m}}) = \frac{1}{2} \cdot \prod_{p \neq p_\infty} (U_p : U_p^{n_p}) \cdot (\mathbb{R}^\times : \mathbb{R}_+^\times)$$
$$= \prod_{p|m} (U_p : U_p^{n_p}) = \prod_{p|m} p^{n_p - 1} \cdot (p-1) = \varphi(m).$$

Dies ist aber der Körpergrad $\varphi(m) = [\mathbb{Q}(\zeta) : \mathbb{Q}]$, und es ergibt sich $(C_\mathbb{Q} : C_\mathbb{Q}^\mathfrak{m})$
$= (C_\mathbb{Q} : N_{\mathbb{Q}(\zeta)|\mathbb{Q}} C_{\mathbb{Q}(\zeta)})$, d.h. die Kongruenzuntergruppe $C_\mathbb{Q}^\mathfrak{m}$ ist in der Tat die
Normengruppe des Kreiskörpers $\mathbb{Q}(\zeta)$.

Auf Grund von (7.10) können wir die Strahlklassenkörper über einem Zahlkörper K als die den Einheitswurzelkörpern im Fall $K = \mathbb{Q}$ entsprechenden
Körper ansehen. Dem Kroneckerschen Satz (7.11) entspricht dabei die tiefgrei-
fende Verallgemeinerung, dass jeder abelsche Oberkörper von K Unterkörper
eines Strahlklassenkörpers ist. In diesem Licht besehen erscheint die Klassenkörpertheorie als eine Verallgemeinerung der Theorie der Kreiskörper. In der
Tat hat sich die historische Entwicklung auch weitgehend am Beispiel der
Kreiskörper orientiert.

Durch die Einführung der Strahlklassenkörper erhalten wir einen guten Über-
blick über den Verband aller abelschen Oberkörper eines Grundkörpers K.
Die Strahlklassenkörper selbst entsprechen den verschiedenen Moduln $\mathfrak{m}$ von
K, und zwar gehört zum größeren Modul die kleinere Kongruenzgruppe, also
der größere Strahlklassenkörper. Genauer gesagt, sind $\mathfrak{m}$ und $\mathfrak{m}'$ zwei Moduln
von K, so folgt aus $\mathfrak{m} \mid \mathfrak{m}'$, dass der Strahlklassenkörper mod $\mathfrak{m}$ im Strahlklassenkörper mod $\mathfrak{m}'$ enthalten ist. Unter allen Strahlklassenkörpern über
K haben wir einen, der eine Sonderstellung einnimmt, der aber erst in Erscheinung tritt, wenn wir uns vom Grundkörper $K = \mathbb{Q}$ lösen. Es ist dies der
Strahlklassenkörper mod 1, also der zur Kongruenzgruppe C_K^1 mit dem Mo-
dul $\mathfrak{m} = 1$ gehörige Klassenkörper $L|K$. Er heißt der **Hilbertsche** oder auch
absolute Klassenkörper über K. Seine Galoisgruppe ist zu C_K/C_K^1, also
nach unserer Überlegung auf S. 182 zur Idealklassengruppe J_K/H_K kanonisch
isomorph. Der Körpergrad $[L : K]$ ist gleich der Idealklassenzahl h von K.
Über den Hilbertschen Klassenkörper werden wir im nächsten Paragraphen
einiges zu sagen haben.

Wir wollen nicht versäumen, aus der Kompaktheit der Gruppe C_K^0 und aus
der Tatsache, dass die Gruppen $C_K^n \cdot \overline{U}_K^S$ Normengruppen sind (vgl. (7.7)
und Zusatz), eine interessante Folgerung über das universelle Normrestsymbol
$(\ , K)$ zu ziehen.

(7.12) Satz. *Der durch das universelle Normrestsymbol* $(\ , K)$ *gegebene
Homomorphismus*

$$C_K \xrightarrow{(\ , K)} G_K^{\mathrm{ab}}$$

*von C_K in die topologische Galoisgruppe G_K^{ab} der maximal abelschen Erwei-
terung $A_K|K$ ist stetig, surjektiv, und der Kern*

$$D_K = \bigcap_L N_{L|K} C_L$$

ist die Gruppe aller unendlich dividierbaren Elemente von C_K [23], d.h.

$$D_K = \bigcap_{n=1}^{\infty} C_K^n.$$

Beweis. Wir überzeugen uns zunächst von der Richtigkeit der letzten Aussage. Ist $\bar{\mathfrak{a}} \in \bigcap_{n=1}^{\infty} C_K^n$, und $\mathcal{N}_L = N_{L|K} C_L$ irgendeine Normengruppe, so ist, wenn der Index $(C_K : \mathcal{N}_L) = n$ ist, $\bar{\mathfrak{a}} = \bar{\mathfrak{b}}^n \in \mathcal{N}_L$. Also ist $\bigcap_{n=1}^{\infty} C_K^n \subseteq D_K = \bigcap_L N_{L|K} C_L$.

Andererseits sind die Gruppen $C_K^n \cdot \bar{U}_K^S$ für genügend großes S Normengruppen, d.h. $D_K \subseteq C_K^n \cdot \bar{U}_K^S$. Für die Inklusion $D_K \subseteq \bigcap_{n=1}^{\infty} C_K^n$ genügt es daher zu zeigen, dass $\bigcap_S C_K^n \cdot \bar{U}_K^S = C_K^n$ ist. Sei $\bar{\mathfrak{a}} \in \bigcap_S C_K^n \cdot \bar{U}_K^S$; dann haben wir für jedes S die Darstellung $\bar{\mathfrak{a}} = \bar{\mathfrak{b}}_S^n \cdot \bar{u}_S$, $\bar{\mathfrak{b}}_S \in C_K$, $\bar{u}_S \in \bar{U}_K^S$. Wegen $\bigcap_S U_K^S = 1$ ist auch $\bigcap_S \bar{U}_K^S = 1$, und dies bedeutet, dass die Folge $\bar{u}_S$ für wachsendes S gegen 1 konvergiert, d.h. die Folge $\bar{\mathfrak{a}} \cdot \bar{u}_S^{-1} \in C_K^n$ konvergiert gegen $\bar{\mathfrak{a}}$: $\bar{\mathfrak{a}} = \lim_S \bar{\mathfrak{a}} \cdot \bar{u}_S^{-1}$.

Bedenken wir nun, dass $C_K = C_K^0 \times \Gamma_K (\Gamma_K \cong \mathbb{R}_+)$, und dass die Abbildung $C_K \xrightarrow{n} C_K^n$ stetig ist, so sehen wir, dass wegen der Kompaktheit von C_K^0 und der Abgeschlossenheit von Γ_K die Gruppe

$$C_K^n = (C_K^0)^n \times \Gamma_K^n = (C_K^0)^n \times \Gamma_K$$

abgeschlossen ist, so dass $\bar{\mathfrak{a}} = \lim_S \bar{\mathfrak{a}} \cdot \bar{u}_S^{-1} \in C_K^n$. In der Tat ist also $D_K \subseteq \bigcap_S C_K^n \cdot \bar{U}_K^S = C_K^n$ für jedes n, und damit $D_K = \bigcap_{n=1}^{\infty} C_K^n$.

Insbesondere ist bei der Zerlegung $C_K = C_K^0 \times \Gamma_K$ die Gruppe $\Gamma_K \cong \mathbb{R}_+$ als Divisionsgruppe im Kern D_K von $(\ ,K)$ enthalten, so dass

$$(C_K, K) = (C_K^0, K) \subseteq G_K^{\mathrm{ab}}.$$

Haben wir bewiesen, dass der Homomorphismus $C_K \xrightarrow{(\ ,K)} G_K^{\mathrm{ab}}$ stetig ist, so folgt aus der Kompaktheit von C_K^0 die Abgeschlossenheit des Bildes $(C_K^0, K) = (C_K, K)$ in G_K^{ab}, und wegen der Dichtigkeit wird $(C_K, K) = G_K^{\mathrm{ab}}$, was die Surjektivität beweist.

Die Stetigkeit aber ist fast trivial. Ist nämlich H eine offene Untergruppe von G_K^{ab}, also eine abgeschlossene Untergruppe von endlichem Index und L der Fixkörper von H, so ist die Normengruppe $\mathcal{N}_L = N_{L|K} C_L \subseteq C_K$ offen und wird wegen $(\mathcal{N}_L, L|K) = (\mathcal{N}_L, K) \cdot H = 1$ durch das universelle Normrestsymbol in H abgebildet.

---

[23] Ein Element $\bar{\mathfrak{a}} \in C_K$ ist unendlich dividierbar, wenn es zu jeder natürlichen Zahl n ein $\bar{\mathfrak{b}} \in C_K$ mit $\bar{\mathfrak{a}} = \bar{\mathfrak{b}}^n$ gibt.

Für die Gruppe D_K hat man neben der hier gefundenen noch eine andere rein topologische Charakterisierung. Es zeigt sich nämlich, dass D_K gerade die Zusammenhangskomponente des Einselementes von C_K ist. Zum Beweis dieser nicht eben an der Oberfläche liegenden Tatsache verweisen wir den interessierten Leser auf [2], Ch. 9.

§ 8. Das Zerlegungsgesetz

In dem Artinschen Reziprozitätsgesetz finden viele der tiefstliegenden Gesetzmäßigkeiten der Zahlentheorie ihren gemeinsamen Ausdruck. So kann man zum Beispiel, was wir hier nicht ausführen wollen, das Gaußsche Reziprozitätsgesetz der quadratischen Reste als einen Spezialfall desselben ansehen[24], und es hat sich gezeigt, dass überhaupt die Theorie der höheren Potenzreste vom Artinschen Reziprozitätsgesetz beherrscht wird. Eine andere tiefgreifende Anwendung betrifft die Frage, welche Ideale eines Grundkörpers K in einem Oberkörper L Hauptideale werden. Hierauf werden wir noch zurückkommen. Als wichtigste Konsequenz ist jedoch die Beantwortung der Frage anzusehen, wie sich die Primideale $\mathfrak{p}$ eines Grundkörpers K in einem abelschen Oberkörper L zerlegen. Zu diesem Zweck betrachten wir anstelle des Primideals $\mathfrak{p}$ von K ein zugehöriges „Primidel", indem wir in $K_{\mathfrak{p}}$ ein Primelement $\pi \in K_{\mathfrak{p}}$ auswählen und das Idel $\mathfrak{n}_{\mathfrak{p}}(\pi) = (\ldots, 1, 1, \pi, 1, 1, \ldots)$ bilden. Sehen wir zunächst von den endlich vielen verzweigten Primstellen ab, so lässt sich das Zerlegungsverhalten des Primideals $\mathfrak{p}$ in der abelschen Erweiterung $L|K$ unmittelbar aus einer Beziehung des Primidels $\mathfrak{n}_{\mathfrak{p}}(\pi)$ zur – den Körper L bestimmenden – Normengruppe $\mathcal{N}_L = N_{L|K} C_L \subseteq C_K$ ablesen, nämlich einfach aus der Ordnung der Idelklasse $\overline{\mathfrak{n}}_{\mathfrak{p}}(\pi)$ modulo $\mathcal{N}_L$. Dies ist der Inhalt des folgenden Satzes:

(8.1) Satz. *Sei $L|K$ eine abelsche Erweiterung vom Grade n und $\mathfrak{p}$ ein unverzweigtes Primideal von K.*

Ist dann $\pi \in K_{\mathfrak{p}}$ ein Primelement und $\overline{\mathfrak{n}}_{\mathfrak{p}}(\pi) \in C_K$ die durch das Idel $\mathfrak{n}_{\mathfrak{p}}(\pi) = (\ldots, 1, 1, 1, \pi, 1, 1, 1, \ldots)$ repräsentierte Idelklasse, und ist f die kleinste Zahl, derart dass

$$\overline{\mathfrak{n}}_{\mathfrak{p}}(\pi)^f \in N_{L|K} C_L,$$

so zerfällt das Primideal $\mathfrak{p}$ im Oberkörper L in $r = n/f$ verschiedene Primideale $\mathfrak{P}_1, \ldots, \mathfrak{P}_r$ vom Grade f.

---

[24] Von diesem Gesetz rührt auch die Bezeichnung „Reziprozitätsgesetz", die auf den ersten Blick etwas seltsam erscheinen muss, da das Artinsche Reziprozitätsgesetz in seiner äußeren Form mit dem Gaußschen kaum mehr etwas zu tun zu haben scheint.

Kennt man also die Normengruppe $N_{L|K}C_L$, so kann man das Zerlegungs-
verhalten von $\mathfrak{p}$ in L in einfacher Weise in der Idelklassengruppe C_K des
Grundkörpers K ablesen.

Beweis. Da $\mathfrak{p}$ unverzweigt ist, zerfällt es in L in verschiedene Primideale von gleichem Grade: $\mathfrak{p} = \mathfrak{P}_1 \cdots \mathfrak{P}_r$. Nach dem Reziprozitätsgesetz ist
$C_K/N_{L|K}C_L \cong G_{L|K}$, und das Element $\bar{n}_\mathfrak{p}(\pi)$ mod $N_{L|K}C_L$ hat in
$C_K/N_{L|K}C_L$ die gleiche Ordnung f wie das Element (vgl. (6.15))

$$(\bar{n}_\mathfrak{p}(\pi), L|K) = (\pi, L_\mathfrak{P}|K_\mathfrak{p}) \in G_{L_\mathfrak{P}|K_\mathfrak{p}} \subseteq G_{L|K} \qquad (\mathfrak{P} \mid \mathfrak{p}).$$

Nach II, (4.8) ist aber $(\pi, L_\mathfrak{P}|K_\mathfrak{p}) = \varphi_\mathfrak{p}$ der Frobeniusautomorphismus der
unverzweigten Erweiterung $L_\mathfrak{P}|K_\mathfrak{p}$. Dieser erzeugt die Gruppe $G_{L_\mathfrak{P}|K_\mathfrak{p}}$, und
daher stimmt seine Ordnung f mit dem Grad $[L_\mathfrak{P} : K_\mathfrak{p}]$, also mit dem Grad
von $\mathfrak{P}$ über $\mathfrak{p}$ überein. Die Anzahl r der verschiedenen Primideale $\mathfrak{P}_1, \ldots, \mathfrak{P}_r$
über $\mathfrak{p}$ berechnet sich hiernach aus der fundamentalen Gleichung der Zahlen-
theorie: $n = r \cdot f$.

Wir werden dem Satz (8.1) später in einer anderen rein idealtheoretischen Fassung noch einmal begegnen, wenn wir nämlich aus unseren idealtheoretischen
Sätzen die klassischen rein idealtheoretisch formulierten Sätze der Klassenkörpertheorie herleiten.

In (8.1) war nur von den unverzweigten Primidealen die Rede. Zur Entschei-
dung, wann ein Primideal $\mathfrak{p}$ unverzweigt ist, verhelfen uns die folgenden Überlegungen.

Ist $L|K$ eine abelsche Erweiterung algebraischer Zahlkörper, und sind $L_\mathfrak{P}|K_\mathfrak{p}$
die zugehörigen lokalen Erweiterungen, so ist L durch die Normengruppe
$N_{L|K}C_L \subseteq C_K$ und $L_\mathfrak{P}$ durch die Normengruppe $N_{L_\mathfrak{P}|K_\mathfrak{p}}L_\mathfrak{P}^\times \subseteq K_\mathfrak{p}^\times$ eindeutig bestimmt. Zwischen diesen beiden Normengruppen besteht eine sehr
einfache Beziehung. Wir denken uns dazu die Gruppe $K_\mathfrak{p}^\times$ nach (7.3) durch
den Homomorphismus

$$\bar{n}_\mathfrak{p} : K_\mathfrak{p}^\times \longrightarrow C_K$$

in C_K eingebettet, indem wir $x_\mathfrak{p} \in K_\mathfrak{p}^\times$ mit der durch das Idel $n_\mathfrak{p}(x_\mathfrak{p}) =$
$(\ldots, 1, 1, 1, x_\mathfrak{p}, 1, 1, 1, \ldots)$ repräsentierten Idelklasse identifizieren. Wir erhal-
ten dann mit den Abkürzungen $N = N_{L|K}$ und $N_\mathfrak{P} = N_{L_\mathfrak{P}|K_\mathfrak{p}}$ den

(8.2) Satz. *Ist $L|K$ eine abelsche Erweiterung, so ist*

$$NC_L \cap K_\mathfrak{p}^\times = N_\mathfrak{P} L_\mathfrak{P}^\times.$$

Beweis. Ist $x_\mathfrak{p} \in N_\mathfrak{P} L_\mathfrak{P}^\times$, so hat das Idel $\mathfrak{n}_\mathfrak{p}(x_\mathfrak{p}) = (\ldots, 1, 1, 1, x_\mathfrak{p}, 1, 1, 1, \ldots)$ lauter Normenkomponenten, ist also nach (3.4) Normidel von L. Daher ist $N_\mathfrak{P} L_\mathfrak{P}^\times \subseteq NC_L \cap K_\mathfrak{p}^\times$.

Sei umgekehrt $\bar{a} \in NC_L \cap K_\mathfrak{p}^\times$. Dann wird $\bar{a}$ einerseits durch ein Normidel $\mathfrak{a} = N\mathfrak{b}$, $\mathfrak{b} \in I_L$, repräsentiert, andererseits durch ein Idel $\mathfrak{n}_\mathfrak{p}(x_\mathfrak{p}) = (\ldots, 1, 1, 1, x_\mathfrak{p}, 1, 1, 1, \ldots)$, $x_\mathfrak{p} \in K_\mathfrak{p}^\times$, so dass

$$\mathfrak{n}_\mathfrak{p}(x_\mathfrak{p}) \cdot a = N\mathfrak{b} \qquad \text{mit } a \in K^\times.$$

Gehen wir zu den Komponenten über, so sehen wir, dass a für jedes $\mathfrak{q} \neq \mathfrak{p}$ ein Normelement ist. Mit der Produktformel (6.15) ergibt sich hieraus die Normeigenschaft von a auch an der Stelle $\mathfrak{p}$, so dass $x_\mathfrak{p} \in N_\mathfrak{P} L_\mathfrak{P}^\times$, und dies zeigt die Inklusion $NC_L \cap K^\times \subseteq N_\mathfrak{P} L_\mathfrak{P}^\times$.

Der folgende Satz zeigt nun, wie sich die Verzweigtheit oder Unverzweigtheit einer Primstelle $\mathfrak{p}$ von K in einem abelschen Körper $L|K$ in der Normengruppe $NC_L \subseteq C_K$ widerspiegelt. Eine unendliche Primstelle $\mathfrak{p}$ nennen wir dabei unverzweigt, wenn sie total zerfällt, d.h. wenn $L_\mathfrak{P} = K_\mathfrak{p}$.

(8.3) Satz. *Sei $L|K$ eine abelsche Erweiterung, $\mathcal{N} = NC_L \subseteq C_K$ ihre Normengruppe und $\mathfrak{p}$ eine Primstelle von K. Dann gilt:*

$$\mathfrak{p} \text{ ist unverzweigt in } L \iff U_\mathfrak{p} \subseteq \mathcal{N},$$
$$\mathfrak{p} \text{ zerfällt total in } L \iff K_\mathfrak{p}^\times \subseteq \mathcal{N}.$$

Beweis. $\mathfrak{p}$ ist unverzweigt $\Leftrightarrow L_\mathfrak{P}|K_\mathfrak{p}$ ist unverzweigt (d.h. $L_\mathfrak{P} = K_\mathfrak{p}$ für $\mathfrak{p}|\infty$) $\Leftrightarrow$ (nach II, (4.9) und (8.2)) $U_\mathfrak{p} \subseteq N_\mathfrak{P} L_\mathfrak{P}^\times = \mathcal{N} \cap K_\mathfrak{p}^\times \Leftrightarrow U_\mathfrak{p} \subseteq \mathcal{N}$.

$\mathfrak{p}$ zerfällt total $\Leftrightarrow L_\mathfrak{P} = K_\mathfrak{p} \Leftrightarrow K_\mathfrak{p}^\times = N_\mathfrak{P} L_\mathfrak{P}^\times = \mathcal{N} \cap K_\mathfrak{p}^\times \Leftrightarrow K_\mathfrak{p}^\times \subseteq \mathcal{N}$.

Ganz ähnlich wie im lokalen Fall führen wir auch in der globalen Klassenkörpertheorie den Begriff des **Führers** ein. Für eine lokale abelsche Erweiterung $L_\mathfrak{P}|K_\mathfrak{p}$ war der Führer $\mathfrak{f}_\mathfrak{p}$ als die kleinste $\mathfrak{p}$-Potenz $\mathfrak{p}^n$ definiert, derart dass $U_\mathfrak{p}^n \subseteq N_\mathfrak{P} L_\mathfrak{P}^\times$. Im globalen Fall haben wir die $\mathfrak{p}$-Potenzen $\mathfrak{p}^n$ durch die Moduln $\mathfrak{m}$ (vgl. §7, S. 181) und die Gruppen $U_\mathfrak{p}^n = \{x_\mathfrak{p} \in K_\mathfrak{p}^\times \mid x_\mathfrak{p} \equiv 1 \bmod \mathfrak{p}^n\}$ durch die Kongruenzgruppen $C_K^\mathfrak{m} = \{\bar{a} \in C_K \mid \mathfrak{a} \equiv 1 \bmod \mathfrak{m}\}$ zu ersetzen.

Bedenken wir, dass jede Normengruppe $\mathcal{N} \subseteq C_K$ nach (7.9) eine Kongruenzuntergruppe $C_K^\mathfrak{m}$ enthält, und dass aus $\mathfrak{m} \mid \mathfrak{m}'$ die Inklusion $C_K^{\mathfrak{m}'} \subseteq C_K^\mathfrak{m}$ folgt (nicht umgekehrt!), so werden wir zu der folgenden Definition geführt.

(8.4) Definition. *Sei $L|K$ eine abelsche Erweiterung mit der Normengruppe $\mathcal{N} = N C_L$.*

Unter dem **Führer $\mathfrak{f}$ von $\mathcal{N}$**, *oder auch von $L|K$, verstehen wir den g.g.T. aller Moduln $\mathfrak{m}$, derart dass $C_K^{\mathfrak{m}} \subseteq \mathcal{N}$.*

$C_K^{\mathfrak{f}}$ ist also die größte in $\mathcal{N}$ enthaltene Kongruenzuntergruppe, und es ist $C_K^{\mathfrak{m}} \subseteq \mathcal{N}$ genau dann, wenn $\mathfrak{f} \mid \mathfrak{m}$. Ist $\mathcal{N} = C_K^{\mathfrak{m}}$, ist also $\mathcal{N}$ die Normengruppe des Strahlklassenkörpers mod $\mathfrak{m}$, so bedeutet dies i.a. nicht, dass $\mathfrak{m}$ der Führer von $\mathcal{N}$ ist (nach (7.10) ist z.B. $C_{\mathbb{Q}}^{1} = C_{\mathbb{Q}}^{p\infty}$).

Für den Führer $\mathfrak{f}$ einer abelschen Erweiterung $L|K$ gilt ein ganz analoger Lokalisierungssatz wie für die Diskriminante. Definieren wir für eine unendliche Primstelle den Führer $\mathfrak{f}_{\mathfrak{p}}$ durch $\mathfrak{p}$ oder 1, je nachdem ob $L_{\mathfrak{P}} \neq K_{\mathfrak{p}}$ oder $L_{\mathfrak{P}} = K_{\mathfrak{p}}$, so erhalten wir den

(8.5) Satz. *Ist $\mathfrak{f}$ der Führer der abelschen Erweiterung $L|K$ und $\mathfrak{f}_{\mathfrak{p}}$ der Führer der lokalen Erweiterung $L_{\mathfrak{P}}|K_{\mathfrak{p}}$, so ist*

$$\mathfrak{f} = \prod_{\mathfrak{p}} \mathfrak{f}_{\mathfrak{p}}.$$

Beweis. Wir haben offenbar die folgende Äquivalenz zu zeigen: Ist $\mathcal{N} = N C_L$ und $\mathfrak{m} = \prod_{\mathfrak{p}} \mathfrak{p}^{n_{\mathfrak{p}}}$ ein Modul von K, so ist

$$C_K^{\mathfrak{m}} \subseteq \mathcal{N} \iff \prod_{\mathfrak{p}} \mathfrak{f}_{\mathfrak{p}} \mid \mathfrak{m} \iff \mathfrak{f}_{\mathfrak{p}} \mid \mathfrak{p}^{n_{\mathfrak{p}}} \text{ für alle } \mathfrak{p}.$$

Dies aber ergibt sich mit den Bezeichnungen von §7, S. 181 und unter Berücksichtigung von (8.2) aus den folgenden Äquivalenzen:

$$\begin{aligned}
C_K^{\mathfrak{m}} \subseteq \mathcal{N} &\iff (\mathfrak{a} \equiv 1 \bmod \mathfrak{m} \implies \bar{\mathfrak{a}} \in \mathcal{N}) \text{ für } \mathfrak{a} \in I_K \\
&\iff (\mathfrak{a}_{\mathfrak{p}} \equiv 1 \bmod \mathfrak{p}^{n_{\mathfrak{p}}} \implies \bar{\mathfrak{n}}_{\mathfrak{p}}(\mathfrak{a}_{\mathfrak{p}}) \in \mathcal{N} \cap K_{\mathfrak{p}}^{\times} = N_{\mathfrak{P}} L_{\mathfrak{P}}^{\times}) \\
&\iff (\mathfrak{a}_{\mathfrak{p}} \in U_{\mathfrak{p}}^{n_{\mathfrak{p}}} \implies \mathfrak{a}_{\mathfrak{p}} \in N_{\mathfrak{P}} L_{\mathfrak{P}}^{\times}) \\
&\iff U_{\mathfrak{p}}^{n_{\mathfrak{p}}} \subseteq N_{\mathfrak{P}} L_{\mathfrak{P}}^{\times} \\
&\iff \mathfrak{f}_{\mathfrak{p}} \mid \mathfrak{p}^{n_{\mathfrak{p}}}.
\end{aligned}$$

Nennen wir eine unendliche Primstelle $\mathfrak{p}$ von K in L verzweigt, wenn $L_{\mathfrak{P}} \neq K_{\mathfrak{p}}$ ist, so ergibt sich mit II, (7.21) der

(8.6) Satz. *Eine Primstelle $\mathfrak{p}$ von K ist genau dann in L verzweigt, wenn sie im Führer $\mathfrak{f}$ von $L|K$ aufgeht.*

Nennen wir weiter $L|K$ unverzweigt, wenn alle, die endlichen sowie die unendlichen Primstellen unverzweigt sind, so erhalten wir insbesondere das

(8.7) Korollar. *Eine abelsche Erweiterung $L|K$ ist genau dann unverzweigt, wenn der Führer $\mathfrak{f} = 1$ ist.*

Den Strahlklassenkörper mod 1, d.h. den zur Normengruppe C_K^1 gehörenden Klassenkörper haben wir in §7, S. 184 als den **Hilbertschen Klassenkörper** bezeichnet. Für ihn ergibt sich daher die folgende Charakterisierung:

(8.8) Satz. *Der Hilbertsche Klassenkörper über K ist die maximal unverzweigte abelsche Erweiterung von K.*

Wegen der Isomorphie $C_K/C_K^1 \cong J_K/H_K$ hat der Hilbertsche Klassenkörper über K als Grad die Idealklassenzahl $h = (J_K : H_K)$ von K (vgl. §7, S. 184). Ist also $h = 1$ – was z.B. für den Grundkörper $K = \mathbb{Q}$ zutrifft – so ist jede abelsche Erweiterung von K verzweigt, und der Hilbertsche Klassenkörper fällt mit K zusammen.

Ein von Hilbert vermuteter, aber lange Zeit unbewiesener Satz ist der berühmte

(8.9) Hauptidealsatz. *Im Hilbertschen Klassenkörper von K wird jedes Ideal $\mathfrak{a}$ von K ein Hauptideal.*

Auf Grund des Reziprozitätsgesetzes gelang es E. ARTIN, den Beweis dieses Satzes auf ein rein gruppentheoretisches Problem zurückzuführen, dessen Lösung bald darauf von PH. FURTWÄNGLER angegeben wurde. Wir wollen im folgenden erläutern, wie sich die Artinsche Reduktion vollzieht.

Bilden wir zum Körper K den Hilbertschen Klassenkörper K_1 und darüber den Hilbertschen Klassenkörper K_2 von K_1, und schreiten wir so fort, so erhalten wir eine Kette von Klassenkörpern

$$K = K_0 \subseteq K_1 \subseteq K_2 \subseteq \ldots,$$

den sogenannten **Klassenkörperturm**. Wir haben zunächst den

(8.10) Satz. *Der i-te Klassenkörper K_i ist normal über K. K_1 ist der größte abelsche Unterkörper von K_2; mit anderen Worten:*
Die Galoisgruppe $G_{K_2|K_1}$ ist die Kommutatorgruppe von $G_{K_2|K}$.

Beweis. Wir nehmen die Normalität von K_i, $i \geq 1$, als Induktionsvoraussetzung an. Sei σ ein Isomorphismus von $K_{i+1}|K$. Dann ist $\sigma K_i = K_i$, und da mit $K_{i+1}|K_i$ auch die Erweiterung $\sigma K_{i+1}|\sigma K_i$, d.h. $\sigma K_{i+1}|K_i$ abelsch und unverzweigt ist, haben wir nach (8.8) $\sigma K_{i+1} \subseteq K_{i+1}$. Daher ist $K_{i+1}|K$ normal.

Ist K' die maximale in K_2 enthaltene abelsche Erweiterung von K, so ist einerseits $K_1 \subseteq K'$, andererseits $K' \subseteq K_1$, da $K'|K$ unverzweigt ist, d.h. K' fällt in der Tat mit K_1 zusammen.

Zum Beweis des Hauptidealsatzes haben wir nun die Aussage, dass jedes Ideal von K im Klassenkörper K_1 ein Hauptideal wird, in die Sprache der Idele zu übersetzen. Sie ist offenbar zunächst äquivalent mit der Trivialität der kanonischen Abbildung

$$J_K/H_K \longrightarrow J_{K_1}/H_{K_1},$$

die dadurch entsteht, dass man jedem Ideal $\mathfrak{a} \in J_K$ das durch $\mathfrak{a}$ im Körper K_1 erzeugte Ideal zuordnet. Andererseits haben wir nach §7, S. 182 die kanonischen Isomorphismen

$$C_K/C_K^1 \cong J_K/H_K \quad \text{und} \quad C_{K_1}/C_{K_1}^1 \cong J_{K_1}/H_{K_1},$$

also das kommutative Diagramm

$$
\begin{array}{ccc}
C_K/C_K^1 & \longrightarrow & J_K/H_K \\
{\scriptstyle i}\big\downarrow & & \big\downarrow \\
C_{K_1}/C_{K_1}^1 & \longrightarrow & J_{K_1}/H_{K_1},
\end{array}
$$

wobei der Homomorphismus i durch die kanonische Einbettung $C_K \to C_{K_1}$ entsteht. Der Hauptidealsatz bedeutet daher nichts anderes als die Trivialität der Abbildung i, oder – gleichbedeutend damit – die Inklusion $C_K \subseteq C_{K_1}^1$.

Da $C_{K_1}^1$ die Normengruppe der Erweiterung $K_2|K_1$ ist, so haben wir, wenn wir das Normrestsymbol heranziehen, einfach zu zeigen, dass

$$1 = (C_K, K_2|K_1) = \text{Ver}(C_K, K_2|K).$$

Bedenken wir nun, dass

$$(C_K, K_2|K) = G_{K_2|K}^{\text{ab}} = G_{K_2|K}/G_{K_2|K_1} = G_{K_1|K}$$

und $G_{K_2|K_1}$ die Kommutatorgruppe von $G_{K_2|K}$ ist, so sehen wir, dass wir den Hauptidealsatz auf den folgenden Satz zurückgeführt haben:

(8.11) Satz. *Ist G eine metabelsche endliche Gruppe, also eine endliche Gruppe mit abelscher Kommutatorgruppe G', so ist die Verlagerung von G nach G'* [25]

$$\mathrm{Ver}: G^{\mathrm{ab}} \longrightarrow G'^{\mathrm{ab}} = G'$$

die triviale Abbildung.

Dieser Satz ist von rein gruppentheoretischer, allerdings keineswegs einfacher Natur. Er wurde zuerst von PH. FURTWÄNGLER bewiesen (1930). Einen einfacheren Beweis gab S. IYANAGA an (1934). Es würde den Rahmen unserer Ausführungen überschreiten, wollten wir auf diesen Beweis eingehen. Wir verweisen daher auf [23].

Ein mit dem Hauptidealsatz eng zusammenhängendes, von FURTWÄNGLER aufgeworfenes Problem ist das berühmte **Klassenkörperturmproblem**. Es handelt sich um die Frage, ob der Klassenkörperturm

$$K = K_0 \subseteq K_1 \subseteq K_2 \subseteq \dots$$

(K_{i+1} Hilbertscher Klassenkörper von K_i) nach endlich vielen Schritten abbricht. Eine positive Antwort auf diese Frage hätte den folgenden interessanten Aspekt: Das Abbrechen würde bedeuten, dass $K_{i+1} = K_i$ für genügend großes i ist, dass also K_i die Klassenzahl 1 hat. Man würde also zu jedem algebraischen Zahlkörper K einen kanonisch gegebenen auflösbaren Oberkörper erhalten, in dem nicht nur die Ideale von K, sondern überhaupt alle Ideale zu Hauptidealen werden. Dieses Problem hat lange einer Lösung geharrt, bis es im Jahre 1964 von E.S. GOLOD und I.R. ŠAFAREVIČ negativ entschieden wurde, also in dem Sinne, dass es in der Tat unendliche Klassenkörpertürme gibt. Es ist bemerkenswert, dass sich die Lösung des Klassenkörperturmproblems in ganz ähnlicher Weise vollzog, wie der Beweis des Hauptidealsatzes. Auch dieses Problem wurde zunächst auf eine rein gruppentheoretische Vermutung zurückgeführt, die bald darauf bestätigt werden konnte. Wir verweisen den interessierten Leser auf [11], IX, und [14].

---

[25] Wir erinnern daran, dass wir die Verlagerung einer Gruppe G nach einer Untergruppe g durch die Restriktion

$$G^{\mathrm{ab}} \cong H^{-2}(G, \mathbb{Z}) \xrightarrow{\mathrm{Res}} H^{-2}(g, \mathbb{Z}) \cong g^{\mathrm{ab}}$$

definiert haben.

§ 9. Die idealtheoretische Formulierung der Klassenkörpertheorie

Die bisher erhaltenen Ergebnisse der globalen Klassenkörpertheorie sind in ihrer Formulierung fast ausschließlich vom Idelbegriff bestimmt. Wir haben gesehen, dass die ideltheoretische Sprechweise außerordentliche technische Vorzüge besitzt und insofern völlig zu Recht im Vordergrund unserer Erörterungen gestanden hat. Es obliegt uns jedoch jetzt, nachdem wir einen gewissen Abschluss erreicht haben, aus den vorhandenen Resultaten die klassischen, rein idealtheoretischen Sätze der Klassenkörpertheorie, wie man sie etwa im Hasseschen Zahlbericht [17] findet, herzuleiten.

Beim ideltheoretisch formulierten Reziprozitätsgesetz sind die abelschen Erweiterungen $L|K$ in eineindeutiger Weise den Normengruppen $N_{L|K}C_L \subseteq C_K$ zugeordnet. Bei der idealtheoretischen Fassung liegen die Dinge ähnlich, wenn auch der äußeren Form nach nicht ganz so einfach. Auch hier werden den abelschen Erweiterungen gewisse Normengruppen in der Idealgruppe J_K von K zugeordnet. Das Normrestsymbol $C_K \xrightarrow{(\ ,L|K)} G_{L|K}$ ist dementsprechend zu ersetzen durch ein Symbol, das den Idealen $\mathfrak{a} \in J_K$ Elemente der Galoisgruppe $G_{L|K}$ zuordnet. Es ist nun bezeichnend, dass ein solches Symbol nicht für alle Ideale definiert werden kann, im Gegensatz zum Normrestsymbol, das uneingeschränkt für alle Idele definiert ist. Vielmehr müssen diejenigen Ideale, in deren Primzerlegung Verzweigungsstellen vorkommen, von der Betrachtung ausgeschlossen werden. Dies geschieht durch die Auswahl eines (genügend großen) sogenannten „Erklärungsmoduls $\mathfrak{m}$", in dem alle verzweigten Primideale aufgehen, und zu dem die betrachteten Ideale teilerfremd sein sollen. Körpertheoretisch entspricht dieser Auswahl die Einbettung der abelschen Erweiterung $L|K$ in den Strahlklassenkörper mod $\mathfrak{m}$, in dem nach §8 nur Primteiler von $\mathfrak{m}$ verzweigt sind. Dieser Prozess, nämlich die Auswahl eines genügend großen Erklärungsmoduls $\mathfrak{m}$ für jede vorgelegte abelsche Erweiterung $L|K$, der Übergang zu den zu $\mathfrak{m}$ teilerfremden Idealen und die Einbettung von $L|K$ in den Strahlklassenkörper mod $\mathfrak{m}$ ist das Merkmal der idealtheoretischen Formulierung des Reziprozitätsgesetzes. Wir wollen uns im folgenden der genaueren Beschreibung dieses Sachverhalts zuwenden.

Wir legen einen festen algebraischen Zahlkörper K zugrunde. Mit J_K bzw. H_K bezeichnen wir wieder die Ideal- bzw. die Hauptidealgruppe von K, jedoch lassen wir, da der Grundkörper K ein für allemal festliegt, den Index K in Zukunft fort; ebenso wie bei der Idelgruppe I_K und der Idelklassengruppe C_K, schreiben also J, H, I, C usw.

Ist $\mathfrak{m} = \prod_{\mathfrak{p}} \mathfrak{p}^{n_{\mathfrak{p}}}$ ein Modul von K, so sei

$J^{\mathfrak{m}}$ die Gruppe aller zu $\mathfrak{m}$ teilerfremden Ideale,
$H_0^{\mathfrak{m}}$ die Gruppe aller Hauptideale $(a) \in H$ mit $a \equiv 1 \bmod \mathfrak{m}$ [26].

$H_0^{\mathfrak{m}}$ heißt der **Strahl mod $\mathfrak{m}$**, und jede Gruppe zwischen $H_0^{\mathfrak{m}}$ und $J^{\mathfrak{m}}$ wird in der klassischen Terminologie als **mod $\mathfrak{m}$ erklärte Idealgruppe** bezeichnet. Für die mod $\mathfrak{m}$ erklärten Idealgruppen verwenden wir die Bezeichnung $H^{\mathfrak{m}}$.

Die Faktorgruppe $J^{\mathfrak{m}}/H_0^{\mathfrak{m}}$ heißt die **Strahlklassengruppe mod $\mathfrak{m}$**. Für den Modul $\mathfrak{m} = 1$ ist offenbar $J^{\mathfrak{m}} = J$ und $H_0^{\mathfrak{m}} = H$, d.h. wir erhalten die volle Idealklassengruppe J/H als Strahlklassengruppe mod 1.

Anstelle der Idelklassengruppe C tritt nun die ganze Familie der Strahlklassengruppen $J^{\mathfrak{m}}/H_0^{\mathfrak{m}}$. War die Idelklassengruppe C die Bezugsgruppe für alle abelschen Erweiterungen des Grundkörpers K, so sind die Strahlklassengruppen $J^{\mathfrak{m}}/H_0^{\mathfrak{m}}$ jeweils nur für die im Strahlklassenkörper mod $\mathfrak{m}$ gelegenen Erweiterungen zuständig.

Ist $L|K$ irgendeine abelsche Erweiterung, so nennen wir einen Modul $\mathfrak{m}$ einen **Erklärungsmodul für $L\,|\,K$**, wenn L im Strahlklassenkörper mod $\mathfrak{m}$ liegt (d.h. $C^{\mathfrak{m}} \subseteq N_{L|K}C_L$). Ist $\mathfrak{m} \mid \mathfrak{m}'$, so ist mit $\mathfrak{m}$ auch $\mathfrak{m}'$ ein Erklärungsmodul für $L|K$, und es war die Definition des Führers von $L|K$, der g.g.T. aller Erklärungsmoduln zu sein (vgl. (8.4)).

Jeder abelschen Erweiterung $L|K$ ordnen wir jetzt nach Auswahl eines Erklärungsmoduls $\mathfrak{m}$ die folgende mod $\mathfrak{m}$ erklärte Idealgruppe zu:

(9.1) Definition. *Ist $L|K$ eine abelsche Erweiterung und $\mathfrak{m}$ ein Erklärungsmodul für $L|K$, so heiße*

$$H^{\mathfrak{m}} = N_{L|K}J_L^{\mathfrak{m}} \cdot H_0^{\mathfrak{m}}$$

die zu $L\,|\,K$ gehörige mod $\mathfrak{m}$ erklärte Idealgruppe. Dabei bedeutet $J_L^{\mathfrak{m}}$ die Gruppe aller zu $\mathfrak{m}$ teilerfremden Ideale von L.

Die Bildung der Normengruppe $H^{\mathfrak{m}}/H_0^{\mathfrak{m}}$ in der Strahlklassengruppe $J^{\mathfrak{m}}/H_0^{\mathfrak{m}}$ ist gerade das idealtheoretische Analogon zur Bildung der Normengruppe $N_{L|K}C_L$ in der Idelklassengruppe C_K.

Anstelle des Normrestsymbols definieren wir nun einen Homomorphismus

$$J^{\mathfrak{m}} \xrightarrow{\left(\frac{L|K}{\cdot}\right)} G_{L|K},$$

---

[26] Diese Kongruenz sei wieder im Sinne von §7, S. 181 verstanden.

indem wir zu jedem zu $\mathfrak{m}$ teilerfremden Ideal $\mathfrak{a}$ von K einen als **Artinsymbol** bezeichneten Automorphismus $\left(\frac{L|K}{\mathfrak{a}}\right)$ aus $G_{L|K}$ zuordnen. Wegen der Multiplikativität können wir uns dabei auf die nicht in $\mathfrak{m}$ aufgehenden Primideale $\mathfrak{p}$ von K beschränken. Für diese setzen wir

$$\left(\frac{L|K}{\mathfrak{p}}\right) = \varphi_{\mathfrak{p}} \in G_{L|K},$$

wobei $\varphi_{\mathfrak{p}}$ den zu $\mathfrak{p}$ gehörigen **Frobeniusautomorphismus** von $L|K$ bedeutet. Seine Definition sei noch einmal kurz erwähnt. Sei $\mathfrak{P}$ ein über $\mathfrak{p}$ gelegenes Primideal von L. $\varphi_{\mathfrak{p}}$ ist dann ein Element der Zerlegungsgruppe $G_{\mathfrak{P}} = G_{L_{\mathfrak{P}}|K_{\mathfrak{p}}} \subseteq G_{L|K}$ von $\mathfrak{P}$ über K und ist als solches (wegen der Unverzweigtheit) eindeutig durch die Kongruenz

$$\varphi_{\mathfrak{p}}a \equiv a^q \mod \mathfrak{P} \quad \text{für alle ganzen Zahlen } a \in L,$$

festgelegt. Dabei ist q die Anzahl der im Restklassenkörper von $\mathfrak{p}$ gelegenen Elemente. $\varphi_{\mathfrak{p}}$ hängt nicht von der Auswahl des Primideals $\mathfrak{P}$ sondern nur von $\mathfrak{p}$ ab, da $G_{L|K}$ abelsch ist und ein zu $\mathfrak{P}$ konjugiertes Ideal einen zu $\varphi_{\mathfrak{p}}$ konjugierten Frobeniusautomorphismus liefert.

Das **Artinsche Reziprozitätsgesetz** in seiner klassischen idealtheoretischen Fassung lautet jetzt folgendermaßen:

(9.2) Satz. *Ist $L|K$ eine abelsche Erweiterung und $\mathfrak{m}$ ein Erklärungsmodul für $L|K$, so liefert das Artinsymbol die exakte Sequenz*

$$1 \longrightarrow H^{\mathfrak{m}}/H_0^{\mathfrak{m}} \longrightarrow J^{\mathfrak{m}}/H_0^{\mathfrak{m}} \xrightarrow{\left(\frac{L|K}{\cdot}\right)} G_{L|K} \longrightarrow 1,$$

wobei $J^{\mathfrak{m}}$ die Gruppe aller zu $\mathfrak{m}$ teilerfremden Ideale von K und $H^{\mathfrak{m}}$ die zu L gehörige mod $\mathfrak{m}$ erklärte Idealgruppe ist (vgl. (9.1)).

Bemerkung. Hiermit ist gleichzeitig ausgesagt, dass das Artinsymbol nicht von den Idealen selbst, sondern nur von den Idealklassen mod $H_0^{\mathfrak{m}}$ abhängt und daher einen Homomorphismus der Klassengruppe $J^{\mathfrak{m}}/H_0^{\mathfrak{m}} \longrightarrow G_{L|K}$ induziert.

Wir werden die Exaktheit der Sequenz

$$1 \longrightarrow H^{\mathfrak{m}}/H_0^{\mathfrak{m}} \longrightarrow J^{\mathfrak{m}}/H_0^{\mathfrak{m}} \xrightarrow{\left(\frac{L|K}{\cdot}\right)} G_{L|K} \longrightarrow 1$$

natürlich durch einen Vergleich mit der schon als exakt erkannten ideltheoretischen Sequenz

$$1 \longrightarrow N_{L|K}C_L \longrightarrow C_K \xrightarrow{(\ ,L|K)} G_{L|K} \longrightarrow 1,$$

oder genauer noch mit der exakten Sequenz

$$1 \longrightarrow N_{L|K}C_L/C^{\mathfrak{m}} \longrightarrow C/C^{\mathfrak{m}} \xrightarrow{(\ ,L|K)} G_{L|K} \longrightarrow 1$$

führen. Der Übergang von den Idelen zu den Idealen wird nach (2.3) durch den Homomorphismus

$$\kappa : I \longrightarrow J \quad \text{mit} \quad \kappa(\mathfrak{a}) = \prod_{\mathfrak{p} \nmid \infty} \mathfrak{p}^{v_{\mathfrak{p}}(\mathfrak{a}_{\mathfrak{p}})}$$

hergestellt. Es gilt nun darüber der

(9.3) Satz. *Der Homomorphismus κ induziert einen kanonischen Isomorphismus der Strahlklassengruppen*

$$\overline{\kappa}_{\mathfrak{m}} : C/C^{\mathfrak{m}} \longrightarrow J^{\mathfrak{m}}/H_0^{\mathfrak{m}},$$

dessen Einschränkung auf $N_{L|K}C_L/C^{\mathfrak{m}}$ einen Isomorphismus

$$\overline{\kappa}_{\mathfrak{m}} : N_{L|K}C_L/C^{\mathfrak{m}} \longrightarrow H^{\mathfrak{m}}/H_0^{\mathfrak{m}}$$

liefert.

Beweis. Den Isomorphismus $\overline{\kappa}_{\mathfrak{m}}$ erhalten wir folgendermaßen. Zunächst ist

$$C/C^{\mathfrak{m}} \cong I/I^{\mathfrak{m}} \cdot K^{\times}.$$

Es kommt also darauf an, in jeder Idelklasse $\mathfrak{a} \cdot I^{\mathfrak{m}} \cdot K^{\times}$ ein repräsentierendes Idel $\mathfrak{a}$ auszusuchen, das durch κ in die Gruppe $J^{\mathfrak{m}}$ der zu $\mathfrak{m}$ teilerfremden Ideale abgebildet wird. Diese Repräsentanten finden wir in der Gruppe

$$I^{\langle \mathfrak{m} \rangle} = \{\mathfrak{a} \in I \mid \mathfrak{a}_{\mathfrak{p}} = 1 \text{ für alle } \mathfrak{p} \mid \mathfrak{m}\}.$$

Ist nämlich $\mathfrak{a} \in I$, so gibt es nach dem Approximationssatz ein Element $a \in K^{\times}$, derart dass $\mathfrak{a}_{\mathfrak{p}} \cdot a \equiv 1 \bmod \mathfrak{p}^{n_{\mathfrak{p}}}$ für alle $\mathfrak{p} \mid \mathfrak{m} = \prod_{\mathfrak{p}} \mathfrak{p}^{n_{\mathfrak{p}}}$. Wir können hiernach schreiben $\mathfrak{a} \cdot a = \mathfrak{a}' \cdot \mathfrak{b}$, wobei $\mathfrak{a}'$ bzw. $\mathfrak{b}$ durch die Komponenten

$$\mathfrak{a}'_{\mathfrak{p}} = 1 \text{ für } \mathfrak{p} \mid \mathfrak{m}, \ \mathfrak{a}'_{\mathfrak{p}} = \mathfrak{a}_{\mathfrak{p}} \cdot a \text{ für } \mathfrak{p} \nmid \mathfrak{m} \text{ bzw.}$$

$$\mathfrak{b}_{\mathfrak{p}} = \mathfrak{a}_{\mathfrak{p}} \cdot a \equiv 1 \bmod \mathfrak{p}^{n_{\mathfrak{p}}} \text{ für } \mathfrak{p} \mid \mathfrak{m}, \ \mathfrak{b}_{\mathfrak{p}} = 1 \text{ für } \mathfrak{p} \nmid \mathfrak{m}$$

definiert ist. Wegen $\mathfrak{a}' \in I^{\langle \mathfrak{m} \rangle}$ und $\mathfrak{b} \in I^{\mathfrak{m}}$ ist in der Tat $\mathfrak{a} \in I^{\langle \mathfrak{m} \rangle} \cdot I^{\mathfrak{m}} \cdot K^{\times}$. Der Isomorphismus $\overline{\kappa}_{\mathfrak{m}}$ ergibt sich nun aufgrund von

$$C/C^{\mathfrak{m}} \cong I^{\langle \mathfrak{m} \rangle} \cdot I^{\mathfrak{m}} \cdot K^{\times}/I^{\mathfrak{m}} \cdot K^{\times} \cong I^{\langle \mathfrak{m} \rangle}/I^{\mathfrak{m}} \cdot K^{\times} \cap I^{\langle \mathfrak{m} \rangle}$$

durch den Homomorphismus

$$I^{\langle \mathfrak{m} \rangle} \longrightarrow J^{\mathfrak{m}}/H_0^{\mathfrak{m}} \quad \text{mit} \quad \mathfrak{a} \longmapsto \kappa(\mathfrak{a}) \cdot H_0^{\mathfrak{m}}.$$

Dieser ist surjektiv und hat den Kern $I^{\mathfrak{m}} \cdot K^{\times} \cap I^{\langle \mathfrak{m} \rangle}$, was sich sofort verifizieren lässt.

Wir haben weiter zu zeigen, dass

$$\overline{\kappa}_{\mathfrak{m}}(N_{L|K}C_L/C^{\mathfrak{m}}) = N_{L|K}J_L^{\mathfrak{m}} \cdot H_0^{\mathfrak{m}}/H_0^{\mathfrak{m}}.$$

Setzen wir $I_L^{\langle \mathfrak{m} \rangle} = \{ \mathfrak{a} \in I_L \mid \mathfrak{a}_{\mathfrak{P}} = 1 \text{ für } \mathfrak{P} \mid \mathfrak{m} \} \subseteq I_L$, so ist nach der obigen Überlegung $I_L = I_L^{\langle \mathfrak{m} \rangle} \cdot I_L^{\mathfrak{m}} \cdot L^{\times}$, und daher

$$N_{L|K} C_L / C^{\mathfrak{m}} = N_{L|K} I_L \cdot K^{\times} / I^{\mathfrak{m}} \cdot K^{\times} = N_{L|K} I_L^{\langle \mathfrak{m} \rangle} \cdot I^{\mathfrak{m}} \cdot K^{\times} / I^{\mathfrak{m}} \cdot K^{\times}.$$

Nach Definition von $\overline{\kappa}_{\mathfrak{m}}$ ergibt sich hiermit

$$\overline{\kappa}_{\mathfrak{m}}(N_{L|K} C_L / C^{\mathfrak{m}}) = \kappa(N_{L|K} I_L^{\langle \mathfrak{m} \rangle}) \cdot H_0^{\mathfrak{m}} / H_0^{\mathfrak{m}} = N_{L|K}(\kappa(I_L^{\langle \mathfrak{m} \rangle}) \cdot H_0^{\mathfrak{m}} / H_0^{\mathfrak{m}},$$

und wegen $\kappa(I_L^{\langle \mathfrak{m} \rangle}) = J_L^{\mathfrak{m}}$ erhalten wir das gewünschte Resultat.

Der Isomorphismus $\overline{\kappa}_{\mathfrak{m}} : C/C^{\mathfrak{m}} \longrightarrow J^{\mathfrak{m}}/H_0^{\mathfrak{m}}$ liefert gleichzeitig einen surjektiven Homomorphismus

$$\kappa_{\mathfrak{m}} : C \longrightarrow J^{\mathfrak{m}}/H_0^{\mathfrak{m}}$$

mit dem Kern $C^{\mathfrak{m}}$. Dieser kann, da $J^{\mathfrak{m}}$ durch die Primideale $\mathfrak{p} \nmid \mathfrak{m}$ erzeugt wird, auch folgendermaßen beschrieben werden.

Sei $\mathfrak{p} \nmid \mathfrak{m}$ ein Primideal von K, $\pi \in K_{\mathfrak{p}}$ ein Primelement in $K_{\mathfrak{p}}$ und $\mathfrak{n}_{\mathfrak{p}}(\pi) = (\ldots, 1, 1, \pi, 1, 1, \ldots)$ das zu $\mathfrak{p}$ gehörige „Primidel" mit der Idelklasse $\overline{\mathfrak{n}}_{\mathfrak{p}}(\pi) = \mathfrak{n}_{\mathfrak{p}}(\pi) \cdot K^{\times} \in C$. Wegen $\kappa(\mathfrak{n}_{\mathfrak{p}}(\pi)) = \mathfrak{p}$ wird dann die Idelklasse $\overline{\mathfrak{n}}_{\mathfrak{p}}(\pi)$ durch $\kappa_{\mathfrak{m}}$ gerade auf die Klasse $\mathfrak{p} \cdot H_0^{\mathfrak{m}}$ abgebildet.

Der Satz (9.2) ist nun eine unmittelbare Folge des folgenden Satzes, der die Beziehung zwischen dem idealtheoretischen und dem idealtheoretischen Reziprozitätsgesetz herstellt.

(9.4) Satz. *Ist $L|K$ eine abelsche Erweiterung und $\mathfrak{m}$ ein Erklärungsmodul für $L|K$, so ist das Diagramm*

$$
\begin{array}{ccccccccc}
1 & \longrightarrow & N_{L|K} C_L & \longrightarrow & C_K & \xrightarrow{(\ ,L|K)} & G_{L|K} & \longrightarrow & 1 \\
& & \kappa_{\mathfrak{m}} \downarrow & & \kappa_{\mathfrak{m}} \downarrow & & \downarrow \mathrm{Id} & & \\
1 & \longrightarrow & H^{\mathfrak{m}}/H_0^{\mathfrak{m}} & \longrightarrow & J^{\mathfrak{m}}/H_0^{\mathfrak{m}} & \xrightarrow{\left(\frac{L|K}{\cdot}\right)} & G_{L|K} & \longrightarrow & 1
\end{array}
$$

kommutativ. Dabei haben die surjektiven Homomorphismen $\kappa_{\mathfrak{m}}$ beide den Kern $C_K^{\mathfrak{m}}$.

Zusatz: *Ist $\mathfrak{p} \nmid \mathfrak{m}$ ein Primideal von K, $\pi \in K_{\mathfrak{p}}$ ein Primelement und $\mathfrak{n}_{\mathfrak{p}}(\pi) = (\ldots, 1, 1, \pi, 1, 1, \ldots)$ das zu $\mathfrak{p}$ gehörige Primidel mit der Idelklasse $\overline{\mathfrak{n}}_{\mathfrak{p}}(\pi) \in C_K$, so besteht zwischen dem Artinsymbol und dem Normrestsymbol die Gleichheit*

$$\left(\frac{L|K}{\mathfrak{p}} \right) = (\overline{\mathfrak{n}}_{\mathfrak{p}}(\pi), L|K).$$

Beweis. Die Gleichheit ergibt sich mit der Produktformel für das Normrestsymbol (6.15) und mit II, (4.8) mühelos:

$$\left(\frac{L|K}{\mathfrak{p}}\right) = \varphi_{\mathfrak{p}} = (\pi, L_{\mathfrak{P}}|K_{\mathfrak{p}}) = (\bar{n}_{\mathfrak{p}}(\pi), L|K).$$

Hierauf aber gründet sich wegen $\kappa_{\mathfrak{m}}(\bar{n}_{\mathfrak{p}}(\pi)) = \mathfrak{p}$ die Kommutativität des Diagramms.

Wir haben uns in diesem Paragraphen bei allen Überlegungen auf die unverzweigten Primideale beschränkt, indem wir die verzweigten stets durch die Wahl eines Erklärungsmoduls $\mathfrak{m}$ – also durch die Einbettung des betreffenden Körpers in einen geeigneten Strahlklassenkörper – gleichsam von der Betrachtung ausgeschlossen haben. Diese Beschränkung ist leicht als zwangsläufig einzusehen. Das Artinsymbol $\left(\frac{L|K}{\mathfrak{p}}\right)$, das für die unverzweigten Primideale $\mathfrak{p}$ nach dem obigen Zusatz durch das Normrestsymbol $(\bar{n}_{\mathfrak{p}}(\pi), L|K) = (\pi, L_{\mathfrak{P}}|K_{\mathfrak{p}})$ definiert ist, lässt eine solche Definition im verzweigten Fall allein deshalb nicht zu, weil das letztere durchaus noch von der Wahl des Primelementes π abhängt. Die Einbeziehung der verzweigten Primstellen in die klassenkörpertheoretischen Überlegungen konnte erst erfolgen, nachdem man sich vom Idealbegriff löste und zu den Idelen überging. Hierdurch wurde die Zurückführung der globalen Theorie auf die lokale ermöglicht, in der vor allem durch den kohomologischen Kalkül auch die verzweigten Erweiterungen klassenkörpertheoretisch behandelt werden konnten.

Wir wollen zum Abschluss noch einmal das Zerlegungsgesetz der in einer abelschen Erweiterung $L|K$ unverzweigten Primideale formulieren, und zwar im Gegensatz zu (8.1) unter alleiniger Heranziehung der zugehörigen mod $\mathfrak{m}$ erklärten Idealgruppe $H^{\mathfrak{m}}$, die den Körper L als Klassenkörper festlegt.

(9.5) Satz. *Sei $L|K$ eine abelsche Erweiterung und $\mathfrak{p}$ ein unverzweigtes Primideal von K. Sei weiter $\mathfrak{m}$ ein nicht durch $\mathfrak{p}$ teilbarer Erklärungsmodul für $L|K$ (etwa der Führer) und $H^{\mathfrak{m}}$ die zugehörige Idealgruppe. Ist dann f die Ordnung von $\mathfrak{p}$ mod $H^{\mathfrak{m}}$ in der Klassengruppe $J^{\mathfrak{m}}/H^{\mathfrak{m}}$, also die kleinste Zahl, derart dass*

$$\mathfrak{p}^f \in H^{\mathfrak{m}},$$

so zerfällt $\mathfrak{p}$ im Oberkörper L in genau $r = [L:K]/f$ verschiedene Primideale $\mathfrak{P}_1, \ldots, \mathfrak{P}_r$ vom gleichen Grade f über $\mathfrak{p}$.

Beweis. Ist $\mathfrak{p} = \mathfrak{P}_1 \cdots \mathfrak{P}_r$ die Primzerlegung von $\mathfrak{p}$ in L, so sind die $\mathfrak{P}_1, \ldots, \mathfrak{P}_r$ wegen der Unverzweigtheit verschieden und haben den gleichen Grad f über $\mathfrak{p}$. Dieser Grad stimmt mit der Ordnung der Zerlegungsgruppe von $\mathfrak{P}_i$ über K überein, also mit der Ordnung des Frobeniusautomorphismus $\varphi_{\mathfrak{p}} \in G_{L|K}$, der die Zerlegungsgruppe erzeugt. Bei dem durch das Artinsymbol induzierten

Isomorphismus
$$J^{\mathfrak{m}}/H^{\mathfrak{m}} \cong G_{L|K}$$

entspricht das Element $\varphi_{\mathfrak{p}} = \left(\frac{L|K}{\mathfrak{p}}\right)$ schließlich der Klasse $\mathfrak{p} \cdot H^{\mathfrak{m}} \in J^{\mathfrak{m}}/H^{\mathfrak{m}}$, die daher die Ordnung f besitzt, w.z.b.w.

Literaturverzeichnis

1. ALBERT, A. Structures of Algebras. A.M.S. Publ., Providence (1961).
2. ARTIN, E. u. TATE, J. Class Field Theory. Harvard (1961).
3. ARTIN, E. Die gruppentheoretische Struktur der Diskriminanten algebraischer Zahlkörper. J. reine und angew. Math. **164**, 1 – 11, (1931).
4. ARTIN, E. Kohomologie endlicher Gruppen. Universität Hamburg (1957).
5. ARTIN, E. Theory of Algebraic Numbers. Lecture notes, Göttingen (1959).
6. BOREVIČ, S.I. u. ŠAFAREVIČ, I.R. Zahlentheorie. Birkhäuser Verlag, Basel-Stuttgart (1966).
7. BOURBAKI, N. Algèbre. Ch. V. Hermann, Paris (1950).
8. BOURBAKI, N. Algèbre commutative. Hermann, Paris (1964).
9. BOURBAKI, N. Topologie générale, Ch. I, II, III. Hermann, Paris (1961).
10. CARTAN, H. u. EILENBERG, S. Homological Algebra. Princeton Math. Ser. N° 19, (1956).
11. CASSELS, J.W.S. u. FRÖHLICH, A. Algebraic Number Theory. Thompson Book Comp. Inc. Washington D.C. (1967).
12. CHEVALLEY, C. Class Field Theory. Universität Nagoya (1954).
13. ENDLER, O. Bewertungstheorie. Bonner Math. Schr. **15**, Bd. 1, 2, (1963).
14. GOLOD, E.S. u. ŠAFAREVIČ, I.R. Über Klassenkörpertürme (russisch). Izv. Akad. Nauk. SSSR, **28**, 261 – 272, (1964). Engl. Übersetzung in A.M.S. Transl. (2) **48**, 91 – 102.
15. GROTHENDIECK, A. Sur quelques points d'algèbre homologique. Tohoku Math. J. **9**, 119 – 221, (1957).
16. HALL, M. (JR.) The Theory of Groups. MacMillan, New York (1959).
17. HASSE, H. Bericht über neuere Untersuchungen und Probleme aus der Theorie der algebraischen Zahlkörper. Jahresber. der D. Math. Ver. **35**, (1926), **36**, (1927); **39**, (1930).
18. HASSE, H. Die Normresttheorie relativ-abelscher Zahlkörper als Klassenkörpertheorie im Kleinen. J. reine u. angew. Math. **162**, 145 – 154, (1930).
19. HASSE, H. Die Struktur der R. Brauerschen Algebrenklassengruppe über einem algebraischen Zahlkörper. Math. Annalen, **107**, 248 – 252, (1933).
20. HASSE, H. Führer, Diskriminante und Verzweigungskörper abelscher Zahlkörper. J. reine und angew. Math. **162**, 169 – 184, (1930).
21. HASSE, H. Zahlentheorie. Akademie Verlag Berlin (1963).

J. Neukirch, *Klassenkörpertheorie*, Springer-Lehrbuch, DOI 10.1007/978-3-642-17325-7,
© Springer-Verlag Berlin Heidelberg 2011

22. HILBERT, D. Die Theorie der algebraischen Zahlkörper. Jahresber. der D. Math. Ver. **4**, (1897).

23. IYANAGA, S. Zum Beweis des Hauptidealsatzes. Hamb. Abh. **10**, 349 – 357, (1934).

24. KAWADA, Y. Class Formations. Duke math. J. **22** (1955).

25. KAWADA, Y. Class Formations II. (Mit SATAKE, ICHIRO). J. Fac. Sci. Univ. Tokyo, Sect. I, 7, (1956).

26. KAWADA, Y. Class Formations III, IV. J. Math. Soc. Japan **7**, (1955), **9**, (1957).

27. KRULL, W. Galoissche Theorie der unendlichen algebraischen Erweiterungen. Math. Annalen **100**, 687 – 698, (1928).

28. KRULL, W. Zur Theorie der Gruppen mit Untergruppentopologie. Hamb. Abh. **28**, 50 – 97, (1965).

29. LANG, S. Algebra. Addison-Wesley, Reading, Mass. (1965).

30. LANG, S. Algebraic Numbers. Addison-Wesley, Reading, Mass. (1964).

31. LANG, S. Rapport sur la Cohomologie des Groupes. Benjamin, New York (1966).

32. LAZARD, M. Sur les groupes de Lie formel à un paramètre. Bull. Soc. Math. France **83**, 251 – 274, (1955).

33. LUBIN, J. One parameter formal Lie groups over p-adic integer rings. Annals of Math. **80**, 464 – 484, (1964).

34. LUBIN, J. u. TATE, J. Formal Complex Multiplication in Local Fields. Annals of Math. **81**, 380 – 387, (1965).

35. MACLANE, S. Homology. Springer-Verlag, Berlin-Göttingen-Heidelberg (1963).

36. POITOU, G. Cohomologie Galoisienne des Modules finis. Dunod, Paris (1967).

37. PONTRJAGIN, L. Topologische Gruppen. Teile 1, 2. Teubner, Leipzig (1957-58).

38. SCHILLING, O.F.G. The Theory of Valuations. Math. Surveys IV, New York (1950).

39. SHIMURA, G. u. TANIYAMA, Y. Complex Multiplication of Abelian Varieties. Publ. Math. Soc. Japan **6**, (1961).

40. SERRE, J.-P. Abelian ℓ-adic Representations and Elliptic Curves. Benjamin, New York (1968).

41. SERRE, J.-P. Cohomologie Galoisienne. Lecture Notes in Math. **5**, Springer-Verlag, Berlin-Heidelberg-New York (1964).

42. SERRE, J.-P. Corps locaux. Hermann, Paris (1962).

43. SERRE, J.-P. Groupes algébriques et corps de classes. Hermann, Paris (1959).

44. STÖHR, K-O. Homotopietheorie pro-algebraischer Gruppen und lokale Klassenkörpertheorie. Universität Bonn (1967).

45. TATE, J. The Higher Dimensional Cohomology Groups of Class Field Theory. Ann. of Math. **56**, 294 – 297, (1952).

46. V.D. WAERDEN, B.L. Algebra. Springer-Verlag, 1. Teil (4. Auflage) Berlin (1955), 2. Teil (4. Auflage) Berlin (1959).

47. WEIL, A. Basic Number Theory. Springer-Verlag, New York (1967).

48. WEISS, E. Algebraic Number Theory. McGraw-Hill, New York (1963).

49. ZARISKI, O. u. SAMUEL, P. Commutative Algebra, I – II. Van Nostrand, New York (1958 – 60).

Sachverzeichnis